广义超元论
与自组织城市

GUANGYI CHAOYUANLUN
YU ZIZUZHI CHENGSHI

何 跃◎著

重庆大学出版社

内容提要

城市是意识人类赖以生存发展的最重要载体。本书的主题是广义超元论视域下的自组织城市。广义超元论认为:城市是空有不二的,其中"空"是无指称不可言说的非对象性城市或超形上学城市,"有"是有指称可言说的对象性城市;对象性城市是道器不二的,其中"道"是可形上学言说的形上学城市或本然城市,即人类实践,"器"是可形下学言说的形下学城市或实然应然城市,即物理城市、行为城市和观念城市的复合体;原本没有城市,也没有自组织城市理论,它们都是意识人类如此这般设定、建构、创造出来的。自组织城市理论认为:从大尺度时空看,城市形成是在城市内外复杂因素相互作用下自发实现的;城市演变是在各种力量的综合作用下非他律性的结果;城市形成演变的根本动力来自人类自身的需要以及为满足这些需要而展开的人类所特有的创造性活动。

图书在版编目(CIP)数据

广义超元论与自组织城市/何跃著. --重庆:重
庆大学出版社,2020.9
ISBN 978-7-5689-2136-7

Ⅰ.①广… Ⅱ.①何… Ⅲ.①城市规划 Ⅳ.
①TU984

中国版本图书馆 CIP 数据核字(2020)第 075762 号

广义超元论与自组织城市
何 跃 著

责任编辑:尚东亮　版式设计:尚东亮
责任校对:刘志刚　责任印制:张 策

*

重庆大学出版社出版发行
出版人:饶帮华
社址:重庆市沙坪坝区大学城西路 21 号
邮编:401331
电话:(023)88617190　88617185(中小学)
传真:(023)88617186　88617166
网址:http://www.cqup.com.cn
邮箱:fxk@ cqup.com.cn(营销中心)
全国新华书店经销
重庆升光电力印务有限公司印刷

*

开本:720mm×1020mm　1/16　印张:16.75　字数:322 千
2020 年 9 月第 1 版　2020 年 9 月第 1 次印刷
ISBN 978-7-5689-2136-7　定价:45.00 元

摘　要

城市是人类创造的最伟大的自组织作品之一,是人类社会发展到一定阶段的自组织产物,它一经出现就占据了人类实践活动的主导地位,其演化发展是人类社会文明进步的基本标志。如何在城市化发展的长河中,真正认识到人类与城市的关系,如何在最大程度上满足自身需要又符合人类实践活动规律,是研究城市发展演变规律的重要目的。拙著希望通过对于自组织城市的研究来改变人们对城市的态度,并希望在此基础上对现行的城市发展思路和发展模式进行检讨和反省,在认识到城市复杂性的同时,树立自组织的城市发展观,为城市的健康有序发展提供一定的指导并最终影响生活在城市中的人的思想行动。

开展和加强自组织城市研究,具有十分重要的理论意义和现实意义。其理论意义主要表现为:将非平衡态自组织理论研究延伸到城市演化领域,不但可以横向拓展其适用领域,还可以使其在与城市研究相结合中不断丰富、完善和发展,使其成为具有更广泛应用领域和普遍意义的重要理论、观点和方法;将非平衡态自组织理论研究延伸到城市演化领域,并从系统哲学的视角构建自组织城市理论体系既有助于系统、全面地认识城市也有助于城市理论的丰富、完善和发展。其现实意义主要体现在:从系统哲学角度整合非平衡态自组织理论与城市发展研究,有助于将自组织、自创造等新观念更好更系统地贯彻到城市规划建设和管理、城市发展目标设计以及城市行政政策制定等过程之中;通过对非平衡态自组织理论的研究和应用,使城市系统各子系统能够按照各有其位、各就其位、各负其责、相互默契的规则,自动地形成动态有序结构,从而为解决目前城市中存在的一系列错综复杂的政治、经济、科技、生态、文化、社会等问题提供解决思路与方法指导。

拙著以广义超元论与自组织哲学为指导,充分借鉴了中国传统哲学、马克思实践哲学、西方科学哲学、非平衡态自组织理论以及中外城市理论等领域的研究成果,运用历史研究、跨学科研究、系统研究、比较分析以及实证研究等方法就城市的本体论、城市的自组织演变及其典型案例展开了较为系统的研究。在分析论证的基础上提出了以"城市形成的自发性""城市演化的非他律性""城市自组织演化的根本动力是人类特有的创造性活动"为其核心观点的一种新的城市发展观——自组织城市论。

拙著的基本内容体现为以下八章。第1章绪论,主要介绍了研究的背景、目的、意义、方法以及拙著的重点、难点和创新点。第2章相关概念及其比较研究,从理论和实践两个方面分析比较了自组织与他组织,城市自组织与城市他组织,城市自组织与自组织城市,从城市具有开放性、非平衡性、非线性以及存在着涨落等方面分析论证了城市是一个典型的耗散系统的观点,简要分析论述了城市的自组织过程。第3章相关理论研究综述,首先分析了城市与城市理论,简要梳理了中外城市理论的历史演变,分析介绍了田园城市理论、有机城市理论、生态城市理论、可持续发展城市理论、山水城市理论、数字城市理论、全球城市理论、城市治理理论、健康城市理论、学习型城市理论、智慧城市理论等典型城市理论的基本观点,特别是分析了这些理论所揭示出来的城市自组织特性;其次梳理了非平衡态自组织理论的发展历史,简要介绍了耗散结构理论、协同学、混沌理论、分形理论、超循环论等重要理论;最后梳理了国内外自组织城市理论的研究进展,简要分析了耗散城市理论(Dissipative Cities)、协同城市理论(Synergetic Cities)、混沌城市理论(Chaotic Cities)、分形城市理论(Fractal Cities)、细胞城市理论(Cellular Cities,或译"元胞城市")、沙堆城市理论(Sand pile Cities)以及 FACS 和 IRN 城市理论等自组织城市理论。第4章自组织城市形成的自发性研究,从理论和实践两个方面分析论证了自组织城市观的第一个假设——城市的形成既不是人类意志设计的产物,也不是由"谁"从外部"安排"和"他组织"的,而是在城市系统内外部复杂因素共同相互作用下,通过人类的实践活动自发形成的结果。第5章自组织城市演变的非他律性研究,从理论和实践两个方面分析论证了自组织城市观的第二个假设——城市的发展演变不是特定的外界指令作用的结果,不是一蹴而就的,而是在各种力量的综合作用下,基于自身发展的实际需求,不断修正调整自身发展目标而逐步展开的,城市发展演变的进程总是一次次地超出人们的预期,即城市演变具有非他律性。第6章自组织城市发展的根本动力研究,从理论和实践两个方面分析论证了自组织城市观的第三个假设——城市自组织发展的根本动力来自人类自身的需要以及为满足这些需要而产生的人类所特有的创造性活动,或者说,人类通过特有的创造性活动来满足自己生存发展的需要是自组织城市产生、发展和演化的内在条件和根本动力。城市系统形成的自发性与城市系统演化的非他律性构成了自组织城市的内在机制,在这一点上城市系统与自然系统并没有根本区别。两者的不同主要在于导致自己自发性起源和非他律性演化的动力构成:自然系统的自组织主要取决于系统内部各组成要素之间错综复杂的非线性相互作用所形成的序参量;而城市系统的自组织则主要源于系统内部包括人的实践活动在内的各组成要素之间错综复杂的非线性相互作用所形成的"合力"。人是城市的主体,是城市系统的主要组成要素,人的实践活动是推动城市自组织发展的主导性力量。人的实践活动可以划分为创造性活动和再造性活动,前者是导致城市自组织发展的根本动力,后者是决定城市他组织发展的主要力量。在分析证明了城市系统总体上或大尺度上呈现出明显的自组织特性之后,我们得到的结论只能是:人的创造性活动是城市自组织发展的根本动力。第7章自组织城市观之案例分析,分别选取了中国的阆中和意大利的威尼斯这两个自组织城市的典型案例,运用自组织城市观的三个假设简要分析论证了它们自发形成和非他律性演变的历史,希望以此印证自组织城市理论及其相关理念的科学性与合理性。第8章自组织城市的本体论研究,在分别介绍了狭义的世界1,2,3理论,即波普尔世界1,2,3理论,和广义的世界1,2,3理论,即广义超元论的基础之上,分别分析论述了基于狭义的世界1,2,3理论的物理城市、心理—行为城市、观念城市和基于广义的世界1,2,3理论的形下学城市(实然城市、应然城市)、形上学城市(本然城市)、超形上学城市,最后简要分析论述了广义超元论与自组织城市,提出了"应有所住而生其心"、回归现实生活世界、致力于改变我们生活于其中的自组织城市等观点。

关键词:城市;自组织城市;自发性;非他律性;创造性活动

目　录

第1章 绪 论

1.1 研究的背景

我出生于 1960 年,中国非常艰困的时刻。我的童年、青少年时期是在介于城市和农村之间的工厂里度过的,那是一个无须为学校学习倾注太多时间和精力的时期,也是中国内部纷争不息、动荡无休的年代。我们的工厂远离城市,与农村相邻,工厂与农村的巨大差距,使我们从小就形成了一种优越感。我们不是很向往城市,一是因为离城市比较远;二是因为在那个单位制社会的时代,工厂就是一个小社会,包括生老病死在内的几乎所有的基本需要都可以在这里得到满足。

1977 年恢复高考,正值我高中二年级上学期,因成绩排名全年级前两名被学校推荐提前参加高考,高考分数超过了 1977 级本科录取线,至今不知道为什么没有被录取。1978 年高中毕业即参加当年的高考,以高出重点本科学校录取分数线几十分的成绩,第一志愿被原建设部重点大学——位于重庆市沙坪坝区的重庆建筑工程学院水气系录取,就读于城市燃气及热能供应工程专业,开始与“城市”结缘。

1982 年大学本科毕业并获工学学士学位,正在为选择到哪个大城市就业发愁的时候,我们的班主任告诉我一个重要信息,学校拟在这一届理工科专业毕业生中物色一名专业成绩比较好并有一定哲学基础、哲学爱好的同学,留校从事理工科研究生公共理论课——自然辩证法(科学技术哲学)的教学研究工作。我非常兴奋,即刻报名,并顺利通过各种考核,留校成为一名教师,开始与科学技术哲学(自然辩证法)结缘。

从 1983 年至今,我先后在原东北工学院(现在的东北大学)举办的“技术论与自然辩证法学习研究班”、原华中工学院(现在的华中科技大学)哲学研究所举办的“哲学教师进修班”、兰州大学举办的《自然辩证法原理》学习研讨班”、广西民族学院举办的“‘科学技术史’学习研讨班”、北京图书馆举办的“非平衡态自组织理论学习研讨班”、中国人民大学哲学系举办的《自然辩证法概论》教师培训班”、国家教育行政学院“全国思想政治理论课管理干部培训班”(3 期)、中央党校举办的"全国哲学社会科学教学科研骨干培训班"(18期)、美国塞勒姆州立大学等学习进修,并先后在美国的夏威夷、克莱蒙,中国的北京、上海、武汉、哈尔滨、重庆、秦皇岛、成都、昆明、承德、南京、深圳等地出席了与科学技术哲学、非平衡态自组织理论、生态文明建设相关的规模不等的国际国内学术会议。先后聆听了舒炜光、陈昌曙、黄顺基、孙小礼、哈肯(H. Haken)、欧文·拉兹洛等国内外科学技术哲学的知名学者专家的讲课、讲座、发言。1985—2017年几乎每年都要给本科生或科学技术哲学专业的研究生主讲"科学技术史"或"科学思想史",1993年至今几乎每年都要给理工科专业的硕士研究生和博士研究生主讲"自然辩证法"和"现代科学技术革命与马克思主义"("中国马克思主义与当代")。学习阅读了科学技术哲学与非平衡态自组织理论相关教材、著作,关注研究了与非平衡态自组织理论相关的一些哲学问题,并在《自然辩证法研究》《科学技术哲学研究》《城市发展研究》等学术期刊和国际国内学术会议论文集上发表了《广义超元论与后现代整体观》《广义超元论系统观》《泛系的广义超元论诠释》《关于意识的广义超元论诠释》《人类的世界与非人类的世界》《社会自组织特性探索》《创造性活动与城市自组织发展关系研究》《城市演化的非他律性探索》《城市自组织演化及其根本动力研究——以古城阆中为例》《走进人类中心主义还是走出人类中心主义——基于对生态学马克思主义与建设性后现代主义自然观的比较分析》等学术论文,出版了《广义超元论与人类的世界》《现代科技与科技管理》《公共组织管理》《组织行为学》等相关著作、教材。

1998年开始集中关注城市问题,曾想跟随原重庆建筑大学的两位城市规划资深教授研究城市理论,做他们的博士研究生,因多种原因未能如愿。1998—2003年,参与了城市规划领域学者主持的一些城市规划课题,比较直观地了解了城市规划设计的全过程,对城市有了进一步的认识。2003年开始在山西大学科学技术哲学研究中心学习科学技术哲学,攻读哲学博士学位,希望选择一个与城市和科学技术哲学应用方向相关的题目来研究,在高策教授的指导与启发之下于2007年最终确定了博士论文题目:自组织城市新论。2012年完成博士论文答辩,并取得哲学研究生学历和哲学博士学位。2012年以来,一直在考虑将博士论文略微修改即出版发行的问题,因多种原因拖延至今。感谢重庆大学、感谢重庆大学出版社给予我机会,终于达成愿望,形成呈现在读者面前的这个虽几经修改,但仍不理想的文本。敬请您批评指正。

城市是人类创造的最伟大自组织作品之一,是人类社会发展到一定阶段的自组织产物,它一经出现就占据了人类实践活动的主导地位,其形成和演化发展是人类社会文明进步的基本标志。进入近现代以来,城市在区域经济活动中的中心地位愈来愈明显,城市化已经成为世界各国发展的共同趋势。随着全球城市化的进展,全球城市体系的建立和城市之间的竞争越来越激烈,人们也越来越关注城市的和谐发展,关注城市与人类自身的相互关系。人们应该重新审视自己的定位和重新确定城市发展的方向,总结城市发展的经验,吸取城市发展的教训,为自身所在城市如何取得城市竞争中的有利地位、如何构建自身的竞争优势提出适宜的策略。作为一个正加速工业化、城市化的国家,中国在借鉴大量国外先进经验和成果的同时,还需要保持自身特色和优势。如何在城市化发展的长河中,真正认识到人类与城市的关系,如何最大程度地满足自身需要又符合人类实践活动规律,是我们研究城市发展演变规律的重要目的。

21 世纪,经济全球化已经成为一个不可避免的大趋势,尤其是中国加入世贸组织之后,国内和国际市场之间的界限已经发生了根本性的变化,从而在更为广阔的空间中,赋予中国城市双重历史使命:一方面,中国城市必须将全球化作为自己未来发展的必然选择,必须不断加快全球化的进程,中国城市要充分利用经济全球化带来的利益,在更大的空间获取城市发展所需要的资本、技术、信息、人力和服务等资源,并为城市产业发展拓展空间和更大的市场;另一方面,经济全球化必然带来全球竞争,在中国城市寻求全球资源、拓展全球市场的过程中,因为某些资源的稀缺性,必然面临着更多的竞争者和更为复杂的竞争①。城市之间的竞争到底应该是怎样的一种竞争? 是不顾一切的你争我夺、零和博弈,还是在人类命运共同体思想指导之下的合作博弈、共赢发展,是今天我们面临并必须做出选择的重要问题之一。

新中国的工业化道路自 1953 年开始,已经走过了 60 多年的历程,目前基本达到了工业化中后期的水平。但是就在中国追赶欧美之际,信息革命又给我们带来了新型工业化的要求,这就是以信息化带动工业化,以工业化促进信息化,走出一条科技含量高、经济效益好、资源消耗低、环境污染少、人力资源优势得到充分发挥的新型工业化路子。世界先进国家经济发展和城市化的历史证明,现代城市是现代大工业发展的历史产物,是现代工业和服务业的主要载体,同时也是现代工业化的主要推动者。因此,城市必然是中国新型工业化重任的自然承担者。实现中国的新型工业化,是现代中国城市竞争力提高的出发点,也是中国城市发展的重要阶段性目标。但是,工业化一般是以消耗自然资源、污染自然环境为代价的,这就要求我们认真思考如何才能做到以尽可能少的自然资源消耗、尽可能小的自然环境污染来推进中国的新型工业化进程。

---

① 叶南客,李芸. 战略与目标——城市管理系统与操作新论[M]. 南京:东南大学出版社,2000.

　　自改革开放以来,我国经济社会的发展已经历过三次大的转折:1978 年党的十一届三中全会引发了当代中国经济社会的第一次大转型,传统的计划经济体制被打破,新的经济体制开始进入探索时期;1992 年邓小平同志的南方谈话,开启了中国经济社会的第二次大转型,建立社会主义市场经济体制成为一个明确的转型目标;2001 年 12 月 11 日我国正式加入世界贸易组织(WTO),成为其第 143 个成员,以此为标志开始的第三次转型,是历次转型中波及面最大的一次转型,也是中国经济全面融入世界经济的开始。个人、企事业、政府以及城市都面临着重新认识自我、重新定位自我的重任。从城市的转型来看,就是要从以往的相对单一建设城市转向建设城市与管理经营城市并重,就是要重塑城市资源和配置机制,提高城市对社会资源的吸引力和创造社会财富的能力。特别是西方社会一些新理论的提出,如政府再造理论和公共治理理论等,要求我们重新认清城市发展中各主体的角色和职能,弄清各主体之间的相互关系,为我们城市发展提出了可资借鉴的新的思维模式和实践方法。

　　在市场经济时期,随着政府职能的转变,城市规划、建设和管理活动更多地遵循市场和社会的自身发展规律,更多地呈现出自组织的特点,在国家控制之外的社会生活领域逐步形成众多的以自愿和合作为目的而结合起来的经济自组织或社会自组织,促使城市从无序到有序、从低序到高序、从高序到混沌、从一种有序(混沌)到另一种有序(混沌)的演化。

　　21 世纪是城市的世纪,如何在新的历史空间更好地发挥城市功能,如何在新的市场经济中提升城市核心竞争力、满足市民的多元生活需求,如何建立与现代化相互适应、相互促进的城市管理体制和机制,保障 21 世纪我国城市文明的持续进步,这些都是我国现阶段急需研究和解决的重大课题。城市在中国国民经济发展中将具有更重要的作用,人们将从城市的发展中获取更多的机会,城市将成为企业全球竞争优势的重要来源,城市的发展将决定着国家间经济竞争的局面[①]。

1.2　研究的目的和意义

1.2.1　研究的目的

　　城市化是一种不可阻挡的潮流,中国的城市化是 21 世纪最重要的全球性事件之一。在全球化的推动下,城市不但在吸引稀缺资源上面临越来越多的竞争对手,而且传统的城市之间的边界也被全球化的浪潮所淹没,旧的行政区域格局再也不是城市的唯一边界,更多的资源、技术、资金和人才进一步向中心城市集中,不同国

---

① 解本政. 现代城市发展模式与策略研究[D]. 天津:天津大学,2004:1-2.

家的城市、国家内部不同区域的城市都呈现出竞争协同发展的态势。随着竞争协同的加剧,有的城市成为国际性大都市,有的城市成为区域内的中心城市,而有的城市则发展缓慢甚至退步,城市在同样的竞争协同条件之下面临不同的命运。面对如此激烈的竞争协同局面,中国的城市将如何应对成为人们思考的问题。此外,迅猛的城市化也意味着农村人口向城市的不断集聚,但是人口的集聚将不可避免地带来治安混乱、环境恶化、交通堵塞、住房拥挤等城市问题。因此,如何让更多的人们在走进城市之后,享受现代化的城市生活也是研究者要考虑的问题之一。未来城市的发展思路、城市问题的系统解决以及城市自身规律的探索都是值得深思的重大问题,而这也就是拙著所要研究的重要问题。

此外,拙著还希望能对以下问题进行有益的探索,为未来的中国城市发展提供借鉴和参考。

1)面对城市"规划与不可规划的二难困境",自组织城市研究可提供解决思路

城市规划是政府调控城市空间资源、指导城乡发展与建设、维护社会公平、保障公共安全和公众利益的重要公共政策之一。它是城市的综合部署,是建设城市和管理城市的依据和前提。现代城市规划学已经从城市形体规划,扩展到社会、经济、教育、科技、生态、文化发展等城市宏观规划;从建筑学和工程技术学延伸到人文学科与社会科学。从古希腊带有强烈人工痕迹的城市规划模式——希波丹姆斯模式起,在西方社会,城市规划已有 2 000 多年的历史。同样,我国早期在营造城池的时候也就开始了对城市规划的研究和实践。然而城市规划事业发展至 20 世纪末,协同学创始人哈肯不无遗憾地指出,"规划师的二难困境(the planner's dilemma)正在变得日益明确:城市和超级城市(megacities)似乎是不可规划的(unplannable)"。[①]这是一个令人气馁的现实,但也发人深省:未来的城市建设和城市规划必须转换思路,充分把握城市发展的不确定性和不可预测性。

城市的发展虽然并不能完全为人们所控制,但是,并不意味着城市是完全不可控的,城市的发展也有其自身规律。首先,面对开放的复杂巨系统,可以依靠宏观观察,只求解决一定时期内的发展变化方法。也就是说任何一次的解决方法都不是一劳永逸的,它只能管一定的时期。对开放的复杂巨系统,只能做短期的预测,经过一段时期后再根据新的宏观观察做新的调整[②]。此外,城市的发展离不开人们有意识、有目的,甚至是有计划的活动。因此,必须明确:认识到城市发展有其自

---

① Juval Portugali. Self-organization and the city[M]. Berlin: Springer-Verlag Berlin Heidelberg, 2000.
② 周干峙. 城市及其区域———一个典型的开放的复杂巨系统[J]. 城市规划, 2002(2): 7-8, 18.

身的组织机制,所有试图完善城市系统的努力都必须在并不可能完全控制的自行运作的整体中展开,而且对于其间各种力量的运作,只能希望在理解它们的前提下去促进和协助它们。也就是说,虽然强调城市的治理,但是各治理主体、治理网络等都必须在充分理解和遵循城市发展的自身规律的基础上来发挥治理作用。拙著希望通过对非平衡态自组织理论及其方法的应用进行分析的基础上,从非平衡态自组织理论的角度为解决城市规划界的"二难困境"提供解决思路。

2)传统的还原论思想不能解决城市的复杂性问题,解决城市的复杂性问题需要借助非平衡态自组织理论的系统思维方法

受"还原论"哲学思想的影响,以往在研究复杂系统时往往会采用分析、分解的思路,试图将系统的复杂性还原为简单性。然而由于系统内部要素之间非线性相互作用,"简单相加"的分解思想即使能局部反映系统的特征,其最终研究也将失败,因为"整体大于部分之和"。1984年以三位诺贝尔奖获得者盖尔曼(M. Gell-Mann)、阿罗(K. J. Arrow)、安德森(P. W. Anderson)为首组织成立了圣菲研究所(SantaFe Insititute, SFI),其宗旨是开展跨学科、跨领域的研究。通过复杂性的研究发现,过去卓有成效的还原论有很多问题解决不了,因此众多研究者共同呼吁:突破还原论方法,尝试整体论方法。他们主张采用系统方法来研究复杂系统问题,研究从无序到有序、混沌的演变规律。认识系统的整体性并强调其复杂性,其意义在于:人们可以改变单一、机械的经验主义思维方式,而用一种整合型思维模式来认识复杂系统,并指导人们的实践。钱学森等国内学者也指出,简单大系统可用控制论的方法,简单巨系统可用统计物理学的方法,这些方法基本上还属于还原论范畴,但开放的复杂巨系统,不能用还原论的方法[1]。

对城市系统而言,城市及其区域就是一个典型的开放的复杂巨系统[2]。因此,面对城市中存在的各种问题,如人口膨胀、交通堵塞、环境污染、城中村以及历史文化保护等一系列问题,都应该采用系统的方法,运用整合型思维模式去思考和解决。然而,从现实实践来看,面对城市问题的层出不穷,不管是城市规划师、城市决策者,还是城市建设者、城市管理者,他们并没有从城市长远和整体发展来考虑并实施城市规划建设管理。究其原因主要是他们没有充分认识到城市系统的复杂性,没有站在城市自组织发展的高度来分析研究城市发展所面临的各种问题。

---

① 许国志. 系统科学[M]. 上海:上海科技教育出版社, 2000: 12.
② 周干峙. 城市及其区域——一个典型的开放的复杂巨系统[J]. 城市规划, 2002(2): 7-8, 18.

非平衡态自组织理论是复杂系统科学的重要组成部分,对解决复杂系统问题具有独特的启示作用。开展自组织城市理论研究,将对认识城市系统的复杂性,解决各种类型的城市问题具有重要的指导作用。

3) 树立新的自组织城市发展观

在城市发展的进程中,不管是发达国家,还是发展中国家,迅速增长的城市化都带来了许多新的形态,如城市区域的蔓延、城市交通的拥挤、社会差异日渐突出以及环境恶化、贫困增加、社会分化严重等。这些新增长带来的一些新的形态使得城市管理和政府职责更加复杂化,对城市政府形成了严重的挑战[①]。为此,应该树立怎样的城市发展观,如何提高我国的城市化水平,如何确立我国城市发展的方向,成为不得不慎重对待的问题。

中国当前正处在城市高速发展时期,2012 年 3 月 14 日,时任国务院总理温家宝在政府工作报告中指出,截至 2011 年底,我国的城镇化率第一次超过了 50%,达到 51.27%,实现了中国社会结构的一个历史性的转折;据统计到 2015 年底,我国城市数量已达到 656 个,建制镇数量达到 20 515 个[②];至 2019 年末,中国常住人口城镇化率为 60.60%[③]。对于中国城市的发展来说,不但在发展阶段存在差异,在城市的发展状况和质量上也存在诸多区别。因此,未来的中国城市发展不但要从不同的区域范围,结合区域现实背景展开,更要树立全新的城市发展观才能提出战略性的发展方向和模式。希望通过对自组织城市的研究来改变人们对城市的态度,而不仅仅是通过自组织来建立模型模拟城市的发展[④]。拙著的核心观点也是希望在此基础上对现行的城市发展思路和发展模式进行检讨和反省,在认识到城市复杂性的同时,树立自组织的城市发展观,为城市的健康有序发展提供一定的指导并最终影响人们的行动。

4) 探寻城市演化发展的规律,为未来的城市发展提供借鉴和参考

研究城市史时,会发现城市的繁荣主要有两种类型:一种以罗马为代表,凭借行政权力掠夺以聚集财富,是行政性繁荣;另一种是以威尼斯为代表,凭借商业交易创造价值,是市场性繁荣。罗马式的繁荣来自垄断性的政府行政权力,不但很难

---

① 王佃利. 城市管理转型与城市治理分析框架[J]. 中国行政管理, 2006(12): 97-101.
② 中共中央国务院关于进一步加强城市规划建设管理工作的若干意见[EB/OL]. 中国政府网, 2016-2-21.
③ 国家统计局:2019 年中国城镇化率突破 60% 户籍城镇化率 44.38%[EB/OL]. 中国经济网, 2019-2-28.
④ 鲁欣华. 自组织的城市观[J]. 现代城市研究, 2004(7): 41-43.

给周边的地区带来辐射与拉动,而且无法摆脱帕金森定律和黄宗羲定律。[注:帕金森定律:帕金森定律(Parkinson's Law)源于英国著名历史学家诺斯古德·帕金森1958年出版的《帕金森定律》一书的标题。帕金森在书中阐述了机构人员膨胀的原因及后果:一个不称职的官员,可能有三条出路,第一是申请退职,把位子让给能干的人;第二是让一位能干的人来协助自己工作;第三是任用两个水平比自己更低的人当助手。第一条路是万万走不得的,因为那样会丧失许多权利;第二条路也不能走,因为那个能干的人会成为自己的对手;看来只有第三条路最适宜。于是,两个平庸的助手分担了他的工作,他自己则高高在上发号施令,他们不会对自己的权利构成威胁。两个助手既然无能,他们就上行下效,再为自己找两个更加无能的助手。如此类推,就形成了一个机构臃肿、人浮于事、相互扯皮、效率低下的领导体系。帕金森得出结论:在行政管理中,行政机构会像金字塔一样不断增多,行政人员会不断膨胀,每个人都很忙,但组织效率越来越低下。这条定律又被称为"金字塔上升"现象。黄宗羲定律:黄宗羲定律源于黄宗羲《明夷待访录》一书。在《明夷待访录·田制三》中黄宗羲指出:为了克服苛捐杂税的弊端,改革的主流思路都是合并税收、取消收费、简化税制,把各种税、赋、役合并为一,并规定不得再征收其他费用。然而,将各类名目的税种加以统筹合并,恰好为后人新设名目创造了条件。随着社会的迁转流变,正税中已包含了此前各种税费这一事实似乎被忘记了。结果,财政一旦吃紧,各种杂费就会被加征加派。黄宗羲深刻揭示,传统赋税制度的弊端在于"明税轻、暗税重、横征杂派无底洞",而每一次并税式改革最后都步入"税轻费重—并税除费—杂派滋生—税轻费重—并税除费—杂派又起"的循环,导致百姓的税负越改越重,以致成"积累莫返之害"。黄宗羲所揭示的这一社会历史现象,被历史学家秦晖在2002年概括为黄宗羲定律。]而威尼斯源自市场式的繁荣,不但有助于周边地区的价值实现,城市也显现出巨大的活力。中国城市也有类似的情形,结合"自组织与他组织"的相关思想,会发现像罗马式具有他组织特征的行政性繁荣往往不能长久,在城市的演化中将会逐渐没落,中国历史上的洛阳也有类似的一些特点。因此未来的城市发展以及城市化应该如何着手,应该多大程度借助于政府的政治、行政等外在力量是个值得思考的问题。城市发展演化到底是由自上而下的制度变迁、政府主导决定的,还是因为其遵循了人类实践活动的基本规律,自组织的过程?此外,城市在形成的过程中具有哪些隐藏的内在规律以及城市得以自组织演化的根本动力等问题都是拙著将重点讨论的问题。拙著将对这一系列相关问题进行假设并予以论证。在对自组织理论与实践、城市治理理论与实践、城市理论与实践的研究和探索中,寻找既符合城市发展自身规律又能满足人们合理要求的城市发展模式,是拙著的关注重点。与此同时,拙著研究还希望能通过对自组织城市的研究,改变人们对城市的态度,不要将城市视为可以任人规划设计或摆布的没有生命的物质体系,而应将城市看成是依据自身规律演化发展的有机生命系统,必须尊重城市的相对独立性,依据其自组织发展规律去尝试规划、建设和管理,而不是强迫其服从人类的意志。

1.2.2　研究意义

目前,我国城市化迅猛发展带来的诸多问题已经远远超出现有理论研究的范围,确实需要理论的创新和实践的创新。从自组织的视角研究城市,具有十分重要的理论意义和现实意义。

1)理论意义

一方面,将非平衡态自组织理论研究延伸到城市起源与演化领域,不但可以横向拓展其应用领域,还可以使其在与城市研究相结合中不断丰富、完善和发展,使其成为具有更广泛应用领域和普遍意义的重要理论、观点和方法。

另一方面,将非平衡态自组织理论研究提升到系统哲学高度,既有助于从纵向提升其层次,也有助于系统哲学研究内容的丰富、完善和发展。

再有,将非平衡态自组织理论研究延伸到城市演化领域,并从系统哲学的视角构建自组织城市理论体系既有助于系统、全面地认识城市,也有助于城市理论的丰富、完善和发展。

2)实践意义

第一,从系统哲学角度整合非平衡态自组织理论与城市发展研究,有助于将自组织、自创造等新观念更好更系统地贯彻到城市规划、建设和管理,城市发展目标设计以及城市公共政策制定等过程之中。

第二,通过对非平衡态自组织理论的研究和应用,使城市系统各子系统能够按照各有其位、各就其位、各尽其责、相互默契的规则,自动地形成动态有序结构,从而为解决目前城市中存在的一系列社会、经济、科技、生态、文化等问题提供解决思路与方法指导。

1.3　研究方法

1.3.1　理论研究与实证分析相结合

拙著以非平衡态自组织理论为基础,提出城市自组织演化发展的三个基本假设,再借助具体城市案例及相关理论分析和验证假设。为此,拙著首先致力于自组织理论和城市理论的分析,在阐述城市具有耗散结构特征并且遵循自组织演化的基础上,从复杂性科学的角度提出城市系统自组织演化的基本假设,再以威尼斯、阆中等城市作为实证研究对象验证之。

1.3.2　跨学科研究方法

由政治、经济、文化、生态、社会等子系统构成的城市系统具有高度的综合性,这也就决定了用单一学科的知识无法准确分析城市现象和解决城市问题。拙著综合运用系统哲学、社会学、历史学、经济学、城市规划甚至政治学等学科知识对城市开展跨学科研究,希望得到比较符合城市演化发展实际的研究结论。

1.3.3　比较研究方法

比较分析方法是科学研究的基本方法之一。比较分析试图通过事物异同点的比较,区别事物,达到对各个事物深入的了解认识,从而把握各个事物。拙著试图通过对自组织和他组织、城市自组织和城市他组织、城市自组织与自组织城市等概念的比较研究,来揭示城市发展演化的基本特征,来探讨城市自组织与城市他组织的关系,来评价自组织发展模式与他组织发展模式的优劣。

1.3.4　历史与逻辑统一方法

历史与逻辑统一方法强调研究的逻辑要与研究对象的历史或者人类认识研究对象的历史一致。拙著在分析论述自组织理论、城市理论等理论时严格依照分析论述的逻辑与它们自身先后产生的历史相统一的方法,在分析研究城市起源、城市演化问题时也严格坚持分析研究的逻辑与研究对象——城市的历史演进相统一的路径。

1.3.5　田野调查方法

田野调查方法是人类学学科的基本方法,因其对收集掌握以及如何收集掌握一手现场资料的重视,取得了广为认可的丰硕的人类学研究成果,而被广泛地移植到人文学科与社会科学的研究领域。拙著高度重视运用田野调查方法,深入宏村、磁器口、阆中、威尼斯、佛罗伦萨等村落、古镇、历史名城实地调研,获得了较为丰富的一手资料,为拙著的最终完成奠定了重要的实证材料基础。

1.4　研究的重点、难点与创新点

1.4.1　研究的重点

拙著的研究重点是在分析研究自组织与他组织、城市自组织与城市他组织、城市自组织与自组织城市等相关概念,整理综述城市理论、自组织理论与自组织城市理论等相关理论研究成果的基础上,拟借助理论论证和实际案例分析来证明城市的自组织性,城市起源的自发性,城市演化的非他律性,证明人类特有的创造性活动是推动城市自组织发展的根本动力。

1.4.2 研究的难点

拙著的研究难点是如何区分自然系统的自组织和社会系统的自组织,如何分析城市系统的他组织与自组织及其相互关系,如何论证城市起源的自发性、城市演化的非他律性以及创造是城市自组织发展的根本动力等自组织城市观点。

1.4.3 研究的创新点

拙著的创新主要体现在从复杂系统科学以及系统哲学的高度分析探讨了一种新的城市发展观——自组织城市发展观,倡导人们更多地从自组织的视角去分析研究一座城市的规划、建设、管理与发展演进,反对过多的主观意志干预,主张在推进城市发展上适时而动、顺势而为、道法自然。拙著第一次比较系统地从系统哲学的角度较为深入地分析讨论了人类自觉意识活动在城市起源、演化过程中的作用及其局限性,认真分析探讨了人类特有的创造活动与城市自组织发展的内在一致性,分析论证了城市系统的自组织特性以及自组织演化的三个基本规律——城市起源的自发性、城市演化的非他律性以及创造是城市自组织发展的根本动力。

第2章 相关概念及其比较研究

2.1 自组织与他组织

2.1.1 自组织及其案例分析

1) 自组织案例分析

在非生命世界中,我们常常会看到这样一种情景:某一事物从其最简单的形态开始,在与外界进行物质、能量的交换下,不断成长为比较复杂的发展物,再到复杂的成型物,它们经历一个从简单到复杂、从初级到高级、从混沌(或无序)到有序再到混沌(非平衡态混沌)的不断发展过程。如山系、海洋、地球、太阳系、银河系以及目前我们观察可及的各种物质系统都是如此。古代哲学家们基于对非生命世界的观察分析,提出了形形色色的关于万物本源的思想,如古希腊第一个哲学学派——米利都学派中泰勒斯的"水"源说、阿那克西曼德的"无限者"说以及阿那克西米尼的"气"源说等。这些古希腊哲学的奠基者们,基本上继承了古希腊神话中"描述了世界从混沌到有序的发展"的混沌创世的思想,把没有固定形状的水或气等看作世界的始基,有序的世界就是从这样的始基发展起来的①。恩格斯曾赞扬了这种本质上正确的古代朴素的自然观,他说:"在希腊哲学家看来,世界在本质上是某种从浑沌中产生出来的东西,是某种发展起来的东西、某种逐渐生成的东西。"②

同样,在生命世界里,我们也看到一种情景:生命从非细胞生物开始,演化成如今极其复杂的地球生命世界;人类也是从一起从事简单的生产向出现劳动分工,男耕女织方向发展,最后形成阶级社会;原来均匀一片的村庄,演化形成农村或城市,出现差别;人类社会总体上是朝着分工越来越细,差别越来越大,相互之间的联系越来越紧密的方向发展,全球现在已经形成一个整体,"全球经济""全球城市""地

---

① 曾国屏. 自组织的自然观[M]. 北京:北京大学出版社, 1996:170.
② 恩格斯. 自然辩证法[M]. 北京:人民出版社, 1971.

球村""协同世界"已经是我们这个时代的基本事实。这一类事物的演化发展方向都是不断走向复杂、多元、非平衡，走向更高的进化阶段。

下面我们来分析下自然界中的两个经典自组织现象。

（1）白蚁的"雪球—土墩"效应

白蚁给自己建造的巢穴——土墩，是自然界中众多经典的自组织现象之一。这些土墩建立在广阔的金字塔型地基上，高的土墩可达 5 米。如果白蚁能有人一样的体型，那么它们建造出来的最大的土墩可能比我们最高的摩天大楼还要高出许多倍。每一个土墩的内部结构的复杂程度都可以与人类建造的复杂的摩天大楼媲美：每一个土墩从地基到顶部，墙壁上都有平滑的、雕刻出来的通风坑道，用于释放二氧化碳，吸收新鲜空气；每一个土墩都住着上百万只白蚁，相当于人类社会的一个小城市。白蚁究竟是如何建造起了这些令人不可思议的土墩呢？

为了了解白蚁建造土墩的过程，法国生物学家 Pierre-Paul Grasse 做了下面这个实验：把众多工蚁放到一个盛有与荒野相同的土壤层的碟子中，以此观察白蚁建造土墩的全过程。实验发现：这些白蚁经过一段相互适应的时期之后，开始用唾液和黏土混合，一口一口地来堆积"小球"；当这些小球达到了临界密度的时候，"雪球—土墩效应"就会起作用，一个结构精巧的白蚁巢穴就此形成。进一步的研究发现，白蚁的唾液中含有一种具有吸引力的信息素，能吸引其他的工蚁来一起增大"小球"。这种正反馈作用使不同外型的土墩得以诞生：先是圆柱形的黏土竖立起来扩大为墙，然后"建造"屋顶，最终形成结构复杂的白蚁巢穴——土墩。不同形式的土墩并非某种"命令"使然，而是由潜在的物理和化学因素及白蚁规模影响而产生的。

美国生物学家 Scott Turner 一直在研究南非白蚁的土墩，他想知道白蚁在其巢穴——土墩受到袭击之后是如何自我修复的。研究发现：由于袭击导致土墩内空气的变化，白蚁就迅速地冲过来修复黏土受到损坏的墙；最开始的工作是修复被打了许多洞的坑道；当坑道修复好之后，白蚁这种极具吸引力的信息素浓度逐渐增大，它们开始用黏土塞满这些空间；一两周后，土墩的墙壁又坚固如初。

无论是建造土墩，还是修复土墩，众多的白蚁都是靠着自己唾液中含有的一种信息素来彼此联系，共同完成不可思议的自然杰作。

白蚁这种"混合黏土—圆柱形黏土—墙壁和屋顶—土墩"的功能效应，学者称其为白蚁的"雪球—土墩"效应。白蚁的这种行为就是典型的自组织行为，"雪球—土墩"现象是典型的自组织现象。①

---

① Richard Conniff. 自组织：来自生物界的启示[J]. 张美铃，译. 北大商业评论，2008（5）：128-131.

(2)松树的自组织成长

野外的松树有其生长过程,一般经过以下三大阶段,有的还具有变异性。

种前阶段,即开花结实阶段。大多数野外松树(马尾松、油松等)的球果成熟后不久鳞片即张开,种子迅速脱落;有少数松树的鳞片张开和种子脱落过程要延续达几个月之久;有些松树部分或全部球果长期处于闭合状态或在树上不定期地张开。

繁殖发芽阶段。松树球果脱落的种子在地上经过一段时间的繁殖会发芽钻出地面,进入其生长发育阶段。

生长发育阶段。野外松树的生长过程因树种而异。油松、马尾松、云南松早期生长较快,但达到成熟期则较晚,它们在生长期的前5年,树高和直径生长较慢,5~20年为生长极盛期。天然林红松在生长期的前50年胸径生长缓慢,50~100年为胸径生长旺盛时期,之后仍能维持较高速度,到200年以后才显著降低,其树高生长旺盛时期在100年左右,其材积数量成熟龄则在300年左右。

野外松树经过种前、繁殖发芽和生长发育三个阶段的生长过程,都是在没有外界组织者组织力作用的情况下进行的,是一个自我生长过程,具有典型自组织过程的所有特征:

一是具有开放性。野外松树在它们三个阶段的生长过程中不断吸收外界的二氧化碳、水分、阳光以及矿物质等能量、物质,同时也向外界不断释放氧气。它们是在与外界相互作用的情况下成长的。

二是存在着同化作用和异化作用等非线性相互作用。野外松树和其他植物一样,在其体内会进行同化作用和异化作用,异化作用消耗能量满足自身活动生存需要,同化作用制造养分。异化作用即呼吸作用——消耗氧气、呼出二氧化碳;同化作用即光合作用——用光将二氧化碳变成氧气。野外松树是在其体内非线性相互作用——同化作用与异化作用的共同作用下不断成长的。

三是存在着非平衡性。由于同化和异化的作用,野外松树所吸收和放出的氧气、二氧化无机盐等物质与能量,在白天与晚上是不相等的,从而存在着体内物质的非平衡性,也就因为其体内存在着不平衡,才会不断地与外界进行物质、能量和信息的交换,补充其生长所需的各种能量和物质,不断地成长。

四是存在着变异特性。这种变异特性决定了野外松树自组织生长的涨落、分叉及突变性。

2)自组织概念分析

自从20世纪60年代耗散结构理论和协同学创立以来,有关自组织的定义很多,代表性的定义有以下几种:

①协同学创始人赫尔曼·哈肯对自组织的定义是："如果系统在获得空间的、时间的或功能的结构过程中，没有外界的特定干预，我们便说系统是自组织的。这里'特定'一词是指，那种结构和功能并非外界强加给系统的，而是外界以非特定的方式作用于系统的。"①这个定义包含两个义项：一是系统是自动地获得空间的、时间的或功能的结构；二是强调"没有外界的特定干预"。

②Gary William Flake 在他著名的《复杂系统教程》(*The Computational Beaty of Nature*)中写道："自组织是高阶结构或功能模式的自发形成，它是通过低层次客体之间相互作用而产生的突现。"②此定义包含了三个义项：一是自组织的高层结构或功能模式是自发形成的；二是自组织是一种突现；三是这种突现是低层次客体之间相互作用的结果。

③F.海里津指出："自组织可以定义为由于局域相互作用而导致的一个全不相干的模式的自发创生 (spontaneous creation) 和自发突现 (Spontaneous emergence)。"③海里津这个定义包含了三个义项：一是自组织是一个模式的自发创生和自发突现；二是这个模式是因为局域相互作用形成的；三是这个模式的不相干性，即这个模式是一个全新的事物。

④美国 Oregon 大学 Alder Fuller 博士指出："自组织是系统在网络中自发产生的过程，它没有(像自然选择这样的)外界组织力施加于这个系统，也没有内部的组织者(像 DNA 作为指令等)或生命力施加程序于系统中来形成的。"这个定义只强调过程，亦即自组织是一个过程。

⑤钱学森指出："系统自己走向有序结构就可以称作系统自组织。"④钱学森这一定义包含了两个义项：一是自组织系统必须是一个有序结构的系统；二是这个有序结构的形成是自发的，没有外界的干预。

⑥高隆昌认为，自组织是系统自身的一个能量建设过程，它包括三个步骤：首先是自由能(包括系统外界传给系统的能量和系统内部的能量)的获得；其次是自由能的加工、转换和升华；最后是自组织的实现。他认为，"自由能经加工、升华而成为与系统自身的能量同级且适合于系统某部位后，便随系统自身的机制而被安排到相应位置成为系统组织结构中的一部分，同时也增加了系统的结构能，这叫作系统完成了一次自组织功能"。⑤

---

① H Haken. Information and Self-organization[M]. Berlin：Springer-Verlag, 1988：11.

② Gary William Flake. The Computational Beaty of Nature[M]. Cambridge：The MIT Press, 2004：463.

③ F Heylighen. The Science of Self-organization and Adaptivity[J]. The Encyclopedia of Life Support Systems, 1970.

④ 胡皓. 自组织理论与社会发展研究[M]. 上海：上海科技教育出版社, 2002：10.

⑤ 高隆昌. 系统学原理[M]. 北京：科学出版社, 2005：135.

⑦我们认为,所谓自组织(Self-organization)是指在没有外界指令作用下,系统自发形成的有序结构及其过程。① 这一定义突出了自组织的前提条件是"没有外界指令作用",同时,其中的"自发形成的有序结构及其过程"指出自组织既是自发形成的有序结构,也是一个自发自主展开的过程。也就是说,自组织概念既指过程,也指其实体结果;既是名词,也是动词。

"自组织"是现代非线性科学和非平衡态热力学的最令人惊异的发现之一。基于对物种起源、生物进化和社会发展等过程的深入观察和研究,一些新兴的横断学科也从不同的角度对"自组织"的概念给予了界说:

从系统论的观点来说,"自组织"是指一个系统在内部机制的驱动下,自行从简单向复杂、从粗糙向细致方向发展,不断地提高自身的复杂度和精细度的过程。

从热力学的观点来说,"自组织"是指一个系统通过与外界交换物质、能量和信息,而不断地降低自身的熵,提高其有序度的过程。

从统计力学的观点来说,"自组织"是指一个系统自发地从最可几状态向几率较低的方向迁移的过程。

从进化论的观点来说,"自组织"是指一个系统在"遗传""变异"和"优胜劣汰"机制的作用下,其组织结构和运行模式不断地自我完善,从而不断提高其对环境的适应能力的过程。达尔文(C. R. Darwin)的生物进化论的最大功绩就是排除了外因的主宰作用,首次从内在机制上、从一个自组织的发展过程中来解释物种的起源和生物的进化。

总之,"自组织"是区别于"他组织"的一个科学概念,是系统通过自己内部元素之间的相互作用自发、自主地走向结构功能有序的一种过程或结果,是没有事先规划和外力干涉的自然过程及其结果,这个过程是自下而上,而非由上到下的。

3) 自组织的演化过程

自组织是一个自发、自动演化的过程,它主要包括以下三种类型的演化过程:

①从无序状态到有序状态的演化。例如,我们所在的太阳系从原始星云演化至今天的有序状态。

②由组织程度低到组织程度高的层次跃升的过程演化。例如,从大分子到非细胞生命,从非细胞生命到细胞生命,从原核细胞生命到真核细胞生命等,都是生命层次的跃升。

③在相同组织层次上由简单到复杂的过程演化。例如,单分子到多分子体系,

① 何跃,程宇. 自组织:一种新的政务公开研究范式[J]. 系统科学学报, 2002, 14(3): 70.

哺乳动物类从简单哺乳动物到高级哺乳动物的演化,等等。

自然系统自组织的演化过程,有的只是具有其中的一种或两种过程,更多的是呈现出三种相互交替作用的情形,形成了组织化的稳定的连续统一体。

自组织现象是系统的构建及演化现象,系统依靠自己内部结构及其功能,在相对稳定的状态下,将物质、能量和信息不断向结构化、有序化、多功能方向发展,系统的结构、功能随着变化也将产生自我的改变。一般来说,自组织现象包括简单的自组织现象和复杂的自组织现象。前者是在一个或两个层次之内,并只有两个或几个子系统的自发、自动演化发展的整体现象和整体效应;后者则是两个以上层次的多个子系统之间非线性作用产生的整体现象和整体效应。

自组织现象主要存在于生命世界或与生命有关的现象之中,也存在于包括物理、化学在内的非生命世界里。除了上文已经提到过的相关现象外,在激烈的体育比赛中无统一指挥自发形成的"人浪"、市场经济中的各种自由平等自愿的买卖行为、男女青年之间的自由恋爱、现代社会中广泛存在的自发性人群组织等,都是自组织的重要体现,在此不再赘述。

典型的自组织现象实例有:布鲁塞尔学派普里戈金(I. Prigogine)多次提到的1900 年法国物理学家贝纳德(Bénard)进行流体加热实验时发现的流体力学中的贝纳德元胞及对流花纹;1951 年苏联化学家贝洛索夫(B. P. Belousov)首先发现而未公布,1961 年贝洛索夫所在研究所的扎鲍延斯基(Zhabotinsky)重新发现公布的化学反应系统中的贝洛索夫-扎鲍延斯基化学振荡花纹与化学波;激光器中的自激振荡以及驻波、云街、植物的色彩、动物的巢穴,等等。

4) 自组织的主要性质

自组织是系统中的自组织,离开了系统,就不可能存在自组织现象,因而在一般情况下,自组织就是系统意义上的自组织。经过系统科学家们的研究发现,系统的自组织除了具有前文所论述的开放性和非平衡性等特性外,还具有以下一些主要性质:

(1) 临界性

临界性是指系统在自组织过程中所存在的、在难以用肉眼观察到的微观层面运动达到某一临界点时,自发突现出宏观层面的"秩序"和"构型",亦即自组织的结果。例如,在贝纳德热传导对流层的形成中,开始时,即在从准备到徐徐加热的阶段时,温度的小小上升,液体分子的热骚动就有小小的增加,分子的热传导运动也有小小的增加;但达到一个临界点时,小小的温差的增加却导致对流层的宏观巨大的运动,导致一个耗散结构,即六角形元胞或滚筒形元胞的宏观结构的出现。其中的临界点就是系统临界性的标志。

临界性是系统自组织的本质特征。巴克（Bak）认为："系统的本质特征通常会在某种临界状态体现出来，临界判据是最佳判据。任何一个自组织系统，当其达到临界状态的时候，我们就说它具有自组织临界性（self-organized criticality，简称SOC）。"

（2）非线性

非线性也是系统自组织的重要特征之一。自组织之所以能够发生，是因为系统的元素之间以及元素与结构之间存在着一种非线性关系或非线性相互作用，从而在数学上需要用非线性方程、非线性动力学来解决。

非线性是与线性相对应而言的，是指系统包含有大量的杂乱耦合起来的要素，在其自组织过程中的演化是耗散性的、非线性的。也就是因为这些"大量杂乱耦合起来的要素"的作用以及系统的外界环境的物质、能量、信息的输入及"扰动"，使得系统内部的各要素或元素之间的关系不是成直线或比例的关系，而是非线性的关系。因而在数学上用直线方程或比例方程解决不了，而必须用非线性方程、非线性动力学才能够解决。混沌理论中的"蝴蝶效应"就是经典的例子。同时，大原因也可能只造成了一个小结果。在我们日常生活实践中，一般说来，天上乌云越黑、雷声越大、闪电越厉害，下雨也就越大。但是，我们有时也发现，天上乌云滚滚、电闪雷鸣，地上并没有下很大的雨点，有时甚至没有雨点，这也是因为下雨不只受乌云影响，有时还会受到风向、风力等其他各种因素的影响而导致天上乌云滚滚与下雨到对应的地上之间不再是直线或比例的对应关系了，从而导致"雷声大雨点小（或少）"。"正因为这种非线性的相互作用，才演出了一幕一幕的复杂多变的自组织构型来"。①

（3）自下而上性

系统自组织的自下而上性是指系统的自组织过程是一种自下而上的演化过程，是一个从微观层面到宏观层面的过程。这是系统自组织的又一重要特征。

一个系统的自组织演化通常是一个相当漫长的过程，这个过程主要表现为微观层面的相互作用。演化运动之初人们一般无法觉察，但是，当微观层面的相互作用达到一定程度以后，就会在宏观层面形成一定的变化征兆，如大小、形态、声音的轻微变化，最后形成宏观层面的"秩序"或"结构"，即自组织结果。

（4）自创生性

自创生也称为自再生、自维生、自催生，是指系统内部与外界环境进行交换而

---

① 颜泽贤，范冬萍，张华夏. 系统科学导论——复杂性探索[M]. 北京：人民出版社，2006：346.

维持着物质、能量和信息的补充,并造成其长时期内系统稳定结构(耗散结构)的自组织。系统在同外界进行物质、能量和信息交换过程中保持着连续的熵产生并将其耗散掉,形成新的有序结构。简单地说,系统的自创生,是指在没有特定外力干预下,系统从无到有的自我创造、自我产生、自我形成。

(5)层次性

系统自组织的层次性可以从两个方面来理解。一方面是从自组织的主题内容看,分为整体的自组织和个体的自组织两类。这是其层次性表现之一。整体的自组织是指包括系统的物质、能量、信息等系统成分在内的整个系统的自组织过程及其结果;个体的自组织是指系统内部每个要素的自组织过程及其结果。另一方面是从自组织的层面来看,自组织主要表现为微观层面系统要素的相互作用。只要微观要素的具体行为没有外界的特定规划,系统演化就是自组织的。换句话说,自组织是基于微观层次定义的,主要是指微观层面的一种自发运动和相互作用。微观层面的自发运动有"一个前提",即外界宏观层面的能量输入;还有"一个后果",即宏观层面的秩序和模型,亦即微观层面的自组织运动,需要外界宏观层面的能量输入,其组织的结果是形成了宏观层面的秩序和模型。这即是自组织的层次性。

(6)多样性

系统自组织的多样性包括两个方面的含义:一是指系统自组织的形式或方式的多样性,亦即自组织现象按照自组织过程实现的不同系统功能或方式来看,主要有自创生、自生长、自校正、自镇定、自适应、自维生、自学习、自修复、自更新、自老化和自消亡等。在实际系统中,同一自组织过程中常常同时包含几种方式。比如自适应常常包括自学习,通过自学习来达到自适应环境的目的。二是指自组织的种类是多样的,比如系统的耗散结构、突变、协同、混沌、分形、超循环、元胞自动、沙堆临界以及全息等。

2.1.2　他组织及其案例分析

1)他组织案例分析

在生命世界与非生命世界存在的组织中除了自组织外,还有相应的他组织。他组织(hetero-organization)是与自组织相对应的概念,是指在外界的特定干预下所形成的有序结构及其过程,如 2008 年在北京举办的奥运会开幕式表演及其比赛过程、电脑等人工物及其制造过程等。

我们以设计制造绘图铅笔为例,简要分析人类社会独有的他组织现象。一般情况下,用来画图的绘图铅笔主要由铅笔内芯、铅笔外壳、铅笔橡皮头等三部分构成,每个部分又有其更低层次的组织结构。铅笔内芯由一定数量的铅沫(或者说铅分子)和一定的黏接剂等组成;铅笔外壳由木材外壳和油漆色料两部分组成;铅笔橡皮头由橡皮和橡皮夹两个部分组成。这一构造(或组织)系统可见图2.1。

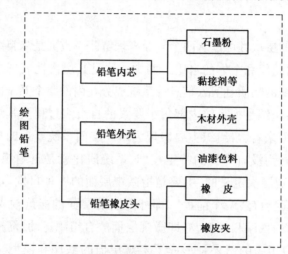

图2.1 绘图铅笔的系统示意图

上述结构源于人类的自觉设计,其制造过程也是一个典型的他组织过程。绘图铅笔的制造是在厂领导的指导、工程师的组织指挥、生产车间工人的协作努力下展开的,离开了厂领导的指导、工程师的组织指挥、生产车间工人按图施工就不可能制造出既符合设计者要求又满足人们需要的绘图工具(组织),如图2.2所示。

2)他组织概念分析

关于他组织,主要有以下定义:

①德国理论物理学家哈肯(H. Haken)认为,"从组织的进化形式来看,可以把它分为两类:他组织和自组织。如果一个系统靠外部指令而形成组织,就是他组织;如果不存在外部指令,系统按照相互默契的某种规则,各尽其责而又协调地自动地形成有序结构,就是自组织。"① 哈肯对他组织的界定突出了"外部指令",亦即外部指令是他组织形成的最基本的条件,这个定义也包含了他组织既是一个过程,也是该过程所导致的结果。

---

① 哈肯. 协同学——自然成功的奥秘[M]. 戴鸣钟,译. 上海:上海科学普及出版社,1987:15-30.

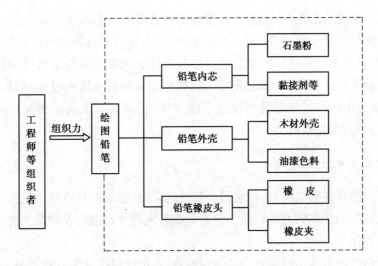

图 2.2　绘图铅笔的组织系统示意图

②许国志等指出："一类是系统之外有一个组织者,整个系统的组织行为和做法按照组织者(外界主体)的目的、意愿进行,在组织者(外界主体)的设计、安排、协调下,系统完成组织行为,实现组织结构。平时所讲的多是这一类,如人工制造的各类机器、电子设备,设计的各种结构等,通常称为他组织。"① 这个概念包含三个义项:一是他组织是一个过程,这个过程是组织者进行设计、安排、协调,实现其目的、意愿,完成组织行为,实现组织结构;二是他组织是一个组织成果即组织结构;三是他组织的组织者是存在于系统之外的。

③高隆昌认为:"他组织"是有了自组织概念后,针对自组织概念提出的一个对偶型概念。他组织就是来自系统外(相对于该系统来说的"他")的使该系统实现的(自然是属于自身的)组织功能②。高隆昌的界定突出了他组织是组织功能,这个组织功能来自系统的外界的赋予。

④苗东升指出:如果系统是在外界的特定干预下获得空间的、时间的或功能的结构的,我们便说系统是他组织的。"外界的特定干预"就是他组织作用③。苗东升这一说法其实就是对他组织下定义,是借鉴哈肯的自组织概念进行界定的。他突出了"外界的特定干预",这是系统形成的他组织作用力。其实这一界定也包含了他组织既是过程,也其结果的意思。

综上可知,他组织(hetero-organization)是指系统外部的组织者为了实现自身某

---

① 许国志. 系统科学[M]. 上海:上海科技教育出版社,2000:174.
② 高隆昌. 系统学原理[M]. 北京:科学出版社,2005:142.
③ 苗东升. 系统科学精要[M]. 2版. 北京:中国人民大学出版社,2006:156.

种目的而对系统施加指令、进行特定干预的过程及其所形成的组织系统。典型的他组织有规划设计及其结果、制造及其结果、改造建设及其结果、操纵控制及其结果、经营管理及其结果等。比如后文将要分析的唐山重建从特定历史阶段和时空尺度看就是典型的他组织系统,还有工程师和工人制造飞机的过程以及成型的飞机,人们制造电脑的过程以及成型的电脑,"神州"系列载人飞船的制造过程及其成型的飞船等,都是他组织。

3)他组织的主要形式

任何组织都具有组织力,自组织具有自组织力,他组织具有他组织力。组织力就是使系统组织形成的力量。他组织力是指系统的外界组织者对系统进行特定干预所施加的作用力。

根据他组织力施加的方式及其强弱特点,可把他组织分为三种类型。

一是指令式他组织。这种他组织的组织力是指令性的,具有强制性。系统演化运行的一切步骤、细节都由外部组织者进行严格的规定。比如各种指令性计划、行政系统中上级对下级作出命令、地面监控系统对卫星定位和宇宙飞船的控制、战争中指挥官发布命令等都是指令式他组织。

二是诱导式他组织。这种类型的他组织的组织力不是强制性的,而是诱导性或引导性和指导性的。比如诱导式教学或启发式教学、指导性计划、政策性引导等。

三是限界式他组织。限界式他组织是指系统的外界组织者给系统的运行设定一个边界,不许其运行超出此边界,并且在规定的界限内可以自由演化发展的他组织。这种他组织类型的外界强制性更小,具有一定的自组织性。例如政府通过劳动法、企业法等法律对企业进行的规范管理、中央政府对香港和澳门特别行政区的管理等就是这种类型的他组织。

上述三种他组织有一个共同特点,即组织命令来自组织系统以外。其组织力的大小可以用图2.3表示。

指令式他组织 > 诱导式他组织 > 限界式他组织

图2.3　三种他组织的大小比较示意图

4)他组织的主要性质

系统的他组织具有以下一些主要的性质:

①系统性。与自组织一样,他组织也具有系统性。根据系统论的观点,无论是客观世界还是主观世界,任何具体事物都不存在系统的是与否的分别,只存在系统的复杂程度的差异。

②干预性。他组织的干预性是指在他组织过程中具有外界组织者的"特定干预"的属性。这是他组织的主要特征。没有外界组织者的"特定干预",就不是他组织,而是自组织。同时,没有外界组织者的"特定干预",这一组织过程也就不可能顺利地按某种目的完成。总之,在他组织中,系统外界组织者的组织力在他组织过程中起决定性的作用。

③开放性。他组织的开放性是指他组织也是一个开放的系统,而不是封闭的系统。只有开放,他组织的过程才能完成,才会有他组织。

他组织的开放性可从两个方面来理解:一是任何他组织都是对外开放的,否则就不可能有外界"组织者"的"特定干预",换句话说,没有其某种程度的开放性,外界就不可能实施其干预,外界的"特定干预"也就不可能成功;二是任何他组织就是因为对外开放,才会有和外界的物质、能量和信息的交换,才会获得完成他组织过程所必需的各种资源。

④可控性。可控性是指在系统的他组织过程中的某些具体步骤和细节内容,尤其是关键步骤和细节等具有可以控制的属性,亦即在组织过程中,外界他组织者的目的能够在控制范围内得到实现,正如苗东升所说:"系统的终态(定态)完全由外力决定。这正是他组织的特点。"① 当然,还存在着可控性的程度问题,有的他组织的可控程度大,有的可控程度则很小。这主要是因为在他组织过程中存在着系统各要素的质量或素质情况的差别、组织过程或步骤的复杂程度的不同,以及组织者的目的或目标层次的高低情况,同时还存在着系统环境条件的"扰动"因子的影响情况。这些因素不但决定了他组织的可控程度问题,同时也决定了它的另一特性——非线性与线性的统一。

⑤非线性与线性的统一性。非线性与线性的统一性是指系统的他组织在其演化运行过程中,既存在非线性关系,又存在线性关系。这里的非线性主要是由于系统的复杂性决定的,正如上述性质④所说的那些因素的影响,即系统要素的不同、他组织者目的的层次高低以及环境因素的影响等,并且这些因素本身也是复杂的,从而决定了他组织系统的非线性关系,亦即解决这些问题时,在数学上不能简单地

---

① 苗东升. 系统科学精要[M]. 2 版. 北京:中国人民大学出版社,2006:161.

用直线或比例等线性方程来解决,而是要运用非齐次方程①才能解决。也就是说,在他组织的具体步骤和细节内容中,有的阶段、有的步骤和细节中存在非线性关系,是很难人为控制的,但它的最终的"秩序"和"模型"——组织成果,是可以人为控制的,是线性的。因而,他组织是非线性和线性的统一体。

2.1.3　自组织与他组织比较

自组织与他组织是两个概念,自组织的英文拼写是"self-organization",他组织的英文拼写是"hetero-organization"②。两者的英语单词拼写中既有相同之处,也有不同之处。相同之处是:两者的后半部分都是"organization",这也是他们的核心部分,亦即它们的核心部分是相同的。不同之处是:前者的前部分是"self",其汉语意思是"自我、自己、本身";后者的前部分是"hetero",其汉语意思是"杂的、他的、异性的"。由其英语单词的拼写情况可知,自组织和他组织既有相同点又有不同之处。

1) 自组织与他组织的相同点

(1) 两者都是组织的种概念

自组织和他组织这两个概念都是组织的种概念,组织是属概念。

第一,从汉语词义上分析组织这一概念。

组织:①安排、整顿使成系统:重新组织、组织起来。②编制成的集体:群众组织、学生组织。③系统配合关系:组织松散、组织庞大。④在多细胞生物体内,由一群形态和机能相同的细胞,加上细胞间质组成的基本结构。生物体的进化程度越高,组织分化就越明显。种子植物有分生组织和永久组织;高等动物有上皮组织、结缔组织、肌肉组织和神经组织。⑤织物的结构形式:平纹组织、斜纹组织。

组织:①将分散的人或事物集合成一个有机的整体。②由各个部分组成的团体。③纺织品的编织方法。④形态和机能大致相似的细胞群。⑤系统的配合③。

由上述两个词典的解释可知,"组织"一词既有动词意义,是指组合、安排、整顿等动作的过程,也有名词意义,是指组合、安排、整顿等动作过程的结果。

---

① 注:非齐次方程是指未知数的幂次数不是升幂或降幂的。苗东升认为,一个他组织系统若能用动力学方程描述,必定为非齐次方程,方程中包含代表他组织力的外作用项(驱动项或受迫项)。连续他组织系统动力学方程的一般形式为:$\dot{X}=G(X)+F(t)$,X 为状态向量,$F(t)$ 为他组织力。这个方程可以描述一大类不同系统。对于化学反应,F 是反应浓度的函数,对于心脏系统,F 是起搏器施加的周期外作用力。

② 许国志. 系统科学[M]. 上海:上海科技教育出版社, 2000:409.

③ 现代汉语辞海编委会. 现代汉语辞海[Z]. 太原:山西教育出版社, 2004:1389.

　　第二,从科学应用的视角分析组织这一概念。"组织"是现代科学各个领域广泛使用的一个概念,特别是在管理科学中,它是基本概念之一。

　　在现代西方管理学中,管理学家提出过众多的关于组织的理论,这些理论对组织概念各有其解释。由于各种理论的应用、理解角度不同,如有的从组织结构方面、有的从组织形态方面、有的从组织行为方面、有的又从组织控制等方面去理解组织,因而对组织概念的解释相差较大。还有,不同的学者从不同的角度出发形成了不同的观点。巴纳德(C.I.Barnard)认为,组织是"有意识地加以协调的两个或两个以上的人的实践活动或力量的协作系统"①。卡斯特对组织的定义是:一个属于更广泛环境的分系统,并包括怀有目的并为目标奋斗的人们;一个技术分系统——人们使用的知识、技术、装备和设施;一个结构分系统——人们在一起进行整体活动;一个社会心理分系统——处于社会关系中的人们;一个管理分系统——负责协调各分系统,并计划与控制全面的活动②。组织的定义有很多,人们对组织的认识仍处于不断深入的过程中,随着人类实践的向前发展,人们的认识还会进一步演变和深化,但这并不妨碍人们对组织的理解。

　　管理科学中的"组织"也有两层含义:一种是动词,是指有目的、有系统地组合起来,如组织群众、组织抗灾、组织航天飞船发射等,这种组织是管理的一种职能;另一种是名词,是指按照一定的宗旨和目标建立起来的集体、"秩序或模型"等,如工厂、学校、各个层次的经济实体、各个党派以及铅笔、电脑等,这种组织是管理的对象或管理的结果。

　　总之,组织(organization)这个概念既有动词意义,又有名词意义;既指过程,又指过程的结果,是一个系统性概念,它是指系统在某种组织力的作用下,从无序到有序、形成某一结构的过程及其结果。

　　第三,从是否存在外在干预视角分析自组织与他组织这两个概念。自组织(self-organization)是指系统在某种环境条件下,无外界的特定干预,自动且自主地从无序到有序再到混沌的演化发展的过程及其结果,其组织力来自系统内部。他组织(hetero-organization)是指系统在外界组织者有目的有意识的特定干预下,从无序到有序的演化发展过程及其结果,其组织力来自系统外部。由此可见,自组织与他组织都是组织的种概念,"都是组织的真子类"③。三者之间的关系可以用表 2.1表示。

---

① 切斯特·巴纳德. 经理人员的职能[M]. 北京:机械工业出版社,2007.
② 卡斯特,罗森茨韦格. 组织与管理-系统方法与权变方法[M]. 北京:中国社会科学出版社,2000.
③ 苗东升. 系统科学精要[M]. 2 版. 北京:中国人民大学出版社,2006:156.

表 2.1　组织、自组织和他组织三者之间的关系表

一级概念	组织(有序化、结构化)	
含义	系统从无序到有序、形成某一结构的演化发展过程及其结果	
二级概念	自组织	他组织
含义	组织力来自系统内部的从无序到有序的演化发展过程及其结果	组织力来自系统外部的从无序到有序的演化发展过程及其结果
典型案例	各种生命的生长、大尺度的城市演化	电脑等仪器设备及其制造过程

(2)两者都既指过程也指结果

上文我们分析了自组织和他组织概念,两者都同时包含了过程和结果两个方面,因此,两者都既可以作为动词使用,也可以作为名词使用。作为动词,是指一个过程;作为名词,是指这一过程所引发的结果。

赫尔曼·哈肯对自组织的定义是:"如果系统在获得空间的、时间的或功能的结构过程中,没有外界的特定干预,我们便说系统是自组织的。这里'特定'一词是指,那种结构和功能并非外界强加给系统的,而是外界以非特定的方式作用于系统的。"① 很明显,哈肯这一定义中的"在获得空间的、时间的或功能的结构过程中"是指自组织的过程,而"那种结构和功能"是指自组织过程的结果。

钱学森认为,系统自己走向有序结构就可以称作系统自组织②。这里的"系统自己走向"是指系统自组织的过程,而"有序结构"是指系统自组织的结果。

许国志等指出:"一类是系统之外有一个组织者,整个系统的组织行为和做法按照组织者(外界主体)的目的、意愿进行,在组织者(外界主体)的设计、安排、协调下,系统完成组织行为,实现组织结构。平时所讲的多是这一类,如人工制造的各类机器、电子设备,设计的各种结构等,通常称为他组织。③"许国志在这里不但指出"系统完成组织行为,实现组织结构"这一他组织过程,而且也明确了"组织结构"这一他组织的结果,并且他还举"人工制造的各类机器、电子设备,设计的各种结构"为例加以说明,很明显,"机器""电子设备""设计的各种结构"都是指他组织的最终形态。

---

① H. Haken. Information and Self-organization[M]. Berlin:Springer-Verlag, 1988:11.

② 胡皓. 自组织理论与社会发展研究[M]. 上海:上海科技教育出版社, 2002:10.

③ 许国志. 系统科学[M]. 上海:上海科技教育出版社, 2000:174.

苗东升指出:如果系统是在外界的特定干预下获得空间的、时间的或功能的结构的,我们便说系统是他组织的。"外界的特定干预"就是他组织作用①。这里的"获得空间的、时间的或功能的结构的"是指他组织的过程,其中的"结构"是指系统他组织的最终形态这一结果,并且他还举"机器是人按照特定的方式设计制造的,绵羊'多利'是英国科学家用克隆技术复制出来的"作为例子,进行解释说明。

这些科学家和学者的观点充分说明了自组织与他组织都既包含过程又包含了其最终形态这一结果。

(3)两者都强调开放的重要性

系统或组织的开放性是这两者所共同强调的。自组织要与外界进行物质、能量和信息的交流,这在客观上就要求自组织系统是对外开放的,否则就不可能有外界的物质、能量和信息输入,使其得到更新,形成新的非平衡态,从无序发展到有序;同时也需要对外开放,才能具有适当的、必需的外界环境条件的非决定性的作用力加速其从无序到有序的演化发展。他组织也是如此,就是因为其对外开放,才会有系统外的组织者的"特定干预";同时他组织也需要与外界的物质、能量和信息的交换。没有开放就没有自组织和他组织的演化发展,如图 2.4 所示。

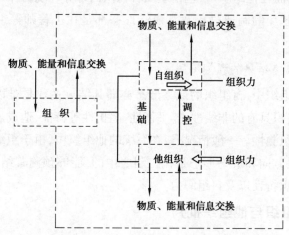

图 2.4 组织、自组织和他组织的结构关系示意图

2)自组织与他组织的不同点

(1)两者所指称的演化发展方向不同

自组织的组织过程亦即演化发展是在自身所在的较低层次(即微观层面)内

---

① 苗东升. 系统科学精要[M]. 2 版. 北京:中国人民大学出版社,2006:156.

进行的,一旦形成有序的最终形态的"秩序或模型"时,就是形成了高层次(即宏观层面)的形态及一个组织阶段的结果,其演化发展方向是从较低层次到较高层次,以及从微观层面到宏观层面,也就是从下到上的发展方向。而他组织的组织过程是从外界较高层次(宏观层面)到自身所在的较低层次(微观层面),并在微观层面形成有序的最终形态的"秩序或模型",其演化发展方向是从较高层次到较低层次,亦即从宏观层面到微观层面,也就是自上而下的发展方向。

(2)外界环境对两者的作用力性质不同

在系统的自组织中,外界环境对其组织过程只具有催化剂的作用,并没有干预其演化发展的方向以及最终结果,对组织结构并没有起决定性作用。如在贝纳德流体花纹实验中,外界对其进行加热,只是加速了其演化发展的速度,并没有影响其发展的方向和形态,形成的六角形花纹是流体物质(如樟脑油、水等)自行组织起来的。

而在系统的他组织中,包括组织者在内的外界环境对其演化发展(亦即组织过程)的方向以及最终结果起决定性作用,尤其是组织者还会干预组织过程中的关键步骤、细节等。因而在他组织中,包括组织者在内的外界环境的作用力具有决定性作用。例如某一芯片的制造过程及其最终形态都是在工程师等组织者的控制之中的。

(3)两者对最终结果的预期不同

在系统的自组织中,自组织的最终形态亦即其结果往往是难以预期的。在自组织过程中,自组织具有的非线性、非平衡性、随机性等特征,造成了其演化发展方向和速度的难以预测性。一般情况下,在系统的他组织中,由于组织者的组织力的控制作用,其发展方向和最终形态是在控制之中的,能够预测其结果,尽管在他组织中也存在自组织特性以及自组织力。

2.1.4 自组织与他组织批判

1)自然系统的自组织

自组织的"组织者"大致有以下两种情况:一种是没有"组织者"的自组织,如在没有人类"特定干预"的自然界,包括自然生物世界,所有自然系统的演化发展,都是没有"组织者"的自组织,其组织力主要来源于系统内部各要素之间的非线性相互作用;另一种是有"组织者"的自组织,如有人类"特定干预"的自然界,主要是指受人工控制的人工自然界,其演化发展虽然受到人类意志的影响,但这种影响不是主要的,导致人工控制自然界演化发展的决定力量不是来自外部的人类的干预,而仍然是来自受控自然界系统内部各种要素之间的非线性相互作用,也就是说其主要的影响都来源于内部,因而也是自组织。所以说,自然系统包括人工控制的自然系统都是自组织的。

自组织是自然系统的基本属性之一。欧文·拉兹洛曾指出:"自然界的任何持久性事物的集合必然展现出四种基本性质——有序整体性、自稳定性、自组织性和等级性。这些正是系统在动态的宇宙中持续存在的条件"[①]。自然系统是不断演化发展的,其演化发展的形式就是自组织。

关于自然系统的自组织,有狭义和广义两种理解。狭义的自组织只是物质自运动的一种具体表现形式。例如,赫尔兹认为生命世界有自繁殖、自组织、自检验和自保持等[②]。湛垦华等认为生命世界有自组织、自同构、自复制、自催化和自反馈五种基本形式,其中自组织是其他"四自"的基础[③]。广义的自组织被视为物质自运动各种具体表现形式的总称。例如,普里戈金多次提到的自催化、交叉催化、自阻化和化学钟等形式[④];巴哈莫夫等论述的自决定和自调节等形式[⑤];欧文·拉兹洛提到的自创生、自催化、自复制、自更新、自纠正、自修复和自稳定等形式[⑥]。

从理论上讲,在没有人或外部指令的特定干预下,自然界所发生的趋向复杂性的所有过程,都属于自组织过程。由于自然界自组织过程在不同的学科研究对象中有不同的表达形式,由此也就有了科学家对它们的不同表述。迄今为止,人们研究得最多的自组织过程是生命的自组织过程。下面我们就以自然界中的生命为例,来简要分析自然界中自组织现象。

自然界中的生命既是自然界发生的典型的自组织过程,又是这种自组织过程的结果。近代以来的生物进化论、胚胎学、种群生态学以及遗传学等都或先或后地提出了自然界中生命现象的自组织问题。1809 年,法国生物进化论学者拉马克在《动物哲学》一书中提出:"生物的自我决定能力在进化的阶梯上是一个演进的因素。[⑦]"1854 年,种群生态学学者拜尔指出,鳄鱼种群存在着使种群数量同变化着的生活条件保持平衡的调节机制。20 世纪以来,这种观念已经得到种群生态学家的普遍认同。1931 年,尼科尔森(Nicholson)称这种调节机制为"自调节"。之后,莫洛佐夫、巴斯涅朝夫、尼科里斯基、谢弗等生物学家先后采用此语。也有学者用其

① 拉兹洛. 系统哲学的基本构成[J]. 自然科学哲学问题, 1986.
② 赫尔兹. 唯物辩证法和自组织的现代研究[J]. 哲学研究, 1980:5.
③ 湛垦华, 等. 自组织与系统演化[J]. 中国社会科学, 1986:6.
④ 普里戈金, 等. 从混沌到有序[M]. 上海:上海译文出版社, 1987.
⑤ 巴哈莫夫, 等. 动态系统和系统方法[J]. 自然科学哲学问题丛刊, 1984:3.
⑥ 拉兹洛. 进化——广义综合理论[M]. 北京:社会科学文献出版社, 1988.
⑦ 梅森. 自然科学史[M]. 上海:上海译文出版社, 1980.

他术语称呼这种自调节。例如尼夫(Neave)称其为"补偿适应"(1953年),里克称其为"种群控制机制"(1954年),莱克(J.Lak)称之为"调节机制"(1957年),斯洛博金称之为"种群能量学"(1960年)。20世纪70年代以后,大多数西方生态学家一般采用种群自身调节一语①。无论采用那种表达形式,有一点是共同的,这就是他们都坚持认为,自身调节是所有动物种类在历史发展过程中自然形成的,是生物种群的固有属性。

普里戈金借鉴了生物科学的上述研究成果,以物理化学的研究成果为基础,提出了耗散结构这一经典的非平衡态自组织理论,认定生物进化"联系着自组织性,联系着不断增加的复杂性";而在集胞枯菌目阿米巴适应饥饿环境的过程中,"自组织机制引起了细胞间的通信"②。哈肯也从进化论、生态学、群体动力学以及形态发生学中选择了一些典型案例加以研究,并将其扩展到对其他自然现象的研究。他指出,"当我们试图在某种意义上解释或理解这些极端复杂的生物现象时,一个自然的问题是,在无生命世界的简单得多的系统中是否可能出现自组织过程。③"人们对自然系统自组织的认识已经具有一定的深度,并已开始将其上升到理论(自组织理论)阶段,并尝试推广运用于人工系统,但是还有些问题值得我们进一步分析思考。

(1)自然界的生命起源是偶然现象还是必然现象

人们已经认识到包括自然生命系统在内的所有自然系统都是自组织的,那么自然系统的起源是偶然的还是必然的呢?下面我们仍然以自然生命系统为例来分析讨论这一问题。

黑格尔认为,现实的必然在于"它在自身中具有其否定,即偶然"④。也就是说,必然之所以实现,在于它同时内在地包含了偶然。依据自组织理论来解释生命系统的起源问题,回避不了必然、偶然问题。对于雅克·莫诺、克拉克等人将生命起源看成是一个纯粹偶然事件的这种观点,自组织理论提出了不同的解释,认为"巨涨落"才是自然生命系统起源的根本原因。自组织理论认为,生命起源于非平衡态,多分子体系的形成是原始生物分子机理上的巨涨落所引起的,在多分子体系的基础之上,通过超循环才进一步产生了具有自我更新能力的生命系统。在平衡态条件下,不可能产生出生命。因为在此状态下,任何组分上的涨落都伴随着恢复均匀性的趋向,一切随机干扰都将被体系确定不移的均匀性趋向所克服(最小熵产

① 尼科里斯基.鱼类种群变动理论[M].北京:农业出版社,1982.
② 普里戈金,等.从混沌到有序[M].上海:上海译文出版社,1987.
③ 哈肯.协同学[M].北京:原子能出版社,1984.
④ 黑格尔.逻辑学:下卷[M].北京:商务印书馆,2002:204.

生原理就描述了这样一种自然现象）。平衡条件下的偶然性（涨落）不可能引起体系质的突变,进而形成新的稳定结构,自然也不能导致生命的起源。雅克·莫诺没有明确区分非平衡态和平衡态这两种截然不同的背景条件,他所讲的偶然性实质上是平衡态的偶然性①。这种平衡态的偶然性,不可能导致生命起源。只有在非平衡态条件之下,若涨落发生在自然系统某临界点（阈值）附近,原有稳定的时空结构无法调整这些涨落,这时按非线性相互作用决定的方向,系统将向某种随机性分支演化,其中就有可能突现生命。因此,可以认为生命起源于偶然的"关键点"。

在生命起源问题上,必然性和偶然性都是重要的。依据自组织理论的看法,自组织系统形成与开放性、非平衡性和非线性三者之间存在一定的必然联系,三者缺一不可,三者都是自组织系统形成的必要条件。但是,仅有这些必要条件是不够的,拥有这三个条件,只是确定了自组织现象出现内容上的必然性。自组织现象的出现,还需一个必要条件——随机的涨落机理,随机的涨落无疑是一种典型的偶然现象。没有随机的涨落这种诱因,内容上的必然性也是不可能变成现实的必然性的,内容上的必然性还必须借助形式上的偶然性才能得以实现。当然,这里所论及的必然性不是因果性的必然,而是由非线性相互作用所决定的或然性必然,是由于偶然性才可能最终实现的必然性。也就是说,由非线性相互作用所决定的或然性必然本质上是基于偶然性的必然性,是依附于偶然性的必然性。

借助于生命起源问题上的自组织分析,自组织理论突出了偶然性在自组织现象中的重要作用,并给予偶然性空前的重视。在自组织理论看来,偶然性是自组织的本质规定,偶然性的充分展开才体现为客观必然性,没有偶然性,任何具备内容上必然性的自组织都不可能变成现实的自组织。自然系统的非线性多维展开,也只能通过偶然性实现;人们认识自然系统所感到的复杂性,也只能存在于自然系统自身之中,并决定着自然系统最终走向的偶然性。

（2）人类怎样借助自然系统的自组织特性来解决其"偏离"性

自然系统的自组织具有盲目性,并且,自组织过程存在非线性、非平衡性等特性,以及外界的环境条件的"扰动"影响,这些都决定了自组织尤其是自然系统的自组织具有"偏离"性的特点。

"偏离"性是指系统在其自组织过程中因受到外界的"扰动"以及系统内部的非线性、非平衡性特征影响而导致的偏离发展方向。由于偏离性的存在,从而导致发展方向的难以预测,会出现偶然性的情况,而这些偶然性情况往往会对人类造成

---

① J Monod. Chance and Necessity: An Essay on the Natural Philosophy of Modern Biology[M]. Vancouver: Vintage Books, 1971.

或大或小的损害。而怎样减少自然系统的自组织给人类造成的损害,是人类科学研究最重要的课题。解决自然系统自组织的偏离性问题,就成为人类科学研究首当其冲的任务。解决这个课题,有个相应的课题可以尝试,那就是怎样科学利用人工系统的他组织。这就必须研究他组织与自组织的特性及其关系,正如前文所论述的,以自组织为基础,借助他组织的调控机制,对自组织进行适当的调控,从而尽量减少自组织的偏离性。

2) 人工系统的他组织

人工系统,有狭义和广义两种说法,狭义的人工系统是指由人类制造出来的系统;广义的人工系统是指有人参与其中并体现了人类意志的系统。人工系统的他组织是指在人工系统外部的组织者为了实现其特定目的而对系统施加指令进行特定干预的过程及其所形成的有序结构,如汽车、计算机、武器、电动机等人造物,以及国有企业、学校、政府机构、正式群团等社会组织。

人们对人工系统的他组织的使用由来已久。自从原始人最初制造、使用简单工具进行采摘果实充饥开始,就利用并不断改进他组织工具了。比如原始人用来采摘果实和围猎的木棒可能是最早的他组织(工具),旧石器时代的所有工具都是他组织工具,从旧石器时代到新石器时代,再到铜器时代、金属工具时代、机器工业时代、电子信息时代,人类制造、使用的所有工具,都是他组织。

前面我们批判了自然系统的自组织,其实人工系统的他组织也有些问题需要我们予以分析和探讨。

(1) 怎样实现他组织和自组织的有机统一

这是一个比较艰巨的任务,但是对我们人类来说,又是必须解决的课题。因为,自然系统的自组织具有不可预测性、偏离性,以致于给人类造成许多损害;同时,我们在利用他组织时也出现了许多问题,比如,在制造各种机器时会出现中途爆裂甚至爆炸以致造成人员伤亡;使用热水瓶、各种机器等他组织工具时也会出现爆裂、伤人等意外事故;以及各种交通、矿井等安全事故等。这些都是目前人类对客观世界自组织规律的认识还很不够的原因所造成的,也就是还没有将他组织置于自组织之上,没有处理好自组织和他组织的关系,没有实现两者有机统一。老子倡导的"道法自然",庄子极力推荐的"庖丁解牛"都是强调要尊重客观对象的自组织规律,都强调他组织一定要以自组织为基础。否则基于主观想像的他组织管理就有可能导致出现违背自组织规律的严重后果,造成人员、财产的重大损失。

（2）加深对自然系统自组织和人工系统他组织的认识、研究，努力将自组织理论提升到自组织哲学的高度

人们已经开始把非平衡态自组织现象的认识上升到非平衡态自组织理论的层面，不过，非平衡态自组织理论是一个开放性的理论群，至今还没有一个成型的完整理论体系。因而对这一理论的研究还有待加强，在加强非平衡态自组织理论研究的同时，还要致力于将其提升到哲学层次，建立非平衡态自组织哲学体系，并以此来指导人们认识和改造客观世界的伟大活动。

同样，人们对他组织的定性认识和定量研究，都有了许多理论和模型。如控制论、运筹学、管理学等他组织理论。但是，怎样进一步认识人工系统的他组织现象？怎样处理好人工系统的他组织与自组织的关系，怎样把他组织理论与自组织理论有效结合起来，并将它上升到哲学的高度？这些都需要很长的时间，需要一个漫长的过程，是一个艰难的课题。

3）如何理解人工系统的他组织与自组织

根据系统的形成，一般把系统分为自然系统和人工系统。自然系统指的是自然形成的系统，如生物体系统、大气系统等。人工系统，前文已经阐述过，从狭义上说是指由人类制造出的系统，如机床、通信系统等。从广义上说是指有人参与其中并体现了人类意志的系统，如前文介绍的各种志愿者团体，还有各种企事业组织、政府机构以及城市、社区、农村等。自然系统及其演化是典型的自组织现象，例如贝纳德花纹、B-Z 振荡、云街、湍流、激光等，都是系统依靠其自身演化规律形成的有序结构。而人工系统所出现的有序结构，完全是依靠人的主观意志安排，不论是机床的有序运行，还是通信系统的有序工作，从宏观上说，都是他组织的过程，其结果一般在预期或计划之中。

这里所讨论的人工系统既包括人类制造出来的系统，也包括人类参与其中的系统。亦即人工系统是指由人类制造出来的以及人类参与其中的系统。人工系统的他组织是指在人工系统外部的组织者为了实现某种目的，而对系统施加指令、进行特定干预的过程及其所形成的组织，它包括两个部分：一是由人类制造出来的系统，如抽水机、起重机、挖土机等各种机器，电脑、电视机、手机、座机等各种通信工具，城市规划图、建筑设计图、飞机模型图等各种人类设计的规划设计图，等等；二是有人参与其中的系统，是指那些不是完全由人类创造出来的而只是有人参与在其中的系统，这类系统一般是复杂的巨系统，其中既有他组织又有自组织，如所有

的城市、村庄、社区、集市、股票市场等,以及后面将分析的唐山重建等。

之所以说人工系统中的组织主要是他组织,这要分两种情况加以阐述。

一是在由人类制造出来的组织系统中,其组织者是制造商或工程师,他们没直接参与其中,而只是这一组织的指挥者、干预者、组织力的施加者,或者说是控制者,他们存在于系统外部,并且他们决定了这一组织的最终形态,同时,这也是这些组织者的目的。具备了他组织的所有必备要素,因而是他组织,是人工系统的他组织。如前文所分析的绘图铅笔,在绘图铅笔这个组织中,其组织者是制造绘图铅笔这一组织在系统外的制造商或工程师,他们是绘图铅笔的组织力的施加者,制造出这种绘图铅笔是他们的目的,他们是整个铅笔制造过程的干预者。

二是在有人参与其中的组织系统中,我们姑且把有人参与其中的人工系统称为"人在系统",这里又有两种情况:其一是人在系统的他组织;其二是人在系统的自组织。人在系统的他组织是指其中以他组织为主导的人在系统组织,比如人工培育的人工自然系统,包括人工培育的园林、各种动植物品种等;人在系统的自组织是指其中以自组织为主导的人在系统组织,比如人工控制的人工自然系统,包括河流、湖泊、森林、山脉以及各种形式的自然保护区;人的创造性活动在其中发挥主要推动作用的人工系统,包括城市、政党、社区、私人企业、非政府组织等。对于第一种情况,他组织在人在系统中处于主导地位时,此时他组织的组织者、组织力、组织力施加者以及其目的或最终形态都处于主导地位,因而其整个组织系统的性质也就随着有所变化,成为人在系统的他组织。对于第二种情况,由于在整个组织系统(人在系统)中是自组织居主导地位,因而其整个组织系统的主体性质也属于自组织,从而成为人在系统的自组织。但是必须注意的是,不管哪种情况,都始终是他组织和自组织两种特性存在于一个组织系统之中。

对于人工系统的他组织来说,有其自身的特性、优点,也有其缺陷,这已在前文有所论述。因而在实际应用中,我们人类要善于借助系统中的自组织特性来弥补他组织过程中的不足,把两者结合起来,使其达到最佳适用效果。同样,人工系统的自组织也有自身的优点与缺陷,我们要在认真分析研究人工系统自组织特性、规律的基础之上,充分发挥他组织的干预作用,引导人工系统向有利于有效满足人的需要、有利于系统的可持续发展的自组织方向发展。

2.2　城市自组织与城市他组织

2.2.1　城市自组织及其案例分析

城市究竟是自组织的还是他组织的,这是一个问题。学界对城市演化发展存在着自组织与他组织两种方式,几乎没有分歧。但是,在城市发展本质上是自组织的结果,还是他组织的产物这一问题上,长期以来存在着不同的看法。有的坚持城市演化以他组织为主,自组织为辅;有的则持完全相反的观点,坚持城市发展的自组织主导思想。我们的观点很明确:就某些局部组成(比如城市的空间布局)和某些特定发展时期(比如受灾重建时期)而言,城市发展确实存在以他组织为主的现象,但是,就城市整体及其发展演化的整个过程而论,无疑是以自组织为其基本形态的。下面我们尝试着以武汉市的发展演变为例分析论证之①②③。

武汉市地处长江中游的江汉平原,长江、汉水穿城而过,将武汉一分为三,形成依江发展的汉口、汉阳、武昌三个组团的格局。唐朝诗人李白在此写下"黄鹤楼中吹玉笛,江城五月落梅花",因此武汉自古又称"江城"。在清朝末期、国民政府时期及中华人民共和国初期,武汉经济繁荣,一度是中国内陆规模最大的城市,位居亚洲前列,故武汉曾有"东方芝加哥"的美誉。武汉市区山青水秀,湖泊众多,拥有多处风景名胜旅游点,是我国历史文化名城之一。武汉是武昌、汉阳、汉口的合称转化而来,即人们常说的"武汉三镇"的合称。武汉正式成为统一的城市,经历了漫长的历史过程。下面是武汉三镇格局形成的大体过程。

武汉历史悠久,据考古发掘和古籍记载,远在 5 000 年前,已有先民在此生息繁衍。市郊黄陂区的盘龙城遗址,是距今 3 500 年的商代方国都邑,保存完整,也是迄今为止在长江流域发现的唯一一座商代古城。因而武汉最早的城市建设史应当从距今 3 500 多年的商代盘龙城开始。武汉三镇中,武昌历史最为悠久,武昌始建于 1 800 年前的三国时期,而在夏商时期,这里就有较大的居民点,及至汉末,已成重要商镇。三国时期孙权得夏口后,于公元 223 年在今武昌蛇山江夏山筑夏口城,将郡址移至夏口城,即今武昌。后武昌城于唐敬宗宝历初年改筑砖城,明洪武四年再次扩建,城区基本定型。元、明、清时期,武昌为湖广行中书省、湖广市政使司、湖广总督署所在地,历来为政治、文化中心和军事要地。武昌山多水广,岗陵起伏,河湖交错,"外扼地理要冲,内依地理险阻",从来便是兵家必争之地。作为一座"依山傍水开势明立"的古城,武昌有足够怀念的历史。正是历史的沉淀和浸润,给武昌的今天打上了鲜明的性格烙印。

---

① 卫宝山.武汉市城市空间结构演变的探析[D].武汉:武汉大学,2005.
② 朱以师.武汉三镇若即若离[J].中国房地产报,2008.10.27.
③ 杨维祥,熊向宁,黄生辉.武汉城市色彩规划探讨[J].规划师,2003(9).

汉阳一名的来历与汉水密切相关,古语"水北为阳,山南为阳",古时汉阳在汉水之北,龟山之南,又因得日照多的地方也称阳,故名汉阳。汉阳的发展最早始于东汉末年"戴监军筑,黄祖所守"的却月城(今汉阳龟山以北),周围一里八十步,与当时的夏口城隔江相峙,是武汉城市发展中筑城最早的城池。公元606年,即隋朝大业二年,改汉津县为汉阳县,汉阳名称自此开始。唐代将县治移至汉阳市区后,才迅速发展起来。汉阳城几度兴废,至南宋度宗咸淳十年始新筑汉阳城,城区自此定型,为汉阳府治和县治。

汉口地势平坦,多为江湖冲积而成,城市依水而立,蔓延十几里,河流纵横,水上交通极为方便。汉口在明代以前,是毗连汉阳的一个沼泽般的荒洲。明宪宗成化(1447—1487)年间,汉水改道龟山江,汉口始形成市集。因而汉口的发展,始于明成化年间汉水改道以后,其主要是利用长江、汉水的水运之便,作为码头和商业市镇发展起来的。明末清初,汉口成为中国四大名镇之一,并有"九省通衢"之誉。明末汉阳通判袁昌筑袁公堤(今长堤街)全长十一二里,汉口城区得以扩大。清末,鸦片战争后外国资本纷纷侵入中国。1850年汉口被辟为通商口岸,1861年,英国商船开进汉口港,武汉从此沦为半殖民地、半封建城市。武汉开埠后,英、俄、法、德、日等国相继在汉口开辟租界,进一步带动了汉口城区的扩大及商业、对外贸易的发展。至20世纪初,汉口城区规模已超过武昌、汉阳,城市发育成熟。至此,武汉"三镇鼎立"的空间格局基本成型。

而"三镇鼎立"的根本原因还是在于武汉"两江交汇"的地理环境。两江交汇、湖泊密布,给武汉的城市空间拓展出了一道难题。长期以来,武汉囿于自然地理环境的制约,城市发展一直都显得分散零碎,难以形成集聚式的发展空间。

"武汉市"一说在1927年之前的中国历史中并不存在。1927年初,武汉国民政府将武昌与汉口(辖汉阳县)两市合并作为首都,并定名为武汉。其后,武汉又几经分合。新中国成立后,武汉三镇合并至今。今天由武昌、汉口、汉阳三镇组合而成的"武汉市",其历史只有90多年。武汉山青水秀,湖泊众多,风景旅游区为数不少,其建筑主要为依托自然山水环境而形成的景观建筑,此类建筑体量较小,且布局分散,保证了风景区空间形态通透开敞的格局。

武汉市是一个以非线性相互作用为主的远离平衡态的开放系统。

许国志、顾基发等人指出:"系统是一切事物的存在方式之一,因而一切事物都可以用系统观点来考察,用系统方法来描述。"[1] 现代系统研究的开创者贝塔朗菲

---

① 许国志. 系统科学[M]. 上海:上海科技教育出版社,2000:17-18.

认为,系统是"相互作用的多元素的复合体"①。这个定义包含有两个逻辑义项:
①一个集合中至少有两个可以区分的对象;②所有对象按着某种可以辨认的特有
方式相互联系在一起。只要具有这两个性质意义的义项的集合都是系统。武汉是
一个由武昌、汉阳、汉口三个主要城区组成的一个"集合",它们是三个可以辨认的
不同的个体,都是因为"两江交汇"等共同的地理优势而联系在一起的"集合",它
们在这一共同的地理优势作用下,相互影响、相互作用,汇集成一个具有一定结构
和功能的整体,因而是一个包含了三个元素或组分的系统,其结构可用图 2.5
表示。

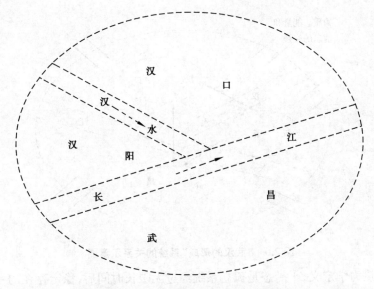

图 2.5　"武汉的形成"系统示意略图

"现实的系统,无论它是物理的、化学的,还是生物的,乃至是社会的,总是处于
与他系统的相互作用、相互交换之中,即总是处在开放之中。"② 武汉是一个复杂
的有人参与的社会与自然的复合组织,因而它是一个开放系统(见图 2.5)。据前
文资料可知,武汉经过"最初 5 000 年前先民的生息繁衍—3 500 年前的商代盘龙
古城—1 800 年前的城市建设—东汉(184—220 年)末年的却月城(今汉阳)与三国
时期(公元 223 年)的夏口城(今武昌)—明洪武四年的武昌的定型与南宋度宗咸
淳十年的汉阳城的定型以及明宪宗成化(1447—1487)时期的汉口的形成—19 世
纪末的'三镇鼎立'格局的基本成型—1927 年的'武汉'至现当代的武汉市"这

---

① Bertalanffy von. General System Theory[M]. New York: GeorgeBreziller. Inc, 1973: 33.
② 曾国屏. 自组织的自然观[M]. 北京: 北京大学出版社, 1996: 88.

"七"个大阶段,其中每个阶段都是处于与外界的物质、能量和信息的不断交换中,形成这"七"个阶段的各自城镇的定型,从而最终形成现代的武汉市,这就是因为这"七"个阶段中,三个城镇组织系统都处于各自的对外开放以及相互之间的开放之中。这个城市组织系统就是因为其开放性,才能不断从外界获得各种所需要的信息,才能从外界获得人们衣、食、住、行以及城镇建设、科研等所必需的各种物质,才会获得所必需的物质能量和精神能量,才会有与外界以及相互之间的信息、物质和能量的相互交换,才能一个阶段一个阶段不断地向前发展,才会有这个大城市组织系统存在的可能性及其发展性,可用图 2.6 表示。

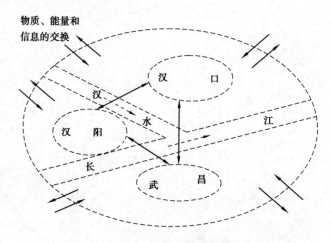

图 2.6 "武汉的形成"系统的关系示意图

按照热力学定义,平衡态是孤立系统经过无限长时间后,稳定存在的一种最均匀无序的状态。而"远离平衡态只是一个定性的说法,它的基本意思是并非平衡态和近平衡态,离开平衡态和近平衡态足够的距离以免于遭受平衡条件的破坏"①。事实上,纯粹的孤立系统是不存在的,真正意义上的平衡态也只是人们在某种特定条件下的一种假设。武汉市是一个内部要素之间以非线性相互作用为主的远离平衡态系统。在武汉的形成过程中,三镇是此起彼伏、有涨有落的。就如从新中国成立后到现在,武汉市的城市空间经历了三个阶段的涨落变化,徐樵利、陈建中在《武汉市空间拓展的过程、机制与趋势研究》中指出:城市空间扩展随经济发展周期性涨落而变化。新中国成立以来,国家政策、体制的波动性,引起了经济发展的波动性,城市空间扩展产生了加建—20 世纪 50 年代城市空间快速扩展时段、减建—20世纪六七十年代 20 年的城市空间停滞扩展时段、稳定发展—20 世纪 80 年代以来

---

① 颜泽贤,范冬萍,张华夏. 系统科学导论——复杂性探索[M]. 北京:人民出版社,2006:343.

的城市稳定扩展阶段这三个不同的扩展时期①。至于二者各自内部各地区的经济、社会、文化等各子系统的发展也是如此。

武汉同时也是一个非线性系统。所谓非线性关系,就是系统的行为不能表达为描述它的线性函数,不能简化为线性的相互作用;在数学上就是不能满足叠加原理,元素之间的关系、元素与结构之间的关系、因变量与自变量之间的关系不成比例。小原因可以有大结果,大原因可以有小结果②。武汉市三个城镇(系统)各自内部的关系是多方位多层次的关系,既有各自内部各区之间的横向关系,还有各区与其内部各社区或街道之间的纵向关系,从而体现出了系统要素之间的错综复杂的非线性关系。从武汉形成的最初开始,整个七个阶段过程中都会受到外界多种因素的"扰动"影响,如三镇外部其他地方的战争、政治、经济、社会、文化、生态等的影响,尤其这里是军事要地,乃历代兵家必争之地,进行过多次战争的摧毁或破坏;汉阳城几度兴废,至南宋度宗咸淳十年始新筑汉阳城,城区自此定型。还有长江与汉水这两条河流对三镇的"扰动",比如由于汉水的几次改道,从而直到"明宪宗成化(1447—1487)年间,汉水改道龟山江,汉口始形成市集"等,这些都是外界对"武汉的形成"组织系统的影响,这些"扰动"因素导致了整个系统的演化发展不能用线性函数来描述,不能简化为线性的相互作用。

总之,武汉市并不是武昌、汉阳、汉口这三个城镇的简单叠加,它还需要衣、食、住、行、用、教育、科研、建设等所必需的各种信息支持、物质支持、能量支持,并且三镇内部各子系统要素之间相互作用的机制是非线性的。同时,这个大系统在它与外界进行信息、物质、能量的交换时,外界的各种因素中,有的起正反馈加强作用,有的起负反馈弱化作用,有的则在一定条件下起加强作用,而在其他条件下起弱化作用。这样,武汉市处在内外各种要素的共同作用下,而且三个城镇之间彼此相互竞争、相互作用,这些都使得这个大系统内各要素之间必然是非线性的相互作用。在这个大系统的发展形成过程中,非线性作用突出,它使系统内部的结构不断走向有序性、稳固性、复杂性,从而形成了现在的"三镇鼎立"城市格局。在武汉几千年的发展演变过程中,我们绝对不怀疑在其中的某些阶段、某些局部有他组织力量的强势介入,我们也不怀疑有些阶段、有些局部是以他组织为主,自组织为辅的。但是,在大尺度的时空层面上来议论武汉城市的千年演化,有谁有足够的理由证明它主要是他组织的结果? 有谁有足够的理由证明武汉市发展演变的主要阶段都有来

---

① 徐樵利,陈建中.武汉市空间拓展的过程、机制与趋势研究[M].北京:科学出版社,1998:57-64.
② 颜泽贤,范冬萍,张华夏.系统科学导论——复杂性探索[M].北京:人民出版社,2006:345.

自武汉市以外的"指令"？我们根据现有学者的相关研究成果,重温武汉市这段千年演化的历史过程,就是想陈述一个事实:武汉城市千年演变主要是基于城市人现实的需求而非长远的谋划,源于城市人为了更好、更有效地生存发展,自主选择、战天斗地、共同奋斗的结果,因此,从大尺度的时空层面上来看,城市总是以任何个人、群体、组织不可预期的非他律性的自组织方式演变发展。

武汉市的演化符合系统自组织演化的所有条件,是一个典型的自组织过程。武汉市作为一个人在系统的自组织演化与自然系统的自组织演化是有所区别的,区别主要在于,自然系统的自组织演化的动力来源于系统内部各种因素相互作用形成的"序参量",而人在系统的自组织演化发展的根本动力来源于人类特有的创造性活动。武汉从最初5 000年前先民的生息繁衍到3 500年前的商代盘龙古城,再到1 800年前的城市建设,直到现当代的武汉市经历了"七"个大阶段,是历代武汉先民的创造性活动,才使这个大系统从无到有、从小到大,从简单到复杂,终于形成了一个"三镇鼎立"的武汉大城市系统。比如,三国时期孙权得夏口后,公元223年于江夏山筑夏口城,将郡址移至夏口城即今武昌,后来武昌城于唐敬宗宝历初年改筑砖城,明洪武四年再次扩建,城区基本定型;汉阳城几度兴废,至南宋度宗咸淳十年始新筑汉阳城,汉阳城区自此定型;再有明末汉阳通判袁昌筑袁公堤(今长堤街)全长十一二里,汉口城区得以扩大等,这些都是武汉先人们创造性活动的结果。

从先前先民的生息繁衍到现代的武汉市的5 000多年,其间经受了外界各种各样的"扰动",长期以来,武汉囿于自然地理环境的制约,城市发展一直都显得分散零碎,难以形成集聚式的发展空间,但是因为人们所具有的创造性活动这一根本动力的驱动,三镇人们的艰苦卓绝的努力,终于形成了三镇之间的相互竞争和协调,使其不断地从无序到有序再到混沌,从而形成了中国中部地区的现代化大都市——武汉。

这正如高隆昌所指出的那样:"一切系统在演绎中虽然貌似杂乱、无序,但它总有一个无形的、完全空间意义的'导演'在支配着它,使它从根本上说是有序的。"①

2.2.2 城市他组织及其案例分析

在城市发展演变过程中,从大尺度的时空层面和整体进程看,城市的形成与发展都是自组织的,任何个人、群体、组织都不可能决定一个城市当下的时间空间结

---

① 高隆昌. 系统学原理[M]. 北京:科学出版社,2005:148.

构,更不可能决定这个城市的未来发展状况,但是从发展的特定阶段和某些局部看,人类的主观意图可以影响一个城市一定时空范围内的变化发展,比如依据外在"指令"进行的城市的规划设计、改造建设、经营管理等活动及其结果在一定意义上可以视为是他组织过程。

城市空间的塑造是一个十分古老而又非常现实的课题。"古老"在于很早就有专门论述,"现实"在于目前这项工作仍然有许多问题没有解决。比如,公元前 5 世纪古希腊希波丹姆斯(Hippodamus)提出的"希波丹姆斯城市模式",19 世纪末、20 世纪以后提出的花园城市理论、新城设计理论、光明城市理论、城市计划大纲、城市轴理论、城市艺术、体形环境城市理论、意象城市理论、有机城市理论、生态城市理论、可持续发展城市理论、新城市主义理论、山水城市理论、数字城市理论、全球城市理论、智慧城市理论等城市规划建设的思想、模型或理论,都表现出了或强调了人类意识的主观干预,依据其中任何一种思想、模型或理论来指导特定城市的规划建设管理或重建,都必定会在一定的时空范围之内深刻地影响这个城市的发展演变。下面我们尝试以唐山的灾后重建为例进行分析。

1976 年 7 月 28 日凌晨 3 时 42 分 53 秒,唐山发生了举世震惊的 7.8 级强烈地震,百年城市毁于一旦。灾情之重,损失之巨,举世罕见。西方媒体曾预言唐山从此从地球上"抹掉"了。面对灭顶之灾,唐山人民忍着失去亲人的巨大悲痛,以战天斗地的英雄气概,"奋挣扎之力、移伤残之躯",义无反顾地投身到抗震救灾、重建家园的伟大斗争中,谱写出一曲人类与地震灾害斗争的壮美史诗。

"在由国务院、省、市领导成立前线指挥部对重建进行统一指挥下",历经"十年重建、十年振兴、十年快速发展",唐山人民创造了人类同自然灾害斗争的伟大奇迹。一座功能完备、环境优美、充满生机与活力的新唐山再现冀东大地。1990 年获得"世界人居奖",2004 年获国际"改善人居环境奖",2004 年唐山南部采煤沉降区绿化建设项目荣获联合国"迪拜国际改善居住环境最佳范例奖",唐山市也被国家命名为"国家园林城市"。①

从 1976 年震后到 2006 年这 30 年中,经过"十年重建、十年振兴、十年快速发展",唐山人民"创造了伟大的奇迹",取得了显著成果,在此统称为"唐山重建"。现在对"唐山重建"的他组织特性做简单的分析。

---

① 长城在线,2006.7.25.

1) 唐山重建是一个复杂的系统工程

系统是指由两个或两个以上相互影响、相互作用的元素构成的具有特定功能和结构，并与环境保持联系的有机整体。唐山重建显然是一个系统，是一个系统工程，并且是一个复杂的系统工程。我们可以从以下两个方面来理解。

一是从重建时间方面来看，唐山重建经历了"十年重建、十年振兴、十年快速发展"共 30 年，这一伟大的工程包括了"十年重建""十年振兴"和"十年快速发展"三个大阶段，这本身就说明了这一工程的复杂性和系统性，更何况每个阶段又都包括了 10 年。很明显，从时间上来说，唐山重建是一个复杂的系统工程。

二是从重建项目方面来看，唐山重建包括了道路交通、水利工程、电力工程、城市生态环境工程、居民居住建筑工程、政府机构建筑工程、工业企业建筑工程、避难休闲工程等大工程系统建设，从这个层面来看已经是一个复杂的工程了，更何况其中每一个工程又是一个非常复杂的系统。所以说，从重建的项目方面来说，唐山重建是一个复杂的系统工程。

2) 唐山重建是在外在"指令"干预之下的他组织过程

首先，唐山地震后，就由国务院、河北省、唐山市领导成立了前线指挥部，统一指挥重建工作。"重建唐山，规划先行。地震后仅两周，国务院联合工作组抵达灾区。他们与当地人民一起，开始构想重建唐山的'蓝图'。"[1] "韩继忠回忆，当时唐山地震灾后重建规划设计指挥部分了几个组，包括规划组、施工组、建材组、物质组等 7 个组，原来的省、市指挥体系打乱，由国务院、省、市领导成立前线指挥部，对重建进行统一指挥"[2]。这就具备了对唐山重建进行组织力施加的指挥中心——"前线指挥部"。由前线指挥部主导唐山重建的指挥工作，由它把国家和人们的意志贯穿于整个唐山的重建过程中，使唐山的重建能顺利进行，并能按照国家和人民的意愿——"天蓝、地绿、水清、居佳、城美"建设好唐山。

其次，在十年重建的规划过程中，也充分体现出了外界(人民)的主观意识，体现出了外界组织力的存在。

组织力是指在组织(系统)的演化发展过程中，存在某种促进或加强了组织(系统)演化速度并产生了某种"秩序"或"模型"的力量。组织力包括自组织力和

---

① 新唐山崛起 30 年：发展规划图从单调走向丰富[EB/OL]. 新浪网，2006-08-02.
②③ 肖莉. 专访唐山市原规划局局长韩继忠[N]. 东方早报，2008-05-30.

他组织力两种。自组织力是指存在于组织(系统)内部的组织力,他组织力是指外界在特定干预下所施加给组织(系统)的组织力。

在唐山重建的规划过程中存在着较强的他组织力。比如,"唐山市重建的目标是'要把唐山建成一座抗震城',而唐山市所有居民住宅的设防标准由国家定为 8 度设防"。③这是指挥部规划组对整个重建工作所施加的总的建设目标,充分体现出了国家和规划组的主观意志,具有很强干预性的他组织力。做了这个总的规划后,在整个建设过程中,各项指标的确定都是以此为标准进行的。例如,"根据这个'指示'——要把唐山建成一座抗震城,韩继忠等规划专家对'抗震城'做了如下设计:唐山市每个方向都至少有 2 个出口,方便抗震、疏散和救灾"。"一些'避难所'也在规划之列:在将来的城市布局中,加大了绿化面积设计,要求小区每人至少有 1 平方米绿化,居住区每人至少有 2 平方米绿化,市级公园则每人至少 6 平方米绿化带。总的算下来,唐山市民每人至少有 9 平方米绿化区。""因此,在设计时专家们特意提出要有绿化带可供躲避,绿地和公园可以方便灾后搭建简易设施。""当时的房屋设计还要求楼房不得超过 5 层,每层的层高不能超过 2.8 米。"① 等等,很明显,这些无不体现出了人民的主观意志,无不体现出了外界施加给唐山城市建设的他组织力的存在。

再有,在"十年振兴、十年快速发展"过程中也体现出了外界对唐山的干预性,体现出了外界施加给唐山的他组织力。正因为在国家、省、市领导的组织下,在巨大的灾难和伤痛面前,唐山人民与外来的支援队伍一道,以公而忘私、患难与共、百折不挠、勇往直前的抗震精神,艰苦卓绝的灾后重建活动,终于使这座被预言从此从地球上被抹去的唐山城得以重生。"唐山从一个废墟里面站起来之后在 1990 年就获得了'世界人居奖',这让人很难想象。""2004 年,唐山再获国际'改善人居环境奖',这也是中国第一次在改善环境方面获得奖项。"②

3)唐山重建是一个具有可控性的他组织过程

可控性是指他组织力对系统的特定干预能够起到控制作用从而达到组织者的某种目的的属性。一般情况下,组织者对他组织系统的控制目的是能够达到的。例如人工智能机器——电脑的产生,就是人类这个组织者对智能机器系统的控制目标的实现。在唐山重建中就充分体现出了组织者对其进行的控制作用的实现。

① 肖莉. 专访唐山市原规划局局长韩继忠[N]. 东方早报, 2008-05-30.
② 曾国屏. 自组织的自然观[M]. 北京: 北京大学出版社, 1996.

唐山重建的总目标——"要把唐山建成一座抗震城"以及"居民住宅的设防标准为8度","每个方向都至少有2个出口,方便抗震、疏散和救灾","每人至少有9平方米绿化区"用于"避难","楼房不超过5层,每层的层高不能超过2.8米",为了避免地震导致房屋坍塌,要求学校及其他公共场所留有一定的空闲绿化地用来避震时使用,等等。经过"十年重建",基本实现了上述目标,为实现"天蓝、地绿、水清、居佳、城美"的理想奠定重要的基础。

4)唐山重建是一个举全国之力齐心协力的他组织过程

唐山重建是举全国之力齐心协力的他组织过程。唐山重建"得到举国支援","1978年3月,全国14个省市的100名规划人员,又一次出现在废墟之上。他们历时三个多月,走访单位1 600多个,分析计算数据4.89万个,绘制图表2 340多张,制作规划模型6个,完成了多项专业规划。1979年9月,当十万大军进入施工现场之际,20多名规划专家再次应邀而至,研究、调整了市中心规划及街景规划"。"复建期间,国家共投入资金43亿元,调拨钢材50万吨,木材50万立方米,水泥250万吨",以至于最终经过30年的重建,"唐山曾因地震而毁灭,又因震后重建而成为全国最结实的城市","成为世界上最安全的城市"[①]。

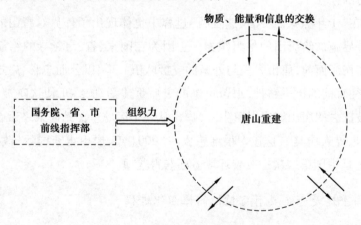

图 2.7　唐山重建系统示意略图

必须说明的是,唐山重建尽管呈现出了突出的自上而下的他组织特性,但是也存在明显的自下而上的自组织性。离开了自上而下的他组织,三十年三阶段的唐山重建是不可能的。同样,没有自下而上的自组织,唐山重建也是难以想象的。

---

① 暮宾,晓畔. 32 年的记忆:从唐山看汶川[N].香港经济导报,2008-06-23.

"在国家援助的同时,主要开展自救互救两条腿走路的方针,让唐山迅速在震后突破重围。""自救互救"就是唐山重建系统内的唐山人民(要素)在国家及全国人民的帮助下,自己救助自己,同时,唐山人民互相帮助、互相救助,这就是唐山重建的自组织力量。"唐山人最可歌颂的是他们面对灾害的坚强意志、重建新唐山的坚定信念。开展自救、自建家园是新唐山迅速崛起的关键。""当年不仅市区市民积极自建简易房,乡镇复建也充分发挥了村民的积极性,对各村补偿后由村民自己建设新房,原则上国家、集体和个人各三分之一。"①唐山人民具有坚强的面对灾难的自我意志和坚定的重建信念,不仅自救,而且自建家园,这些都充分体现出了唐山重建的自组织性。

2.2.3　城市自组织与城市他组织比较

我们将以前文所述的"武汉演变"和"唐山重建"这两个案例为例,进行城市自组织与城市他组织的比较分析。

1)城市自组织与城市他组织的相同点

第一,两者都是复杂的巨系统。武汉演变与唐山重建都是复杂的巨系统。前者尽管看起来似乎只有三个要素(三个城镇),但事实上三者的内部既有横向的一些行政区和许多社区,又有纵向的层次关系;既有显性的建筑结构系统,又有隐形的政治、经济、社会、生态、文化等各子系统,这些子系统的繁杂,都说明了武汉演变是一个复杂的巨系统。后者同样是一个复杂的巨系统,它有十万全国各地来的建设大军和全部唐山人,这些都是这一组织系统的要素,再有它包括多个层次关系:市、区、乡镇、村、个体等五个主要层次错综复杂的关系。

第二,两者都是开放系统。武汉演变就是因为其开放性,其成员(要素)才从一个(武昌)到两个(武昌和汉阳),再到三个(武昌、汉阳和汉口)。也是因为其开放性,才能有整个城市系统的人们衣、食、住、行、教育、科研以及城市建设等所必需的各种要素从外界输入。也正因为其开放性,才会有城市形成过程中所受到的外界的各种"扰动"因子的传入,才会使这个组织系统变得更加有序、充满活力。

唐山重建这个组织系统的开放性是其重要性质之一。如果没有其开放性,就不可能有救灾的顺利进行,就不可能减少受灾的损失;就不可能顺利且快速地组织起前线指挥部;就不可能有十万救援、建设大军的进入;就不可能有与外界的各种

---

① 寇国莹. 灾区重建应鼓励个人自建家园——唐山经验 助四川抗灾重建[EB/OL]. 长城在线, 2008-06-05.

信息交流,因而也就不可能有各种规划设计、政策措施等的调整;也就不可能有各种建筑材料等物质和能量的输入。没有对外开放,唐山重建就很难取得如此巨大的成就。

第三,两者都具有导致其组织性的动力。武汉演变跨越数千年,是一个自组织为主、他组织为辅的大尺度历史过程,其根本动力来自历代武汉人为追求美好生活而自主开展的创造性活动。在人类特有的创造性活动推动下,武汉的演化发展经历了前文所述的七个历史阶段,从无到有、从小到大、从无序到有序、从简单到复杂,最终形成了现在的生机勃勃的现代化特大都市。

唐山重建历时几十年,是一个以他组织为主、自组织为辅的小尺度历史阶段,其根本动力来自特定时期的唐山人民与外来支援的十万建设大军,为了实现"要把唐山建成一座抗震城"、实现"天蓝、地绿、水清、居佳、城美"的共同目标,而展开的艰苦卓绝的再造唐山城的伟大行动。为了实现这一共同目标,在国务院、省及其前线指挥部直接组织指挥下,唐山市的市、区、乡镇、村、个体各个层次的成员(系统要素),具备"勇敢面对灾害的坚强意志、重建新唐山的坚定信念",开展互助自救,经过"十年重建、十年振兴、十年快速发展",最终建成了"令全世界瞩目"的、"全世界最安全"的"园林城市"。

第四,两者都是过程与结果的统一。武汉的大尺度演变包括三个城镇演化发展的"5 000 年前先民的生息繁衍—3 500 年前的商代盘龙古城—1 800 年前的城市建设—东汉末年的却月城与三国时期的夏口城(今武昌)—明洪武四年的武昌的定型与南宋度宗咸淳十年的汉阳城的定型以及明宪宗成化时期的汉口的形成—19世纪末的'三镇鼎立'格局的基本成型—1927 年的'武汉'至现当代的武汉市"这"七"个大阶段的形成过程,以及现代的武汉大都市这一成果;唐山的小尺度重建也包括了规划设计与实际建设的"十年重建""十年振兴"和"十年快速发展"三个大阶段的整个过程,以及最终基本实现了预期目标的新唐山城这一成果。

综上所述,"武汉演变"这一城市自组织与"唐山重建"这一城市他组织主要具有上述四个方面的共同点。

2)城市自组织与城市他组织的不同点

首先,两者的组织力来源不同。从整体和大尺度上说,人民创造了历史、创造了城市、创造了武汉。武汉演变的组织力主要来源于城市系统内部,来源于人类所特有的创造性活动。因为人类的创造性活动区别于再造性活动、他组织活动的地方在于没有明确目标,在于"道前人所未道,做前人所未做",其结果常常超出创造者的预期,因而表现出比较明显的自组织性,属于自组织力。所有参与创造性活动的"武汉人",都具有创造自己美好生活这一共同期望,否则他们是不可能相互帮助、相互作用的,积极从事结果并不完全在计划之中的开创性劳动。从局部或小尺度上看,人民规划设计建设了城市,规划设计建设或再造了唐山。唐山重建的组织力主要来源于城市系统外部,来源于人类特有的再造性活动,因为人类的再造性活动一般都有明确的目标、详细的计划,其结果多半在再造者的预期之中,因而表现出比较明显的他组织性,属于他组织力。唐山重建的几乎所有参与者都是在"要把唐山建成一座抗震城"、实现"天蓝、地绿、水清、居佳、城美"目标的感召下,自觉接受"外在指令"并按其指令积极从事规划设计建设或再造"美丽"唐山的伟大实践活动。

其次,两者的可控程度不同。武汉大尺度演变的可控程度较低,唐山短时间内重建的可控程度相对较高。前者基本上是一个自主演化发展的过程,容易受外界"扰动"因子的影响,如武昌和汉阳的"几度兴废"、汉水的几度改道对汉口城市的形成及建设的影响,以及历代的军事战争的作用,甚至"两江交汇"的地理特征等,都是这一组织系统内的人们难以掌控的,以致现在还是"囿于自然地理环境的制约,城市发展一直都显得分散零碎,难以形成集聚式的发展空间"。而后者大致可以视为是一个有组织、有计划的活动,它是国家意志的体现,是训练有素的十万建设大军和英雄的唐山人民共同意志的体现,很难受到外界其他"扰动"因子的影响,并且,不仅重建的整个过程在组织者的控制之中,而且其最后结果基本也是在组织者的预期之内。

最后,外界环境对两者的影响不同。从整体或大尺度看,外界环境对武汉演变的影响主要是为其提供衣、食、住、行、教育、科研以及城市建设等所需要的信息、物质和能量,只是起"扰动"的作用,而不是起"决定"作用,起"决定"作用的是历代武汉人的创造性劳动。尽管朝代更迭、科技进步、经济发展、山水变迁等外在因素对武汉演变都产生过巨大影响,但是它们都不是推动武汉城市演变发展的根本动力或决定力量。

置身于特定的历史阶段,可以认为外界环境对唐山重建的影响是决定性的,不但决定了其重建的主要步骤和某些细节,而且大致决定了重建的结果。外界不但为其调配了十万建设大军,而且为其调配了唐山重建所需的钢材、水泥等各种物质、能量和信息,更决定了其最终结果——"抗震城""天蓝、地绿、水清、居佳、城美"。

2.3　城市自组织与自组织城市

耗散结构理论、协同学和超循环论等非平衡态自组织理论的建立和发展,为人们研究系统自组织演化现象提供了崭新的思维和科学方法。这也就使得当前许多自然科学工作者和社会科学工作者热心于把自组织理论运用于分析研究社会现象和社会系统的演化。目前,从针对自组织现象进行的研究来看,几乎包括了从有机体的产生到社会系统、思维系统在内的各类复杂系统,已经从自然界延伸到人类社会甚至人类思维在内的众多领域,成为当今知识和实践领域关注的一大热点。尽管自组织理论的研究历史比较短,还处在起步阶段,但它所涉及的一些基本概念如开放、涨落、非线性、非平衡性以及协同、突变、分形、混沌、序参量等,都具有非常强的普适性。正是因为这些概念的普适性使得可以将自组织的相关理论运用于分析其他领域,现实的实践对此也予以了一定程度的证明。可以说,自组织理论不但为人们消除了自然界存在的各种自组织现象的悬念,而且为人们了解整个世界包括社会系统的复杂性打开了通道。从目前的研究来看,非平衡态自组织理论在自然系统和社会系统的研究中已经取得了很大的成功。

如果说将自组织理论中的一些思想和方法运用于自然系统和社会系统研究中,具有合理性,那么,从逻辑上讲就可以将自组织理论运用于分析作为自然-经济-社会复合系统的城市系统。21 世纪是城市的世纪,是全球城市化的世纪。对此,2000 年诺贝尔经济学奖得主、美国经济学家斯蒂格利茨(Stiglitze)就曾指出,21世纪初期影响最大的世界性事件,除了美国的高科技以外就是中国的城市化。城市化已经成为当今世界发展的一大潮流。但是,随着城市人口的比例越来越大,城市问题也变得越来越突出,这引起了人们的普遍关注。而以往许多经济学家和社会学家在试图解决这些问题时,往往是头痛医头,脚痛医脚,出台的政策对某一问题或某些问题有效,却不适用于其他问题,甚至引出一些新的问题和矛盾。因为城市是一个极其复杂的社会大系统,社会经济政治文化乃至历史、地理等因素交织在一起,相互依存、相互影响,很难找到直接的因果关系,故不易"对症下药"。以往的研究也多只能看到表面的、直接的因果关系,而难以揭示其内部的、间接的联系,远远不能满足研究城市这个复杂社会系统的要求。因此,迫切需要有新的理论和方法来指导研究工作。近年来随着非平衡态自组织理论研究取得了较大的发展,特别是普里戈金提出的耗散结构理论、哈肯的协同学、托姆的突变论等自组织理论,大大丰富了人们对城市系统整体规律的认识,也给分析和理解城市系统提供了新的思路,也与城市的自组织发展相吻合。

将非平衡态自组织理论应用于城市研究领域具有充分的理由和依据,主要表现在以下几个方面。

2.3.1　城市是一个典型的耗散系统

耗散结构理论深刻揭示了自组织现象形成的环境和产生条件,因此成为判断一个系统是否是自组织的重要依据之一。普里戈金认为,一个远离平衡态的开放系统,通过与外界不断地交换物质和能量,在外界条件变化达到一定阈值时,就可以从原来的无序状态变为一种在时空或功能上有序的状态,而这种非平衡状态下的新的有序结构,就是耗散结构。城市无疑是一个典型的耗散结构。一座城市就是一个不断演化发展的非平衡态自组织系统,每天从城市外部输入物质、能量和信息,如劳动力、燃料、工业原料等,同时也不断地输出人才、产品和废料,从而保证城市稳定有序地运行。城市是一个典型的远离平衡态的开放系统,且在城市发展演化的过程中还存在各种偶然的、随机的、不确定的因素,从而构成城市系统随机涨落,如城市人口的升降、经济的波动等;加之城市系统中大量存在的非线性作用机制,因此具有形成自组织的条件。

1)城市系统的开放性

作为自然-经济-社会复合系统的城市,是一个非常复杂的系统,确切地说是一个对外开放的复杂巨系统。普里戈金也曾以城市为例来阐述开放系统。城市是自然、社会和人工环境的关联系统,城市与外界的自然环境和社会环境之间存在着物质、能量、人员等方面的交流。城市作为一个开放的系统,其生成、发展都是建立在同外界或一定区域联系的基础上的,是一定区域内能量、物质、信息的聚集和积淀,是人类社会生活中人口、权利、文化、财富等在地球表面聚集的节点。城市系统每时每刻都与所处的自然环境、社会环境发生着千丝万缕的联系。当城市外部的能量、物质、信息不停地输入城市中时,引起城市内部能量、物质、信息不停的振荡、涨落,从而生成新的能量、物质、信息,并向城市外界系统输出和辐射。城市越大,需要与外界交换的物质、能量、信息就越多,其聚集和辐射能力也就越强,这种交换量的大小是城市生命力强弱和竞争力大小的重要标志之一。

城市要保持自身的有序结构并能够繁荣稳定发展就必须要保持对外开放,不断地从城市系统外吸收城市发展所需的物质、能量和信息等。从城市产生和发展的历史来看,城市在经历从无到有、从低级到高级的发展过程中,城市在不断地扩大自己的对外开放程度。同时,城市系统的对外开放不是没有限制的,任何有效的开放都是适度的开放,既要有一定的封闭性或隔离性,以保证城市系统积累和吸收的物质、能量和信息不致流失,也防止外部有害因素对城市系统的侵袭。

2)城市系统的非平衡性

城市系统的开放性特征,使得城市与外部环境之间具备了物质、能量和信息交流的可能性,然而要真正形成作用"流",城市和外界之间还必须存在一定的势差。城市与周边区域在生态、社会和经济系统等时空上的差异,即城市系统的非平衡性,这也正是形成交换"流"的重要原因。对城市系统来说,如果城市与外界之间是一个均匀、单一的平衡状态,那么城市的任何有序结构都将会被破坏,从而呈现一片"死寂"的景象。换言之,城市要获得动态的健康发展,就必须打破僵死的平衡,使得城市系统处于远离平衡的非平衡态。现实是城市系统具有的非平衡性使得这些成为可能。从区域范围来看,由于城市区位条件和城市规模的不平衡,易于形成城市间优势互补,从而引发资本和人才在各个城市间的流动——资金流和人口流;而城市与周围乡村在经济上的不平衡性,也会造成城乡之间的劳动力流动——人口流;此外,由于资金、教育、人才在城市间分配的不均,在城市之间还会形成技术的流动——技术流等。城市能够得到健康有序的发展很大程度上在于城市系统具有非平衡性。对此,耗散结构理论认为非平衡是有序之源。

3)城市系统的非线性作用

系统具备耗散结构的另一个重要条件就是系统内部还具有复杂的非线性相互作用。对城市系统而言,城市系统内部各种要素间的相互作用,既不是简单的因果决定关系,也不是线性的叠加关系,而是在存在着正反馈的倍增效应的同时,也存在着限制增长的饱和效应,即负反馈。比如城市人口与企业彼此之间的相互刺激和共同增长就是正反馈。随着企业规模的扩大,招收劳动力的增多,使得大量的外来人口不断涌入城市,导致城市人口的增加;而在城市人口增多后,对城市产品和服务的需求量又会随着增加,从而刺激城市经济的发展。造成城市是一个复杂系统的重要原因就在于城市系统中非线性作用的存在。城市作为一个由自然、社会、经济等系统构成的多层次的复杂系统,其内部任何一个要素的变化不只受另外一个因素的单一影响,往往受到多种因素的综合作用。此外,其中某一要素的变化有时还会起到"牵一发而动全身"的作用,引起一连串的连锁反应,产生"蝴蝶效应"。在对外界刺激的响应上,城市系统往往表现出与外界刺激目的有本质区别的行为和结果,原因就在于城市系统内部的非线性作用。在城市系统中,各子系统之间的非线性作用,若能促进城市的良性循环,发挥协同效应,就会使城市走向有序;反之,若这种非线性作用促进恶性循环,破坏协作、稳定,就会使城市倒退到无序或混乱状态。

4)城市系统的涨落

对由大量子系统构成的城市系统来说,这些子系统的运动状态在不断地发生着变化,导致城市系统的状态也跟着变化。城市系统所呈现出来的状态不仅是各子系统单一状态的总和,而且还是一个综合平均的效应。在城市系统的内部存在着大量的涨落现象,如人口的增减、经济的起伏、建筑的拆建和改造等。城市系统的涨落贯穿于城市发展的各个阶段,并促使城市的功能与结构不断调适,推动城市演化、发展。对城市系统来说,只要涨落保持在一定限度内,现有系统的内部组织就能继续维持。即使对于城市有一定程度的破坏,也可通过自修复机制来加以"治愈"。如果涨落超过一定限度,则会使现有城市系统失去稳定,从而可能使现有城市形态逐步走向崩溃或转化为新的形态。城市从单一的聚落形态开始,通过涨落自行集聚,自发地形成新结构,新的城市形态也一次又一次地在巨涨落中涌现。可以说,普遍存在的涨落特别是巨涨落是城市系统自组织发展演化的必要条件。

城市作为一种耗散结构,它所具有的上述特征,即开放性、非平衡性、非线性作用以及内部涨落等特征,与自然系统具有共同性。城市系统的这些耗散特征,使城市具备了发生自组织所需的各种相关条件。因此,城市系统是有可能在非平衡态自组织的理论框架内下开展研究的,具备了运用自组织理论来分析研究的一些基本条件。

2.3.2 城市发展是一个自组织过程

城市从来就是以人为中心的,正常时期的城市发展演变总是围绕着人的需要展开的。人的需要从来就是多元化的,正常人的需要一定是不断地随着周围环境的变化而变化的。试问有谁可以满足城市人的多元化需要? 有谁能够根据人不断变化的需要来规划设计城市? 有谁做得到让城市按照自己的意志演化发展? 我们不会否认人的自觉规划设计对于城市发展的他组织式的影响,但是,我们坚持认为,这种影响一定是发生在城市演变发展的特定时空范围之内,纵观大尺度的城市发展演变历史,城市一定是自组织的。

从产生和发展历史来看,城市经历了从无到有,从简单到复杂,从低级到高级的发展演变历史。城市原本不存在,无论是产生还是演化从来就不是神的意志或人类自觉意识的结果,城市有其自身的本质和特征,有自身成长和运行规律。城市系统作为一个开放的、复杂的巨系统,其发展过程具有明显的自组织过程的特点。如城市发展过程中存在的区位择优和不平衡发展。一般来说,城市发展的空间首先在优势区位上得到体现,由于区位之间存在着差异,就产生了势差,促使人类实践活动由低势位向高势位流动,从而形成城市系统从无序向有序的一种负熵,这正是城市自组织现象的一种表现。同时,由于人流、物流、信息流的协同作用形成了城市空间上的集聚,集聚的结果是使城市的不同区位的规模发生了变化,在规模效益的作用下,又产生了新的势和流,促使城市在空间上不断地聚散和演替。这里所谓的演替,是指城市某一种空间类型被另一种城市空间类型所替代的过程,如商业区替代居住区、金融区替代商业区等,这些看似偶然发生的现象,正如突变论中提及的突变,其实有隐藏着的秩序和内在的规律,而它们发展的结果就是为了形成一个新的整体有序的、有活力的城市。同时,在城市系统的发展过程中几乎包含了所有的自组织形式,如城市子系统的"自复制",以及城市系统受到来自外力干扰后所表现出来的"自创生""自生长""自适应"等。当城市系统受到的外来干扰较小时,它可以通过其自组织机制来达到新的有序平衡,如城市市中心的转移、功能的分化和变迁等。以上种种都可以说明,在城市系统的发展演化进程中,始终有一种无形的自然力量在支配和左右着城市的发展。城市以不为人的意志所左右的方式在自组织演化发展着,这与非平衡态自组织理论所研究的复杂对象具有相同的特点。由此也可以看出,城市系统像其他复杂的社会系统一样在很大程度上也是自组织发展的,自组织作为一种隐性的机制长久地作用于城市的发展过程之中。

2.3.3　城市自组织与自组织城市

关于城市自组织和自组织城市,是重复"城市自组织"的习惯性说法,还是坚持"自组织城市"这种新的提法,笔者曾陷入长时间的思考。直觉告诉笔者,"自组织城市"的提法优于"城市自组织",前者比后者能够更准确地表达自己对于城市这个自然-经济-社会复合复杂系统是自发形成、非他律性演化、主要依据人类特有的创造性活动而存在发展的自发过程的理解。但是,如何区别"城市自组织"与"自组织城市",自己一直理不出头绪,十分茫然。也曾想过借鉴学界区分"城市生态"与"生态城市"的模式来区分"城市自组织"与"自组织城市",并据此想法查阅了部分文献,没有发现区分"城市生态"与"生态城市"的相关论述。好几天落不了笔,体会了"夜不能寐"的滋味。一天清晨醒来,突然有了些新的想法,赶紧起来打开电脑,形成了下面三个区分"城市自组织"与"自组织城市"的观点。

1)"城市自组织"是事实判断,而"自组织城市"是价值判断

长期以来,人们一直认为城市是人类的创造物,当然是人类意志的产物。随着城市研究的深入,特别是非平衡态自组织理论提出并从自然科学领域延展至人文学科与社会科学以来,人们越来越感到这种判断可能存在问题。于是有学者尝试从自组织的视角去看待城市这种自然-经济-社会复合现象,提出了"城市自组织"概念,认为城市作为人类的创造物,从总体上讲是人类意志的产物,是他组织的结果,但是从城市的局部和城市特定发展时期看,城市的某些部分和发展阶段是不以人类的意志为转移的,是自组织的。也就是说,城市的存在发展以他组织为主,自组织为辅。持这种观点的学者至今仍然不少,他们不能接受相反的观点。随着研究者揭示出来的城市自组织现象越来越多,更多的学者开始接受城市从整体和大尺度上讲,其存在发展是不以人类的意志为转移的,是各种因素综合作用的结果,是自组织的。他们同时认为,从城市的局部和特定发展阶段看,城市的某些部分和发展阶段是人类意志的产物,是他组织的。也就是说,城市的存在发展以自组织为主,他组织为辅。我同意这一判断。但是,我认为这一判断还只是事实判断,还只是人们对于城市自组织发展基本事实的认定,使用"城市自组织"未尚不可。我们的看法更进一步,坚持认为不能将"城市的存在发展以自组织为主,他组织为辅"这一判断只停留在事实判断的水平上,还应该提升到价值判断的高度。作为价值判断,就有好坏之分、善恶之别。我们认为,"城市的存在发展以自组织为主,他组织为辅"强调师法自然、弘扬人性的重要性,尊重并重视个体的自主选择和创新创造活动,是好的、善的判断,而"城市的存在发展以他组织为主,自组织为辅"强调上级指令、大人意志的重要性,无视个体的自由意志,压抑个体的创造冲动,是坏的、恶的判断。基于事实判断和价值判断双重理由,特别是基于价值判断,我们认为,"城市自组织"至多能够体现事实判断,"自组织城市"才能表达价值判断。

2)"城市自组织"是经验描述,而"自组织城市"是理论陈述

目前,全世界大约有 55% 的人生活在城市。可以预期,在不久的将来还会有越来越多的农村人迁入城市,也就是还会有越来越多的人感受自己所在城市的存在发展。根据城市人对于自己所在城市的发展变迁的亲身感受,他们越来越多地觉得城市的发展超出他们的预期,城市的发展甚至不能预期。于是,在一些理论工作者提出"城市自组织"概念以后,他们感觉有道理,符合他们关于城市发展演变的

经验判断。我们同意这一经验描述。不仅如此,我们还认为描述的还不够全面深入,还可以列举出许许多多的实际例子来印证这一经验描述的合理性。但是,仅有经验性描述是不够的,应该在经验描述积累到一定的时候,将其提升至理论陈述的高度。基于大量的"城市自组织"的经验描述,基于学者专家有关"城市自组织"现象的分析研究成果,我们认为已经具备了将"城市自组织"改造为"自组织城市"的条件。我们不能总是停留在用城市自组织存在发展的事实来讨论城市的自组织问题的归纳总结阶段,应该且可能发展到运用自组织理念来分析论证城市的自组织问题的时期了。也就是说,我们已经到了将"城市自组织"的经验描述提升到"自组织城市"这一理论陈述的时候,已经到了运用归纳的结论——"自组织城市"来演绎形形色色"城市自组织"的阶段了。因此,用"自组织城市"这一理论陈述来替代"城市自组织"这一经验描述,将城市自组织研究由归纳总结阶段过渡到演绎推理阶段具有合理性、客观性和必要性。当然,"城市自组织"这一提法不会、也不可能因为"自组织城市"这一理论性陈述的出现而逐渐被人忘记、逐渐退出历史舞台。"城市自组织"作为一个经验描述,作为与理论性陈述的"自组织城市"相似度很高的概念,将会长期存在并影响城市人的思维和行动。

3)"城市自组织"是外在推断,而"自组织城市"是内在肯定

在我们说"城市自组织"的时候,总是有一种外在的、居高临下的感觉,好像是在说某种与自己无关的存在。"自组织城市"的提法则要亲切许多,仿佛是在说自己的事,说自己究竟要如何行为才能与自己所在的城市同甘共苦、休戚与共。我们认为:"应该将城市看成一个系统,一个复杂巨系统,一个人在的复杂巨系统,一个自然-人工复合复杂巨系统,一个生态-经济-社会复合复杂巨系统,是一个类似于生命有机体的自组织系统,一个类似于自然生态体系的自组织系统,一个以意识人类为主体的自组织系统,一个主要由人的创造性活动推动的人在自组织系统";"既然城市是一个生命有机体,那么就必须改变我们对待城市的态度,要像对待生命有机体、对待自然生态体系那样对待城市,不要总是想着如何让城市来适应人的主观意志,如何通过强制性的自觉规划设计来规定城市未来的发展方向,而应该深入研究城市这个特定的人在自组织系统发展演变的自组织规律,让人的主观意志去适应城市的发展,去引导城市像有机生命系统、像自然生态体系那样自然生长,和谐发展";"既然城市是一个自组织演化的生命有机体,那么我们就应该放弃他组织的物质规划建设管理理念,全面引入自组织的有机规划建设管理理念。坚持规划建设管理城市,不是以人的主观意志来安排城市,限制城市要素的自由流动,而是

在遵循城市这个生态-经济-社会复合有机系统自组织发展规律的基础上,为城市要素充分且自由的流动创造尽可能优良的时空结构和制度设计"。① 总之,用"自组织城市"来替代"城市自组织",不只是将事实判断提升到价值判断,也不只是由经验描述过渡到理论陈述,同时,也是在调整我们对待城市的外推方式,改变我们对于城市的外在性态度,否定我们关于自己与自己所在的城市"虽有合,而实为二"的二元论认识。我们要将自己与自己所在的城市视为"虽有分,而实不二"的有机整体,将自己与自己所在的城市融为一体,全面参与城市的自组织过程,全面参与推动自己所在城市自组织演进的伟大历史。

---

① 何跃,马素伟.城市自组织演化及其根本动力研究——以古城阆中为例[J].城市发展研究,2011(4).

第 3 章　相关理论研究综述

3.1　城市理论研究综述

3.1.1　城市与城市理论

1）城市

在这个世界上，原本没有城市，城市是人类的创造物。经历了千百年的演变，今天的城市已变成一个有人介入其中的最典型的人在复杂巨系统。

城市并非现代现象，人类最早的城市比任何有文字记载的历史都更为久远。城市与人类文明史相伴随，它的出现是人类走向成熟和文明的标志，也是人类群居生活的高级形式。它不仅是人类科技进步、经济发展和社会文明的结晶，而且也是人口、资源、能量和信息高度集中的地区，是区域经济活动的核心，以及人类文明的标志和社会经济发展的载体。

"城"和"市"最初是两个不同的概念。古汉语中，"城"是指在一定地域上用作防卫而围起来的墙垣，《墨子·七患》曰"城者，所以自守也"，《吴越春秋》说"筑城以为君，造郭以守民"，可见"城"是当时的军事设施和统治中心。与此对应的"市"则是指进行商品交易的场所，《管子·小匡》曰"处商必就市井"，《周易·系辞下》载"日中为市，致天下之民，聚天下之货，交易而退，各得其所"，因此，"市"是古时商品的流通中心。也就是说，"城"为行政地域的概念，即人口的集聚地；"市"为商业的概念，即商品交换的场所。在生产力发展的驱动下，商品交换日趋频繁，成为日常生活之必需，客观上要求为商品流通提供一个固定的场所，于是"城"与"市"逐渐融合，并最终走向了统一。

城市作为"城"与"市"的结合，随着生产的发展，早期的城市和现代意义上的城市不同，城与乡的区别日益显著。城市不是众多的人和物在地域空间上的简单叠加，而是一个以人为主体、以自然环境为依托、以经济活动为基础、社会联系极为紧密的有机整体。它是现代社会的舞台，也是现代社会的象征，"现代社会一旦由抽象概念变成现实，那么，它的血肉之躯就是城市"。

"城市"原始含义为人类的一种定居状态。人类定居状态可分为"散居形式"与"集居形式",前者是独立单一分布的住宅状态,后者则有小村落、乡村、集镇、城镇、城市之分。在现实中,由于时代和地区的不同,"集镇""城镇"与"城市"的划分不一样。词源上这种"城市"含义,反映了古代城市的一般特征。现代城市是在古代城市基础上发展而来的,已不是原来那种简单"城"与"市"的结合,而是要素繁多、结构复杂、功能齐全的综合体。通常提出的城市概念,一般是指现代城市的概念范畴。

2)城市理论

理论的作用是系统地论述抽象概念之间的关系,帮助人们理解特定的自然、社会、经济等现象,进而预测将来可能要出现的种种情况,因此,推动理论研究的发展也就成了学术研究的目的。一个学术领域的发展只有在通过经验的探索和以逻辑化、系统化的理论广为传播时才被肯定,城市理论也不例外。从城市产生的第一天起,城市就形成一个系统,也从此开始了人类对城市的认识和研究。人类对城市系统的认识和研究,始终贯穿于城市发展的全过程中。就人类对城市的认识与研究来看,经历了一个由肤浅到深刻、由一般到系统的过程,这个过程也反映了人们对城市的认识逐步深化、视野不断拓宽的过程,中西方城市的研究概莫能外。而人们对城市的这种认识发展到形成一种系统,即城市理论出现,已经是近代的事了。

城市理论,是人们通过对城市系统的研究形成的一种揭示城市本质以及演化发展一般规律的学说。在对城市进行研究的过程中,人们发现,城市系统的发展演化是一个长期的历史过程,新陈代谢是必然的,开展对城市持续不断的研究是十分必要的,也是必需的。对于城市持续不断的研究必然导致城市理论层出不穷,导致城市理论不断更新完善。城市的研究人员从不同的角度、不同的层面对城市进行认识。在西方发达国家,城市理论历来是科学研究的热点,并涌现出许多著名的城市研究学者和一些经典的城市理论。城市研究方面的不同理论,虽然有时在很多方面论述的内容相近,但是由于它们的理论假设、前提、模型等的不同,对同一对象说明的方法就不同,其理论观点也就不容易统一。这些理论从不同的视角阐述了城市形成、发展的机制,体现了人们对城市发展规律认识的不断深化。在西方城市理论的发展中,既有古希腊从苏格拉底到亚里士多德关于理想国家(城市)的探寻,也有第二次世界大战以后的田园城市理论、有机城市理论、生态城市理论、可持续发展城市理论、数字城市理论、全球城市理论、健康城市理论、地方城市理论、城市治理理论、学习型城市理论、智慧城市理论等一系列新的城市理论。在对城市理论的研究上,西方各国学术界形成了百家争鸣之势,这些理论都是在针对城市发展演化以及发展中涌现出来的问题基础上提出的,并在世界各国得到了一定程度的实践。而国内关于城市的理论研究,除了与国外的一些城市理论相同外,在结合国内城市自身特点以及中国特有国情的基础上,还有由钱学森最早提出的山水城市理论、吴良镛提出的人居环境科学理论等。国内外学者对这些相关城市理论的研究对解决城市发展中出现的问题、引导城市健康有序发展、改善人类的居住环境起到了巨大的指导作用。城市理论的不断涌现,也从侧面反映了城市学作为一门学科在日趋成熟。对此,T.Parsons 曾经明确地指出:"可以毫不夸张地说,一门学科成熟与否的最重要标志是它的系统理论水平。"任何学科中的理论都是对该领域中普遍规律的反映,并且采取理论的形式来把握研究对象和方法的普遍规律性①。在这些众多的城市理论研究中,有的城市理论可能只是一种理想化的模式,如柏拉图撰写的《理想国》对国家(城市)及其治理的相关构想就是一幕海市蜃楼图景,有的也没有上升到系统哲学思考的高度。但是大多数城市理论是在借鉴城市成功发展经验的基础上展开的,因此这些城市理论对开展城市研究,指导城市发展具有极大的理论价值。

3.1.2　城市理论沿革

1)西方城市理论沿革

西方文明的诞生源自古希腊文明,西方城市理论也发源于古希腊罗马时期,并伴随着城市的不断发展、完善,逐渐趋于成熟。无论是古希腊-罗马文明的形成还是以此为基础的西方文明的演变发展,均不是基于神的意志,也不取决于一两个英雄的自觉意识,而是千百万劳动人民为了实现自己美好生活的梦想,自觉不自觉努力奋斗的结果,历代的政治家、思想家之所以能够有所作为,主要是因为他们自觉不自觉遵循了劳动人民实践活动规律,自觉不自觉地顺应了劳动人民创造自己历史的潮流,自觉不自觉地成为劳动人民的代言人或代表而已。

(1)古希腊-罗马时期的城市理论

作为古希腊-罗马文明以及以此为基础发展起来的西方文明重要组成部分的西方城市理论,其形成和演化主要不是因为城市理论提出者们的天才般的奇思妙想,而是源于他们对于千百万劳动人民创造自己美好生活家园的实践活动经验的概括与总结,源于他们对于城市理论自身相对独立的自组织发展演变规律的自觉不自觉地尊重与遵循。

---

① 张京祥. 西方城市规划思想史纲[M]. 南京:东南大学出版社,2005:4.

　　古希腊城市规划中最基本的样式为所谓的"格状或棋盘式"设计①。与当时东方国家用高墙围起的、整齐划一的大都城相比,希腊人将更多的智慧和热情投入到"雅典卫城山"上,没有城墙,没有街道,将建筑视为雕塑,以此来彰显审美的艺术追求,通过柱廊所围成的半公共场所,开敞的城市广场以及庄严宏伟的雅典卫城等构成了丰富的城市空间体系,以塑造城邦精神。柏拉图(前 427—前 347)试图用绝对理性和秩序来建立城市,认为完整性和均衡性只存在于整体之中,为了城邦应不惜牺牲市民的生活,甚至也可以牺牲人类与生俱来的天性②,这对希腊后期以及古罗马的城市规划产生了重要影响;而亚里士多德(前 384—前 322)则认为,人们聚集到城市是为了生活得更好,主张城邦不能太大,也不能太小③。他们对"理想城市"的相关论述是古希腊城市规划思想的重要成就。总的来说,这一时期的城市理论主要突出对人的尺度、人的感受以及同自然环境相协调的追求。

　　古罗马时期,由于国势的强盛、领土的扩张和财富的聚集,城市得到了大规模的发展,其成就远远超过了古希腊时期。从总体上看,古罗马城市规划有两大特点:一是受宗教影响比较大,二是受希腊城市的影响④。古罗马城市建立在神学法则基础上,它的直角布局和方位取向是由与宇宙相关的想法决定的⑤,将数学上的比例关系引入城市理论中,重视空间的层次组合,使各部分相互协调。广场成为古罗马城市中最重要的中心,将广场建设为最整齐、最典雅,规模非常巨大的城市开敞空间,将轴线对称、透视等方法运用到城市建设中,体现了罗马城市建设中的人工秩序。此外,在这一时期还出现了维特鲁威(约前 1 世纪)的《建筑十书》,总结了自古希腊以来的城市规划与建设思想,将古希腊和古罗马的城市风格结合起来提出了理想的城市模型。该模型将直观感受和理性原则结合起来,将希腊时期的人文主义与追求数的和谐统一,不仅强调城市建筑局部的比例关系,也强调整体的和谐有序,对文艺复兴时期的城市规划和建设有着极其重要的影响⑥。

　　(2)古罗马灭亡至 19 世纪中叶的城市理论

　　当古罗马帝国逐渐走向衰亡的时候,基督教思想很快侵入了人们生活的各个方面,主宰了整个西欧社会的精神生活和文化教育,并对城市生活、城市规划等各

---

① R E Wycherley. How the Greeks Built Cities[M]. London: Macmillan, 1962: 20-21.

② 章士嵘. 西方思想史[M]. 上海: 东方出版中心, 2002.

③ D Ley. A Social Geography of the City [M]. New York: Harper and Row, 1983.

④ 杨俊明, 等. 奥古斯都时期古罗马的城市规划与建筑[J]. 湖南文理学院学报(社会科学版), 2005, 30(2): 63-65.

⑤ L S Mazzolini. The Idea of the City in Roman Thought: From Walled City to Spiritual Commonwealth[J]. New Blackfriars, 1971(52): 96.

⑥ K Lynch. Good City Form[M]. Cambridge: Harvard University Press, 1980.

方面产生了巨大影响,因此当时遍布各地的基督教教区成为中世纪社区形成的最初动力和原形。由于中世纪西欧地区的长期分裂,这一时期西方几乎没有形成完整统一的城市理论,宗教建筑基本成为城镇中唯一的标志性建筑,控制着城市的整个格局。虽然中世纪的城市规模比古罗马的小,但是其格局在宗教建筑的统领下却显得优美而有秩序,有学者认为中世纪的城市发展倾向于按照生活的实际需要来反映当时的基督教生活的有序性和自组织性,而这种"自然主义"的表象实际上正是他们有目的的、高明的规划思想的体现①。

随着时代的发展,腐朽的宗教统治催生了文艺复兴时期的到来,文艺复兴运动的核心是运用人文主义来对抗中世纪以来所建立的以神为中心的宗教哲学和封建思想。由于新兴资产阶级的不断成长,越来越要求在城市建设中能体现出他们的地位,因此中世纪形成的城市中心——教区不得不让位,城市建设出现了世俗化倾向,但宗教思想仍然占有一定的地位,只是丧失了微妙和模糊的性质,将虔诚的情感融化于形象化之中②,这在城市规划与建设中也得到了体现。同时受古罗马维特鲁威《建筑十书》的影响,越来越重视科学化和秩序性对城市建设的作用,一方面复兴了古希腊罗马时期的城市建设思想,另一方面将新兴自然科学知识运用于城市规划之中,在轮廓上讲究整齐、统一和条理性,涌现出了一大批理想城市的设计者,阿尔伯蒂(1404—1472)、米开朗琪罗(1475—1564)就是这一时期的代表人物。

16—19世纪中叶在欧洲先后建立了一批强大的中央集权国家,如英国、法国、德国等,因此,这一时期的首要任务是拥护君权,城市规划、建设、管理等都必须为君权服务,同时发生在这一时期的启蒙运动也在一定程度上影响了城市理论的发展。由于君权至上的地位,古罗马君权思想中的绝对理性再次得以复活。中世纪的城市理论也在这一时期分化为两种比较有影响的城市思想,一种是追求形式新颖的巴洛克风格,另一种是对古代教条式崇拜的古典主义。前者反对僵化的古典形式,追求自由奔放的格调,将建筑风格的原理放大到整个城市建设中,将几何美学的思想融入其中,以局部的不完整换取了整体的完整,将视角与空间关系大大推进了一步③;而后者强调理性,在外形上显得端庄雄伟,而在空间布置和装饰风格上又有强烈的巴洛克风格,强调统一性和稳定感。虽然如此,两者的本质都是通过城市建设来寓意中央集权的不可动摇,并且二者始终在相互影响、相互渗透中发展,甚至以相互混合的形式出现,并对后来的城市理论产生了重要影响,凡尔赛宫

---

① 吉伯德. 市镇设计[M]. 程里尧, 译. 北京: 中国建筑工业出版社, 1983.

② J Huizinga. The Waning of the Middle Ages[M]. London: The Whitefriars Press' Ltd, 1955: 152.

③ 王胜斌, 等. 巴洛克风格在现代城市设计中的运用研究[J]. 山西建筑, 2008(2): 66-67.

就是这两种风格结合的典范。

(3)19 世纪下半叶至"二战"结束期间的城市理论

随着科技革命和产业革命的推进,19 世纪下半叶欧美资本主义国家进入了高速发展阶段,给西方世界带来了一场全面而深刻的变革,城市人口急剧增长,城市用地迅速扩张,城市突如其来的爆炸式发展超出了资产阶级所能控制的范围。因此,当时的社会改革家、城市规划师以及生态学家等针对大城市出现的这些问题,试图通过改善城市环境来解决社会问题。

霍华德(1850—1928)的田园城市理论就是在这样的背景下发展起来的。他针对当时出现的城市问题,提出了具有先驱性的规划思想。他认为城市和乡村各有优缺点,而将两者结合起来,则能避免各自的缺点。因此,他倡议建设一种兼具城市和乡村优点的理想城市模式,即田园城市,并提出了著名的"城市—乡村磁铁"理论,对城市规模、布局结构、人口密度、绿化带等城市规划问题,提出了一系列独到的见解,是一个比较完整的城市规划思想体系[1]。田园城市理论对现代城市规划思想起到了重要的启蒙作用,芒福德(Lewis Mumford)曾指出"如果需要什么东西来证实霍华德思想的高瞻远瞩,他书中的'社会城市'一章就够了"[2]。

虽然霍华德的田园城市理论在 20 世纪初得到了初步实践,但作为理想的城市模式,它并没有真正得以实现。针对当时规模已经非常巨大的城市,人们不得不寻求对城市进行有机疏散的途径。因此,恩温(1863—1940)和帕克(1867—1947)等人进一步发展了霍华德的田园城市理论,进行了以城市郊区居住为主要功能的卫星城市建设实践,并在 1924 年阿姆斯特丹召开的国际城市会议上明确提出了卫星城市的含义:卫星城市是一个在经济上、社会上和文化上具有现代城市性质的独立城市单位,但同时又是从属于某个大城市的派生产物[3],这对后来西方的新城运动产生了重要影响。此后不久,美国建筑师莱特(1867—1959)提出了完全分散的、低密度的城市形态,即广亩城市。从某种意义上说广亩城市与田园城市有相似性,田园城市试图将城市和乡村结合起来,而广亩城市的提出是建立在美国中西部存在大量空旷土地基础之上的[4],莱特是纯粹的自然主义者,强调真正融入自然之中,努力实现人工环境与自然环境的融合,完全抛弃传统城市的所有结构特征,强调城市中人的个性。这一城市理论在很大程度上影响了城市郊区化运动。

---

[1] 埃比尼泽·霍华德. 明日的田园城市[M]. 金经元,译. 北京:商务印书馆,2000:99-107.

[2] 刘易斯·芒福德. 城市发展史:起源、演变和前景[M]. 宋俊岭,倪文彦,译. 北京:中国建筑工业出版社,2005:283.

[3] 张京祥. 西方城市规划思想史纲[M]. 南京:东南大学出版社,2005:160.

[4] 郑军. 浅谈对柯布西耶和赖特的城市设计思想的比较[J]. 科技资讯,2007(16):202.

与田园城市、卫星城市和广亩城市不同的是,发端于意大利的未来主义城市运动倡导者们强调以机械为审美中心,这直接导致了瑞士建筑规划大师柯布西耶(1887—1965)机械理性主义城市规划思想的诞生。他追求几何秩序谨然的、理性的城市格局,试图用统计学来把握整体,预测城市发展,并提出了集中主义城市设想,认为城市必须是集中的,拥挤的问题可以通过提高密度加以解决,同时又要求在高密度的城市中对城市进行合理布局①。后来,他的这一城市理想遭到了城市规划评论家们的激烈批评。

如果说柯布西耶与霍华德、恩温、莱特分别强调了集中和分散,那么沙里宁(Eliel Saarinen,1910—1961)的有机疏散理论则是将二者有机地融合起来的典范,他认为城市和自然界的所有生物一样都是有机的集合体,和生命有机体的内部秩序是相同的,因此应把城市的人口和工作岗位分散到可供合理发展的离开中心的地区上去,对城市活动进行合理的集中和有机的分散②。

虽然霍华德等人在他们的城市设想中都考虑了社会因素,但真正从社会科学角度对城市问题进行探讨的是芝加哥学派,其代表人物主要有帕克(1864—1944)、伯吉斯(1886—1966)和沃思(1897—1952)。他们运用生态学的理论,研究芝加哥城市人口空间分布的社会与非社会原因,分析了城市土地利用模式,对城市环境进行调查研究。他们关注城市成长的机制及其社会后果,提出了人类生态学城市研究范式,并概括出城市独特的生活方式,其典型理论主要有同心圆论、扇形模式论、多中心论等③,这些是芝加哥学派的主要贡献,永久地影响着城市研究的后来者。

此外,20世纪城市规划领域的人文主义大师还有格迪斯(Patrick Geddes)、芒福德,他们都注意到工业革命、城市化等城市问题给人类社会所带来的负面影响,认为人们对城市的要求是多样化的,特别是芒福德在继承霍华德、格迪斯的城市思想的基础上把人本主义规划思想推向了高潮。

(4)"二战"之后的城市理论

①战后重建

两次世界大战对城市的毁灭性破坏,使人们开始重视对古城、古建筑等历史文化遗产的保护,同时又为重新规划城市、优化城市空间创造了条件。

1946年夏普(T.Sharp)的《为重建而规划》标志着战后城市发展新纪元的开始。在卫星城市理论的影响下,英、美等西方国家相继掀起了蓬勃的新城运动,城

---

① Le Corbusier. The City of Tomorrow[M]. London: The Architectural Press, 1971.
② Eliel Saarinen. The City: Its Growth, Its Death, Its Future[M]. Cambridge: The MIT Press, 1965.
③ 秦斌祥. 芝加哥学派的城市社会学理论与方法[J]. 美国研究, 1991(4).

市生态环境科学也在 20 世纪 50 年代逐渐兴起。1954 年现代建筑师会议中的第 10 小组（Team 10）在荷兰发表《杜恩宣言》，提出了适应新时代要求的城市建设新观念——对人的关怀和对社会的关注，以适应人们为争取社会生活意义和丰富生活内容的社会变化要求①。他们认为每一代人仅能选择对整个城市结构最有影响的方面进行规划和建设，而不是重新组织整个城市。

20 世纪 60 年代后，面对资本主义复杂而尖锐的社会矛盾，以及古典城市生态学对政治、经济制度的忽视，很多学者将社会变量，诸如阶级、种族和性别等纳入城市理论的考察范围，由于大部分的思想来自马克思主义传统，因此这些城市理论被称为新马克思主义城市理论，其主要代表人物有：亨利·列斐伏尔（1901—1991）、大卫·哈维（1935— ）、曼纽尔·卡斯特尔（1942— ）等。他们主要从空间形态、社会运动等角度来考察城市的演变过程，并希望马克思主义的传统理论能够在城市的分析过程中得以复兴。该理论主张在资本主义生产方式的理论框架下考察城市问题，着重分析资本主义城市空间的产生和集体消费，以及与此相关的城市社会阶级斗争和社会运动，力图揭示城市发展如何连接、反映和调节资本主义基本矛盾，以及如何体现资本主义的运作逻辑②。

②全球化倾向

随着战后经济的迅速恢复和发展，逐渐出现了经济全球化倾向，城市间各种生产要素的流动不断加剧，各国之间的文化意识形态、制度体系、生活方式等产生了相互影响。在这种情况下，各国城市无法以自身为单元而独立地存在，它们都被直接或间接地纳入了全球化体系中，由此出现了全球城市理论。事实上，全球城市作为概念，早在 1915 年就由格迪斯（1854—1932）在其所著的《进化中的城市》一书中提出。而直到 1966 年，霍尔才进一步对全球城市的概念和特征作了比较系统的阐述，他从政治、经济、科技文化、娱乐以及人口等五个方面对全球城市进行了描述③。随着经济全球化和信息化时代的到来，全球城市的特征、功能日益显现，从 20 世纪 80 年代开始，学术界对此展开了广泛而深入的研究：科恩认为全球城市是国际劳动分工的协调和控制中心④；沙森主要从服务业的国际化、集中度和强度以及发达的金融中心层面来界定全球城市⑤；弗里德曼则提出了世界城市的等级结

① 程里尧. Team 10 的城市设计思想[J]. 世界建筑，1983(3)：78-82.
② 张应祥，蔡禾. 新马克思主义城市理论述评[J]. 学术研究，2006(3)：85-89.
③ Peter Hall. The world cities[M]. London：Weidenfeld and Nicolson Ltd，1984：1-7.
④ Cohen R J. The new international division of labor, multinational corporations and urban hierarchy[M] // Dear M and Scott A J. Urbanisation and urban planning in capitalist society. London：Methuen，1981.
⑤ Sassen S. The global city：New York, London, Tokyo[M]. Princeton：Princeton University Press，1991.

构和布局①。总之,全球城市是经济全球化与城市自身发展需要相互作用下的产物,是经济全球化在空间上的表现。

与全球城市理论相伴而生的还有区域一体化思想,而最早的区域规划思想也是由格迪斯于 1915 年提出来的。此后,芒福德也确立了研究城市问题的基本逻辑框架,即区域—城市关系。到了 20 世纪 90 年代,随着全球城市理论的发展,以及各种社会思潮的交互影响,在全球范围内出现了以生产技术和组织文化为基础的区域发展理论,涌现出了增长极理论、中心—外围理论、点—轴系统理论等一系列区域发展理论。针对这些理论,为了发展、复兴区域经济,一些学者提出了柔性城市理论。该理论认为,本地的网络化企业代替垂直一体化的公司正成为世界经济变化的主要现象,它是一种对城市经济的描述,是"本地化经济"与"区域经济复兴"的产物,与新工业区位理论有关②。此外,针对全球一体化趋势的不断发展,世界性城市特色危机的产生,有学者提出了颇具特色的地方城市理论,它注重技术对城市现状的一种改良,强调针对不同的地区进行有特色的规划。该理论是在新的历史环境下,对影响城市生活品质的各类问题进行研究,并落实在空间上,以起到指导各地城市发展的作用③。

③生态与健康倾向

经济的高速发展,使人类的生活方式也发生了巨大改变,随着世界范围的环境污染、资源浪费、能源短缺、粮食危机等问题的加剧,城市发展进程受到了前所未有的挑战。人们日益用生态学原理和方法来研究城市经济和环境协调发展的战略,促进城市这一人工复合生态系统的良性循环,由此诞生了生态城市理论。一般认为现代生态城市思想直接源于霍华德的田园城市理论,而现代意义上的生态城市理论形成于 20 世纪 70 年代,生态城市是现代城市建设的高级阶段,是一种理想的城市模式,它包含人与自然、人与社会的协调,是一个自组织、自调节的共生系统④。1987 年可持续发展理念的提出为生态城市的建设进一步提供了理论支撑,同时基于这一理念也产生了一种新的城市理论——可持续发展城市理论,它与生态城市理论存在一定的相似性,倡导按照生态原则建立合理的城市结构,提倡资源的合理利用、循环利用,提倡紧凑、适宜的城市生活环境。

与生态城市理论相伴而生的还有健康城市理论。由于生态环境的恶化,随之

① Friedmann J, G Wolf. World city formation: an agenda for research and action[J]. International Journal of Urban and Regional Research, 1982, 6(3): 309-344.

② 赵维良,纪晓岚. 未来城市发展理论简析[J]. 北方经贸, 2005(1): 22-23.

③ 张恺. 巴黎城市规划管理新举措——地方城市发展规划[J]. 国外城市规划, 2004, 19(5): 53-57.

④ Yanitsky. Social Problems of Man's Environment[J]. The city and ecology, 1987(1): 174.

而来的各种病毒、疾病对人类健康产生了极大的威胁,于是各级政府开始考虑建立城市公共健康体系,走健康城市之路。渥太华改善健康宪章(WHO1986 年发布)认为:"健康的基本条件和源泉是和平生活,有寓所、能够受到教育、有食品、有收入,处于一个稳定的生态系统之中,可持续地使用资源,处于社会公平和公正的环境之中"。如上所说,健康要处于稳定的生态系统之中,并与可持续理念联系密切,因此,相关研究表明健康城市理论与生态城市理论和可持续发展城市理论有相似之处。健康城市是以人为本,以健康为终极目标,努力营造由健康人群、健康环境和健康社会有机组成并协调发展的整体[1],它强调社会所有部门共同参与到它的建设中来,城市作为生活、成长和改变着的复杂有机体,绝不只是一个经济实体,它的全部要比各个部分加起来更大。

当物质生活在一定程度上得到满足,人们又开始追求生活的品质。近年来,为了提高城市的宜居性,学术界提出了宜居城市理论,从不同角度对宜居城市的内涵、实现途径等进行了探讨,但对其实质至今还未形成统一观点,不同阶段不同学者对宜居城市的解释存在差异。但一般而言,宜居城市是指适宜人类居住和生活的城市,宜人的内涵包括三个层面:一是在公共卫生和污染问题等层面上的宜人;二是舒适和生活环境美所带来的宜人;三是由历史建筑和优美的自然环境所带来的宜人[2]。

④科技与创新倾向

自 20 世纪 70 年代以来,以信息技术为代表的一系列科学技术的发展,对人类社会产生了深远影响。在全球化背景下,仅仅以规模和经济功能来评价城市地位的传统方法已经过时了,以信息技术为基础的网络节点也对城市发展产生了重要影响,由此也催生了数字城市时代的到来。数字城市是以计算机、多媒体技术和大规模存储技术为基础,以宽带网络为纽带,运用 3S 技术(遥感 RS、全球定位系统 GRS、地理信息系统 GIS)、遥测、仿真(虚拟技术)等对城市进行多分辨率、多尺度、多时空和多种类的三维描述[3],利用现代技术手段把城市现实生活中存在的全部内容在网络上以数字化虚拟实现。相应地有学者提出了智能化社区的概念,该理念认为个人可以通过网络购物、择业、选择居住地,这已在现代城市生活中得到部分体现。

随着通信技术和网络技术的迅速发展,以及小汽车的快速普及,城市向郊区延

---

① 李忠阳,傅华.健康城市理论与实践[M].北京:人民卫生出版社,2007:20.

② 浅见泰司.居住环境:评价方法与理论[M].高晓路,张文忠,等,译.北京:清华大学出版社,2006.

③ 承继成,等.数字城市——理论、方法与应用[M].北京:科学出版社,2003:42-64.

伸,郊区产业逐渐密集,城市功能多元,逐步演变为具有相对独立性的边缘城市。基于此,1991 年美国华盛顿邮报记者高乐首次提出了边缘城市的概念,总结了美国边缘城市的特点①。实际上边缘城市是城市的急剧扩散效应在一定城市规模上发展的必然结果,是在原有城市的郊区重建一个具有分担、替代原有城市部分功能的相对独立的人口集聚、产业集聚空间,是美国城市郊区化运动的结果。

社会的不断发展,要求人类的思想、生存方式等也要适时地不断进步,由此提出了创新型城市理念。随着对创新研究的不断深入,创新型城市作为创新型国家的重要组成部分,日益受到学者们的关注。虽然不同的学者观点不同,至今仍没有形成统一而明确的概念,但普遍认为:创新型城市是以创新作为城市经济、社会发展的重要动力,城市能够将创新思维付诸实践,将技术创新、组织创新、制度创新和管理创新等运用于城市治理中②。

人类要不断创新,就必须具备不断学习的能力,在学习中不断创新,社会的进步是以整个人类的学习为前提的。"学习化社会"理念由哈钦斯于 1968 年首次提出,1972 年联合国科教文组织所属的国际教育发展委员会在《学会生存》报告书中正式把"学习化社会"作为未来社会形态的构想提了出来③。而学习型城市作为学习型社会中的一个部分,是 20 世纪 90 年代中后期才得到人们的重视的。世界在不断地变化,一个城市如不努力学习与创新就没有生命力,创新和学习在城市的发展中处于中心地位。学习型城市是建立在信息化、网络化基础之上的,其建立的基本动力来源于城市人自身对学习的需要,包括个人学习和机构学习,是有利于城市和市民大有作为、创新发展的和谐城市④。

第二次世界大战以来,西方城市理论的演变表现出非常明显的自组织特性。无论是战后重建倾向还是生态、全球化倾向等,这些城市理论无不是社会发展的潮流作用的结果,体现了大众对城市建设和发展的一般期望,既有城市理论系统自身的传承与发展,也有系统外部因素——经济、政治、军事、文化、科学技术等的影响,是各种力量复合作用的结果。

2)中国城市理论沿革

中国作为世界四大文明古国之一,城市思想作为中国文化的重要组成部分,对

---

① Garreau Joel. Edge City: Life on the New Frontier[M]. New York: Doubledy, A Division of Bantam Doubledy Dell Publishing Group Inc, 1991.

② 韩瑾. 国外创新城市建设策略研究[J]. 北方经济, 2007(6): 58-59.

③ 联合国教科文组织国际教育发展委员会. 学会生存——教育世界的今天和明天[M]. 华东师范大学比较教育研究所, 译. 北京: 科学教育出版社, 1996: 119-120.

④ 叶忠海. 创建学习型城市的理论和实践[M]. 上海: 三联书店, 2005: 17.

城市发展起到了重要的作用。总的来说,中国城市发展经历了三大历史时期,各个历史时期都产生了典型的理想城市模型。中国文明、中国城市理论的发展演变与西方文明、西方城市理论的发展演变一样,主要不是因为少数思想家的奇思妙想或天才般的创造,而是源于他们对千百万劳动人民创造自己美好生活的伟大实践活动规律的自觉不自觉的尊重,源于他们对于文明发展、城市理论发展相对独立的自组织演变规律的自觉不自觉的遵守。

（1）古代中国的城市理论

中国是世界文明古国,是最早的有序建设城乡、进行城市规划的国家之一[①]。考古资料表明:中国古代城市多呈方形或近方形,方形城占据了中国早期城市的绝大部分[②]。而贯穿于整个古代史的最重要城市思想是传统堪舆理论,它形成于商周时期的占卜,东晋郭璞（276—324）的《葬经》是关于堪舆学的最早最重要的典籍。它将风与水联系起来,并被大量应用于居住环境、墓地的基址选择和城市规划设计之中,同时,风与水也是组成城市自然环境的重要因素,是指导中国传统城市规划、设计、建设与管理的主要理论。

①夏商周时期

夏朝（前 2070—前 1600）产生了最初的城市雏形。由于当时生产力低下,工艺技术极为简单,城市的首要作用是保护奴隶主、奴隶不受侵害,也就是为了维护人类自身的生存与发展。

商朝（前 1600—前 1046）形成了正式的城市雏形。我国至今发现的最早的城市遗址就是殷商时期的商城。殷墟中出土的大量甲骨文都是关于祭祀占卜的记录,其建筑遗址中也有很多祭祀建筑,呈现出了典型的古代城市雏形,基本上已经具备了东周城市的基本特征,但仍具有早期城市布局不很严密的特点[③]。

西周（前 1046—前 771）是奴隶制社会发展的重要时期。这一时期的古代建筑形式已定型,筑城的理论和技术主要见于《周易》和《礼记》中。《周易》是关于占卜的书,八卦在符号排列、组合上的特殊性推动了以后堪舆学的发展;同时所创立的"天人不二"理念、"象天法地"方法,对古代城市发展产生了巨大影响。在城市建设实践中,古代城市大致都以天人相通、天人感应为基本前提,并通过相土堪舆、阴阳术数和庙坛建筑等具体手法以达成"天人不二"的强烈效果[④];"象天法地"的文化传统则决定了中国古代城市和自然山水相互依存的密切关系。《礼记》是儒家

---

① 尤亮,尤羽.风水与城市[M].天津:百花文艺出版社,1999:1.

② 张新斌.黄土与中国古代城市[J].河南师范大学学报(哲学社会科学版),1991,18(2):49-54.

③ 谢仲礼.中国古代城市的起源[J].社会科学战线,1990(2):142-147.

④ 马继云.论中国古代城市规划的形态特征[J].学术研究,2002(3):54-58.

学说的基石,在周代以后,礼的影响范围越来越广,渗透到社会生活的各个方面,对城市理论的发展也产生了重大影响。而其中的《考工记》更是形成了一套较为完整、系统的城市规划理论,将等级制贯穿到城市的规划和建设中,突出表现是古代宫殿在城市中的显著位置。因此,这一时期被看作我国古代城市理论发展的重要时期,也是我国古代城市理论最早形成的时期,它对以后整个封建社会的城市发展指明了方向。

东周(前771—前221)包括了春秋和战国两个时期,是奴隶制向封建制过渡的时代。文化上的"百家争鸣""百花齐放"对城市发展给予了很大的启发,城市规模迅速扩大,形成了一些新的城市思想,最为突出的就是《管子》,阐述了生产发展与城市发展的关系,提出发展农业、商业是城市发展的基础,提出了不同于礼制思想的"自由城"思想,主张因地制宜,带来了城市思想的彻底转变,是我国古代城市发展的一个高峰,一些学者认为这是我国完全意义上的城市兴起或形成时期①。

②秦汉时期

秦朝(前221—前206)是我国封建社会第一个统一全国的大帝国。由于长期的社会动乱,秦朝将军事设施放在城市中的重要位置,其都城咸阳的建设大规模地运用了《周易》象天法地的方法,体现了天人不二的传统思想。此外,秦朝强化了交通网络,开通了通往各地的邮路。而秦朝以后,受古代帝王专制和封建迷信思想的影响,城市发展逐渐脱离了自由发展的局面,形成了一套封建社会的城市理论。而在城市建设方面,秦朝最大的贡献在于:地方城市的确立,与郡县制的地方行政管理系统相结合,地方城市为各郡县的首府,中国古代城市政治化的特质得以巩固,并延续至今②。

汉代(前206—220)分为东汉和西汉,受长期战乱的影响,汉代初期没有形成理论化的城市思想,而汉武帝时期"罢黜百家,独尊儒术"对汉代的政治思想产生了重大影响,并反映到城市建设中。到了东汉时期,礼制思想得到进一步发展,同时佛教在这一时期开始传入中国,为了抵制外来的佛教,道教开始产生、创立,宗教建筑逐渐在城市中占据重要地位,但是,总的来说,以宫殿为主体的城市结构在汉代仍很突出。

三国、两晋、南北朝时期(220—581)战争频繁,古代"象天法地"的方法,得到了进一步发展。魏国邺城的轴线对称,功能分明的城市布局是我国古代第一个能够比较全面体现礼制思想的城市。由于生活的不安定,民众纷纷到宗教中寻求庇护,这一时期,特别是南北朝时期,寺庙的大量建设拓展了城市的范围,增加了城市

---

① 张鸿雁. 论中国古代城市的形成[J]. 辽宁大学学报, 1985(1):45-49.
② 徐苹芳. 论历史文化名城北京的古代城市规划及其保护[J]. 文物, 2001(1):64-75.

魅力,为古代城市的发展作出了重要贡献。同时,道教的寻求长生不老之法,古代道观多位于高山之上,在高山上探求炼丹成仙术,促进了堪舆学的发展。此外,为了逃避战乱,产生了隐居思想,出现了大量的田园式住宅,促进了田园诗的发展,这一时期陶渊明的《桃花源记》可被看作是对理想社会的描写①,对后世影响很大。

③隋朝及唐宋时期

隋朝(581—618)结束了自西晋(265—316)短暂统一之后 270 多年以来的分裂局面,是中国出现的第二个大一统朝代。虽然历时短暂却对经济、社会发展影响较大。隋朝建造了规模宏大的大兴城,其目的是立志恢宏,体现隋王朝的强大与创新;同时,由于历经魏晋南北朝数百年的融合与发展,隋朝迎来了一个繁荣昌盛的时期,需要一个全新的都城作为政治文化舞台,但是大兴城未建成,隋朝就灭亡了。

唐朝(618—907)空前繁荣,社会稳定,与其他国家的往来频繁,因此唐代的城市建设虽然主要受到传统文化的影响,同时也融入了外来文化的因素。都城长安,由于其中轴对称的规划布局、严整的坊里和道路系统,被认为是典型的网格城市②,较好地解决了区域的布局问题,并将一些边缘地区纳入到统一的城市规划制度中。

唐朝灭亡后出现了短暂的五代十国时期,此后建立了两宋政权(960—1279)。凭借唐代的基础,宋代在哲学思想、文学艺术和科学技术上都得到进一步发展,这也渗透到城市的建设与发展中,表现为更加注重城市的品质,透射出一定的艺术性。北宋都城东京和南宋都城临安,在建设中既融入了礼制的思想,又因地制宜,重视城市环境的布局,突出了山水文化特色,在中国古代都城发展史上起着承前启后的作用③。同时,这一时期,北方相继出现了辽、西夏、金等少数民族统治的政权,他们在城市建设中既借鉴了汉族城市传统,又融入了各自的民族特色。

④元明清时期

元代(1279—1368)第一次由少数民族统治整个中国,但元代却大量使用汉族文化,在城市建设中进一步推行礼制思想,将轴线对称、等级思想运用到整个城市建筑文化中,是典型的《考工记》设计思想④。同时,在以汉族文化为主的基础上,将蒙古族的草原帐房布置特点结合起来,此外,将庙宇的中心作为整个城市的几何中心,并布置了一种横排式的居住胡同,这对后来胡同进一步演化、发展产生了深

---

① 梁雪. 从聚落选址看中国人的风水观[J]. 新建筑, 1988(4): 67-71.
② 梁江, 孙晖. 唐长安城市布局与坊里形态的新解[J]. 城市规划, 2003(1): 77-82.
③ 刘春迎. 论北宋东京城对金上京、燕京、汴京城的影响[J]. 河南大学学报(社会科学版), 2005(1): 108-112.
④ 窦今翔. 中国古代城市的规划设计[J]. 中国房地产, 2000(4): 78.

远影响。

明代(1368—1644)是古代封建社会的重要时期,城市中开始出现资本主义萌芽。明代的北京城保留了元大都的整体格局,作了一定的修改,集中体现了中庸的礼制思想,结构严谨,各大街纵横交错,又与其间的胡同交错,形成许多大小不等的"十"字和"井"字街道格局,在胡同里四合院式的住宅鳞次栉比①,成为古代城市建设的杰出代表。16世纪中后期,明代先后开放了澳门、厦门,与此同时,西方城市思想传入中国,西方城市建筑风貌首先在澳门和厦门风行起来。总的来说,明代的城市建设将礼制思想运用自如,同时其对元大都的改善,表明其更追求完美、精细。

清朝的建立到鸦片战争的爆发(1644—1840)时期。清朝是中国历史上第二个由少数民族全面统治的时期。当清代经历康乾盛世时,西方却发生了影响深远的资产阶级革命和产业革命,而清朝的闭关锁国政策,将西方的先进思想、技术拒之门外。因此,1840年之前,西方城市理论和建筑形式始终没有在中国沿海地区占据重要地位。而清朝为了巩固政权,在很多方面严格遵守礼制,并规定了建筑的规章制度。这一时期的园林建设取得了重大成就,在园林的设计中,既融入传统思想,又利用自然地势之特长,营造各自的独特风格②。此外,在住宅建设方面,进一步发展了胡同式布局形式,并融入了环境设计的理念,体现了理性主义的特征。

纵观中国古代城市理论,其兴衰演变既与我国具体的地理特征密切相关,表现了我国人民对安居的孜孜追求,又与不同时期社会经济发展状况紧密相连,各时期的城市理论均具有明显的时代表征,表现出一种缓急相间的螺旋上升过程;同时,在其发展过程中,更受我国传统礼制文化的影响。总的来看,我国古代城市理论从简单到复杂、从幼稚到成熟,是一个不断自我完善的过程,表现出不断向高级有序演变的自组织特性。

(2)近代中国的城市理论

这一时期,城市发展的标志一方面表现为一大批因港而兴、因路而兴、因商而兴、因工而盛的近代城市的诞生和发育,体现出量的增长;另一方面则表现为部分城市被注入新的活力,得到新的发展,体现出质的转换③。同时,帝国主义对中国的野蛮侵略,西方文化渗入中国,这一时期的城市理论也主要是以西方的外来理论、技术的推广和传播为主。同时,也有中国自身的传统城市风格,古代传统城市理论对整个城市发展的影响从未间断过。这一时期也出现了大量中西合璧的城市设计典范,将西方卫星城镇、有机疏散等城市理论与中国传统讲究对称的布局形态

---

① 贺树德. 明代北京的街道,胡同和四合院[J]. 城市问题, 1998(4): 59-61.
② 邓可因,赵亚莉. 对首都古典园林要进一步加以保护和利用[J]. 城市问题, 1998(5): 55-58.
③ 于云汉. 近代城市发展的中国模式及其与美国城市化的比较[J]. 学术研究, 1997(8): 62-66.

有机地结合起来。

早在 18 世纪中后期,在建筑形式上广州就引入一种券廊式建筑,为我国最早的"殖民"建筑形式①,而到了 20 世纪受当时进步思想的影响,产生了一批民族性建筑,同时也最早在我国引入了霍华德的田园城市理论。鸦片战争后,随着一系列中外条约的签订,一大批沿海、沿江口岸城市被迫开放,中国城市的近代化从此拉开了序幕。通商口岸的崛起、变迁明显不同于其他城市,使得传统城市的性质和功能发生了显著变化②。这一时期的上海是半殖民地城市的典型,然而上海在吸收外来先进科技文化的同时,又不失传统的民族文化特色,形成了中西兼容的特有气质,反映在城市思想上则体现为:受西方城市理论的影响,城市建筑风格多样化,既有古典主义的建筑风格,又有功能主义的色彩,上海里弄建筑的演化发展,适应了上海人多地少的实情。此外,这一时期上海制定了城市规划管理制度,对近代中国城市理论的发展做出了重大贡献。另外,厦门鼓浪屿岛的规划建设,也是城市建设的典型代表,它考虑了整体的功能分布,因地制宜,建筑形式多样化,被誉为"万国建筑博览""步行城市的典范"。

(3)现代中国的城市理论

①十一届三中全会前后的曲折发展

新中国成立初期,受当时社会经济政治环境的影响,在城市建设上基本上是照搬苏联的模式,城市建设讲究城市布局的整体格局,对城市进行统一规划、统一建设,强调对称式的道路建设系统;重视对原有城市基础的利用和改造,例如对西安的规划和建设就强调要保护历史文化遗址,这在当时是有很大进步意义的。同时,这一时期在城市的发展问题上也存在一些分歧,例如对已有城市的利用,道路系统的对称分布等问题上均出现过分歧。20 世纪 50 年代末到十一届三中全会召开,这一阶段,由于特殊的历史环境,我国城市理论的提出、城市的发展都面临了巨大的障碍。一些城市规划机构被缩减、撤销,城市建设、发展方面的资料被销毁,使得城市发展停滞不前,在这期间只有唐山的震后重建以及少数其他城市的建设做得比较好。十一届三中全会后,在正确的路线方针引导下,以及 20 世纪 80 年代以来,市场经济体制的确立、经济特区及沿海开放城市的相继设立都给城市发展带来了重大的机遇。20 世纪 80 年代初,深圳市第一次全面提出了城市组团式结构,适应了深圳地区的自然、地理等特点,促进了城市的可持续发展。同时改革开放使得外部的社会经济环境发生了巨大变化,西方先进的城市理论不断传入中国,促进了中

① 汪德华.中国城市规划史纲[M].南京:东南大学出版社,2005:124.
② 翟志宏.论近代中国城市化进程中的文化冲突与价值演变[J].求索,2005(9):101-103.

国城市规划建设理论与实践的快速发展。

②"园林城市""山水城市""山水园林城市""山地城市"等中国特色城市理论相继提出

在西方生态城市、可持续发展城市、健康城市、宜居城市、全球城市、数字城市等城市理论的影响下,中国展开了相应的理论研究与实践活动,1984在上海召开的"首届全国城市生态学研讨会"被认为是生态城市研究的重要里程碑。随着对生态城市理论研究与实践的不断深入,我国学者提出了园林城市等更为直接明了的城市发展理念,其实质是以一定量的城市绿化为基础。同时,针对我国自身国情于20世纪90年代相继提出了山水城市理论和山地城市理论。钱学森先生认为,"山水城市"就是把山水诗词、古典园林与山水画融入城市大区域建设中①。山水城市更能体现和反映中国的历史文化内涵,也更加符合中华民族的传统文化观念,它是中国特色的生态城市。我国的城市应该有中国自身的特色,"山水城市"应富有当代中国特色的文化内涵,它将中国文化整合起来,通过对传统山水文化的继承、发扬,为可持续发展与中国的现实国情找到了衔接点,只有在特定的自然环境基础上逐渐形成的独特文化氛围,才能创造出具有一定民族性、地方性和时代性的山水城市。

近年来,我国学者进一步将山水城市与园林城市结合起来,提出了山水园林城市,着重指具有山水形貌特征的园林城市,是园林城市的一个特殊类型②,其实质是以山和水为载体,建构与城市体系相平衡的自然生态体系,形成城乡生态良性循环。之后又提出了生态园林城市。它在强调自然环境生态化的基础上,加大了社会生态化的比重,是根据我国国情提出来的,是建设生态城市的阶段性目标③。总之,生态园林城市是一种可持续性发展的城市模式,是理想的宜居城市模式。

我国是一个多山的国家,山地占了国土面积的三分之二以上,平原仅占百分之十。人多地少、山地多、耕地少是我国社会与国民经济发展的一个突出矛盾。黄光宇等提出的山地城市理论强调根据我国国情规划和建设城市,具有重要的指导意义。山地城市是一个相对的概念,它包括两种情况:一是城市选址和建筑直接修建在起伏不平的坡地上;二是城市选址和建筑虽然修建在平坦的坝区,但由于其周围有复杂的地貌,从而对城市的布局结构、交通组织、气候、环境及其发展产生重要影响的城市④。前者如重庆,后者如昆明,均是其典型代表。

---

① 鲍世行. 钱学森与山水城市[J]. 城市发展研究, 2000(6): 15-21.
② 王亚军,等. 重塑北方山水园林城市的绿地景观要素[J]. 西北林学院学报, 2007, 22(3): 203-206.
③ 王亚军,等. 生态园林城市规划理论研究[J]. 城市问题, 2007(7): 16-20.
④ 黄光宇. 山地城市[M]. 北京:中国建筑工业出版社, 2002: 11.

在较长一段时间内,我国城市仍处于高速增长期,受西方紧凑城市理论启发,学术界提出了以分散化的集中为引导,优化城乡建设用地布局,提出建设用地的紧凑度和多样性应该是我国城市可持续发展的核心理念①。同时,针对我国城市社会转型期带来的新问题,提出了符合我国本土特点的循环型城市社会发展模式,它是以人为核心的整体社会进化的过程,是对地球与人的关系的一种新的认识,也是社会运行的一种新模式②。此外,受可持续发展、循环经济等思想的影响,学者们针对我国资源环境现状提出创建节约型城市,要求对自然资源充分合理利用,使城市综合运行成本最小化,但目前尚无统一的定义。

中西方城市理论发展都表现出了明显的自组织特性,城市将来的发展也需要遵守这个特性,要历史地具体地看待和推动城市发展,使城市发展与已有的地理特点相契合,与自然和谐;又要回应人民对于安居的需求,与区域社会经济发展同步或适度超前;避免人为的急功近利式的盲目发展。

3.1.3　典型城市理论述评

1) 田园城市理论

英国社会改革学家霍华德提出的田园城市理论是一种城市建设和社会改革理论,倡议建立一种兼具城市和乡村优点的田园城市,用城乡一体的新社会结构形态来取代城乡分离的旧社会形态。这一理论对 20 世纪城市规划理论的发展具有十分重要的影响,它象征了现代城市规划理论的诞生,是现代城市规划的开端。直到今天,有关城市规划的著作几乎无一不提及霍华德的田园城市理论及其实践。

他在 1898 年出版的《明日:一条通往真正改革的和平道路》(1902 年再版时更名为《明日的田园城市》)一书,首次提出了"田园城市"理论,倡议疏散过分拥挤的城市人口,使居民返回乡村;建设一种兼具城市和乡村优点的田园城市,而若干个田园城市围绕中心城市(人口为 5 万~8 万人),构成城市群,即社会城市,社会城市中每一座城镇相当于一个社区,在行政管理上相互独立;改革土地制度,使地价的增值归开发者集体所有。霍华德还积极地将自己的思想付诸实践,亲自主持建设了英国的莱奇沃思(Letchworth)和韦林(Welwyn)两座田园城市,除此以外,在法国、德国、奥地利、澳大利亚、比利时、荷兰、波兰、俄国、西班牙和美国也都建设了类似"田园城市"的示范性城市。

1919 年,英国田园城市和城镇规划协会与霍华德商议后,对田园城市下了一

---

① 仇保兴. 紧凑度和多样性——我国城市可持续发展的核心理念[J]. 城市规划, 2006(11): 18-24.
② 张鸿雁. 循环型城市社会发展模式[J]. 社会科学, 2006(11): 71-83.

个简短明确的定义:田园城市是为安排健康生活和产业而设计的城市,它的规模要有可能满足各种社会生活,但又不能太大;四周要有永久性农业地带围绕,被乡村包围,全部土地归公众所有或者委托社区代管。

国外学术界对田园城市理论的研究一个世纪以来从未间断,国内各领域的学者也从不同的角度对田园城市理论进行了研究,金经元作为系统研究田园城市理论的代表性学者,他翻译了《明日的田园城市》并写了长篇译序。在他看来,霍华德田园城市理论于今天而言,其真正价值在于他针对当时英国大城市所面临的问题,提出了用逐步实现土地社区所有制、建设田园城市的方法,来逐步消灭土地私有制,逐步消灭大城市,建立城乡一体化的新社会,表达了其改革社会的愿望,也就是要找到一条真正改革的和平道路。也有一些学者认为,田园城市对城市经济、城市绿化等重要问题都提出了见解,开创了城市规划与城市经济及城市环境绿化等问题结合起来的新阶段,是生态城市最重要的思想渊源之一。

此外,在《明日的田园城市》一书中霍华德提出了著名的"城市—乡村磁铁"理论,规定了田园城市的空间形态,对田园城市中的农业用地、城市用地以及经济收支情况和田园城市的市政组织、管理以及在组建、经营田园城市将面临的困难等一系列问题进行了详细的阐述。霍华德指出通过田园城市构想来实现土地共有的社会改革目的是逐步建立一个更公平的体制,在这个体制中社会的和自然的生产力可以远比现在更为有效地加以利用,而且,这样创造的财富形式将在更为公正和平等的基础上分配,这体现了他的社会改革思想。而一些学者只注意田园城市的物质形态,只进行了片段式的解读,却忽视了它所要揭示的终极目标——社会改革,未能真正理解霍华德和他的田园城市理论的思想精髓。芒福德曾指出"如果需要什么东西来证实霍华德思想的高瞻远瞩,他书中的'社会城市'一章就够了"。

虽然,霍华德主持建立了莱奇沃思和韦林两座田园城市,但从某种意义上说,田园城市理想并没有真正实现,主要由于田园城市自给自足的静态模式虽然为人们提供了良好的生存环境,但因对现代工业发展考虑不足,无法提供支持城市可持续发展的物质基础。而当前在新的历史条件下,田园城市思想有了可以实践的物质、技术基础,并能赋予其新的功能与内涵,它将能迸发出新的生命力、可能逐步成为现实。

2) 有机城市理论

(1) 有机疏散理论

有机疏散理论是美国建筑学家伊利尔·沙里宁为缓解由于城市过分集中所产生的弊病而提出的关于城市发展及其布局结构的理论。沙里宁在他 1942 年写的

《城市：它的发展、衰败与未来》一书中对有机疏散论作了系统的阐述,他认为,今天趋向衰败的城市需要有一个以合理的城市规划原则为基础的革命性的演变,使城市有良好的结构以利于健康发展。

沙里宁指出,城市与所有自然界生物一样,都是有机体,因此城市建设所遵循的基本原则也应与此一致,或者说,城市发展的原则是可以从自然界的生物演化中推导出来的。他以自然界的有机生命为例,说明城市如同细胞一样是有机的,其肌理如同细胞的肌理一样,如果发展过快或过量都会打乱系统的有机秩序,只有在遵循"有机秩序"这一大原则下的自我表现与互相协调才是实现城市生命力持续发展的正确途径,因此要进行有机疏散。他认为这种结构既要符合人类聚居的天性以及交往的要求,而又不脱离自然,使人们居住在一个兼具城乡优点的居住环境之中。

沙里宁认为城市是一个有机体,其内部秩序实际上是和有生命的机体内部秩序一致的,不能听其自然地凝聚在一大块,而要把城市的人口和工作岗位分散到离开城市中心的地域上去。其基本原则是:把人们日常生活和工作的区域作集中的布置,不经常的"偶然活动"的场所,不必拘泥于一定的位置作分散的布置。他认为重工业不应该在中心城市的位置上,轻工业也应该疏散出去,日常活动尽可能集中在一定的范围内,使活动需要的交通量减少到最低程度,并且不必都使用机械化交通工具,日常生活应以步行为主。这种理论还认为,并不是现代交通工具使城市陷于瘫痪,而是城市的机能组织不善,迫使在城市工作的人每天耗费大量的时间、精力往返旅行,且造成城市交通拥挤堵塞。

(2)有机更新理论

有机更新理论是吴良镛院士对北京旧城规划建设进行长期研究,在对中西方城市发展历史和理论认识的基础上,结合北京实际情况提出的,主张"按照城市内在的发展规律,顺应城市肌理,在可持续发展的基础上,探求城市的更新与发展"。它要求采用适当规模、合适尺度,依据改造内容和要求,妥善处理目前与将来的关系,不断提高规划设计质量,使每一片区的发展都达到相对的完整性,这样集无数相对完整性之和,就能使整个城市的整体环境得到改善,达到有机更新的目的。

有机更新主要包括三层含义。一是城市整体的有机性。作为供千百万人生活和工作的载体,城市从整体到细部都应当是一个有机整体,城市的各个部分之间应像生物体的各个组织一样,形成整体的活力与秩序。二是城市细胞和城市组织更新的有机性。同生物体的新陈代谢一样,构成城市本身组织的城市细胞(如供居民居住的四合院)和城市组织(街区)也要不断更新,这是必要的,也是不可避免的,但新的城市细胞仍应当顺应原有的城市肌理。三是更新过程的有机性。生物体的新陈代谢是以细胞为单位进行的一种逐渐的、连续的、自然的变化,城市的新陈代谢是以个体建筑或院落这样的城市细胞为单位的变化,在变化的过程中要尊重细胞的有机变化规律。

(3) 有机集中理论

有机集中理论是南京大学朱喜钢教授在 2000 年提出来的。有机集中理论是指城市空间按经济原则、生态原则和文化原则加以组合,形成有机秩序并聚集在某一地域范围,人与社会、自然生态三位一体的有机联系的空间整合,形成有生命力的可持续发展空间,使空间要素集中的分散和分散中的集中保持必要张力,但它的基本特点与倾向是空间集中,而不是空间分散。这种空间集中是人口、经济、文化、资源和生态等有机系统的空间表达,同时这种集中也是建立在生态、资源和谐基础上的人类实践活动与城市空间互为作用与影响的共进关系,其进化机制是城市内部的自构自解机制和被构被解机制。它体现的是一种大集中小分散的思想,为协调城市发展提供了一个思路,它基于城市集中与分散的空间进化过程,是通过城市空间内部组织和自组织机制实现的,新的集中朝着更为理性的集中,朝着有机集中的方向发展。大集中主要表现为区域性的集中,主要通过强化中心城市的组织功能,使居住、产业用地向城市集中,建立区域性生态系统的隔离,防止城市蔓延。

朱喜钢认为沙里宁主张的分散思想实际上所表达的是一种比原来更大空间尺度的集中与城市内部一定尺度分散的结合,也就是集中前提下的分散以及分散后的紧凑与集中的辩证思想,其核心实际上是一种"有机集中"的思想。

3) 生态城市理论

自 20 世纪 70 年代以来,随着世界范围内的环境污染、资源浪费、能源短缺以及粮食危机等问题的加剧,城市发展进程受到了前所未有的挑战。人们日益重视应用生态学的方法来研究城市经济与环境协调发展的战略,促使城市这一人工复合生态系统的良性循环。

一般认为,现代生态城市思想的直接起源是霍华德的田园城市理论,而现代生态城市理论的概念源于 1971 年 10 月联合国教科文组织发起的"MAB"(人与生物圈)计划,而成熟于 20 世纪 80 年代。这一新的城市理念和模式一经提出就受到了全球范围的广泛关注,但至今为止,生态城市的理论和实践基本还处在研究和探索阶段,还没有公认的确切的定义,其理论核心在于强调城市发展存在生态极限。最初的生态城市理论主要基于生态学原理在城市中的运用,并从生态学角度提出了解决城市弊病的一系列对策,随着生态学的发展,生态城市理论正在以空前的速度和社会学、经济学等学科进行相互渗透。

生态城市理论是在可持续发展理念指导下，基于人与自然资源、生态环境的关系而提出来的城市发展理论。生态城市理论是基于现代生态学原理的城市发展战略，包括城市自然生态观、城市经济生态观、城市社会生态观和复合生态观等在内的综合城市生态理论，并提出了解决城市病的一系列对策，试图建立自然和谐、社会公平、经济高效、人与自然双赢的理想城市模式。自 20 世纪 80 年代以来，国际城市生态组织和各国城市生态学者提出了一系列具体的建设生态城市的指导计划，使经济发达、社会繁荣、生态保护三者保持高度和谐，技术与自然达到充分融合，城市环境清洁、优美、舒适，从而能最大限度地发挥人的创造力与生产力，并有利于城市的稳定、协调和持续发展。但是，这一理论还是偏重于城市发展与生态环境之间如何保持平衡方面，即偏重于城市发展中物的因素。

苏联生态学家杨尼特斯基（Yanitsky）认为生态城市是一种理想的城市模式，是按生态学原理建造起来的人类聚居地，自然、技术、人文充分融合，它可以实现社会、经济、自然的协调发展，以及物质、能量、信息的高效利用，其所有的生态要素都进入一种良性循环，人的创造力和生产力得到最大限度的发挥，居民的身心健康和环境质量都得到最大程度的保护。它包含人与自然的协调和人与社会的协调，是一个自组织、自调节的共生系统。城市规划学家黄光宇等认为生态城市是根据生态学原理，综合研究社会—经济—自然复合生态系统，并应用生态工程、社会工程、系统工程等现代科学与技术手段而建设的社会、经济、自然可持续发展，居民满意，经济高效，生态良性循环的人类居住区。

综上所述，虽然关于生态城市众说纷纭，但都强调了"社会、经济、自然应当和谐相处与发展"的基本思想，可见生态城市不仅是城市生态系统处于一种稳定成熟的状态，同时也是人类社会发展的一种美好境界，如同城市的出现代表了人类文明的进步一样，生态城市也是人类社会文明进步的一个新标志。它要求形成自然、城市与人类融为有机整体的互惠共生的结构。而生态城市的建设就是要按照生态学原理，以空间的合理利用为目标，以建立科学的城市人工环境去协调人与人、人与环境的关系，使人类在空间的利用方式、程度、结构和功能等方面与自然生态系统相适应，为人类创造一个安全、清洁、美丽而舒适的居住和工作环境。

4）可持续发展城市理论

自从工业革命以来，人类经济获得了飞速增长，人类的生活方式也发生了巨大改变，在经济发展为人类提供更高生活质量的同时，也带来了危机，即环境的恶化使人类生存面临严重的灾难，于是人类不得不反省以往采取的以牺牲资源环境为代价的不可持续的发展方式，试图摆脱人口、资源与环境的恶性循环。于是对全新的可持续发展模式的探讨被提上日程,日益受到重视。

世界环境与发展委员会(WECD)于1987年在《我们共同的未来》报告中,第一次对可持续发展作了全面详细的阐述,并给出可持续发展的定义:可持续发展是既能满足当代人的需要,而又不对后代人满足其需要的能力构成危害的发展。1992年联合国环境与发展大会通过了《里约环境与发展宣言》《21世纪议程》等纲领性文件,这体现了当代人类社会可持续发展的新思想,树立了环境与经济、社会发展相协调的新观点,使可持续发展成为全球的共同行动战略。

根据WECD的可持续发展定义,可持续发展的概念包含三重含义:公平性,即满足当代人和后代人的基本需要;可持续性,即实现长期、稳定的经济持续增长,使之建立在保护环境的基础之上;和谐性,即实现社会、经济与环境的协调发展。从《21世纪议程》看,可持续发展从理论上包括三个相互联系的重要方面:社会可持续发展,通过教育、居民消费和社会服务,提高人口的整体素质和健康水平,传承保护好城市文脉,通过可持续发展政策消除贫困,改善居住环境,提高人口的生活质量,促进城市文化的多元化发展,为经济环境的可持续发展奠定良好的社会基础,这应该作为可持续发展城市的终极目标;经济可持续发展,内容包括农业、工业及第三产业的可持续发展,调整产业结构,优化经济发展机制,以相对少的资金投入,实现较高的产出,最终达到经济的持续增长,这是保持城市可持续发展的重要方式;环境资源的可持续利用,建立环境资源法规体系,控制生态危机和环境恶化局势,提高自然环境资源的综合利用率,这是可持续发展城市的基础。

城市可持续发展是指在不危害后代人和其他城市满足其需要能力的前提下,以满足当代人的福利需求为目的,以建设生态城市为目标,通过规划、监测和调控等手段引导城市生态复合系统向更加和谐、平稳、均衡和互补状态的定向动态过程,体现了城市系统的一种状态或目标。它是指城市自然环境、社会经济生态复合系统全方位地趋于结构合理、组织优化、高效运行的均衡、协调过程。人是城市的主体,是城市发展的调控者和最终受益者。城市的发展,是为了满足人的需要,而对可持续发展的追求,又是为了能够持久地满足人长期发展的需要。因此,满足人的需要是城市发展的根本目的。

当今世界,无论是发展中国家还是发达国家,城市化进程中之所以都先后出现了诸如环境污染严重、布局混乱、中心区人口和建筑物密度过大、交通堵塞以及居民生活质量和健康水平大幅降低等一系列的社会、经济、生态环境问题,即所谓的"城市病",根本原因即在于城市化过程的非持续性。可持续发展作为全新发展模式,是城市地域系统演化发展的理想目标,实现与否以及实现的程度与水平从根本上取决于城市化过程推进的质量和水平。

5）山水城市理论

1990 年 7 月 31 日，钱学森在给吴良镛的一封信中写道："能不能把中国的山水诗词、中国古典园林建筑和中国山水画结合在一起，创造'山水城市'的概念。人离开自然又要返回自然。"其后，钱学森进一步提出山水城市"是中外文化的有机结合，是城市园林与城市森林的结合，'山水城市'应该是 21 世纪的社会主义中国城市构筑的模型。"钱学森认为，山水城市的一个重要含义就是人与自然的和谐统一。针对大城市和中心城市的美化问题，钱学森建议用中国的园林艺术来改造中国现代工业城市的弊病，将中国传统文化中的山水诗词、山水画、中国古典园林与现代城市建设结合起来，其核心思想是：兼顾城市生态和历史文化，兼顾现代科技和环境美学，考虑未来城市生产、生活发展的需要，其根本宗旨在于为人们的生活、工作、学习和娱乐等提供一个优美、宜人的人居环境，满足人们各方面的物质和精神需要。

黄光宇认为，多山国情是山水城市的物质基础，天人合一是山水城市的哲学基础，它的核心是人、城市与自然的和谐。我国是一个多山的国家，相当数量的城市坐落在山区丘陵地带，许多城市都具有良好的自然山水条件。因此山水城市也更能体现和反映中国的历史文化内涵，也更加符合中华民族的传统文化观念，是中国特色的生态城市。"山""水"元素作为生态城市概念中重要的组成部分，其概念更为具体。钱学森认为，社会主义中国的城市应该有中国自身的文化风格，山水城市应富有现时代中国特色的文化内涵。一方面，它继承了深厚的山水文化，反映了优秀的崇尚自然的文化传统，融入传统诗词、园林、绘画等艺术形式；另一方面，山水城市与山水哲理、山水诗话、山水园林一起构成了中国特色的文化风格。它将中国文化整合起来，通过对传统山水文化的继承和发扬，为可持续发展与中国的现实国情找到了衔接点。众多专家一致认为，山水城市是 21 世纪中国城市发展的最佳模式，是具有中国特色的生态城市理论。1996 年王如松、欧阳志云的《天人合一：山水城市建设的人类生态学原理》从战略高度上为我国生态城市建设指明了发展方向[①]。

山水城市是从生态的角度研究城市问题，它不仅要求把大自然还给城市，还要建造一个宜于居住、利于人的实践活动、有益健康成长、生态平衡、环境优美的城市，反映了城市与自然生态相融合的崭新关系，山水作为自然因素的代表被提到与城市人工环境并行的地位，形成共生共荣的协调关系。因此，创建山水城市的立足

---

① 鞠美庭，王勇，等.生态城市建设的理论与实践[M].北京：化学工业出版社，2007：5.

点和出发点都是要追求城市和自然环境的和谐,寻求城市同人文环境的协调。在山水城市的创建过程中,从立意到营造都必须遵循自然环境和人工环境相和谐的原则。只有在特定的自然环境基础上逐渐形成的独特文化氛围,才能创造出具有一定民族性、地方性和时代性的山水城市。

6)信息化城市理论

(1)城市的信息港概念

20世纪80年代初,光纤通信技术的快速发展,促进了远距离、大信息量的通信技术的普及,为改善地区投资环境和提升城市竞争力,西方发达国家把信息通信作为城市重要的基础设施建设并给予了很大的财政投入支持,城市信息港的概念随之被提出。到了20世纪80年代后期,世界上已有五十多个城市具有或近似具有区域或全球信息港的地位,它们集中在工业化国家或地区,尤其是数据密集的金融和商业服务业发达的城市。张元好等(2015)根据相关文献总结了信息港的定义:一种综合的信息通信服务设施,通过各种网络设施来互联,从而提供给用户方便快捷的信息服务,是世界宽带网络的枢纽。世界各大城市信息港的建设为接下来的数字城市概念的提出提供了现实基础。

(2)数字城市理论

1998年,时任美国副总统戈尔在洛杉矶加里福尼亚科学中心举行的开放地理信息系统协会年会上,发表了题为“数字地球,认识21世纪我们这颗星球”的报告。从此,“数字地球”的概念在全球广泛传播。

城市由于其独特的经济中心和网络节点地位,使得要实现“数字地球”,首先是实现城市数字化,在信息技术不断推进的背景下,使城市成为信息流的产生和辐射中心。数字城市的出现,是经济、社会全球化的必然趋势,数字城市的建设将满足城市可持续发展的信息资源共享、综合决策和技术集成等需求,并最终构筑城市的数字化生存环境。近年来,数字城市已经引起了学界与城市管理部门的高度重视,正日益成为各国高科技发展和城市建设的重点。

“数字城市”是从“数字地球”这一概念演化而来的,是“数字地球”理论在城市领域的应用,是“数字地球”技术系统的集中表现,也是信息社会重要的组成部分。从广义上讲,数字城市就是信息化城市,是现实城市的虚拟对照体,即综合运用遥测、3S(遥感RS、地理信息系统GLS、全球定位系统GPS)、多媒体及虚拟仿真(虚拟现实技术)等技术对城市的基础设施、功能机制进行信息自动采集、动态监测管理和辅助决策服务的技术系统。它的核心是现实城市及其时空变化在虚拟三维空间的数字化重现,其技术基础是城市空间数据化的基础设施。

"数字城市"与城市国民经济和社会信息化的概念是一致的。"数字城市"或城市的信息化是指在城市的生产、生活等活动中,利用数字技术、信息技术和网络技术,将城市的人口、资源、环境、经济和社会等要素数字化、网络化、智能化和可视化的全部过程。数字城市的本质是要将数字技术、信息技术和网络技术渗透到城市生产、生活的各个方面,通过运用这些技术,把城市的各类信息资源整合起来,再根据对这些信息处理、分析和预测的结果来管理城市,以促进城市的人流、物流、资金流和信息流的通畅和高效运转。它是城市信息化的战略目标和城市现代化的重要标志。数字城市给予人们重要启示:随着科学技术不断延伸,城市空间会变得无限宽广,甚至有可能把整个人类生存空间都纳入城市;数字城市意味着传统工业在城市产业结构中的主导作用,将被数字化、符号化、网络化的工业所取代。

建设"数字城市"既是城市发展不可逆转的趋势,更是加快城市现代化建设,增强城市综合竞争力的内在要求和必然选择。构建"数字城市"将会改变人们传统的生产和生活方式,丰富人们的物质文化生活,从而达到服务人、发展人和保障人合法权利的目的。

数字城市作为以信息技术为支撑的一种新兴的城市发展模式,不是想建就可以建的,只有具备了一定技术水平和经济实力的城市才能去建设和发展数字城市。数字城市的建设和应用,必将给城市规划行业带来深刻的影响,使城市规划的理论、方法、技术和过程产生深刻的变革。随着科学技术的不断发展,数字城市的内涵将会不断更新与完善,数字城市只是其概念的简单化、明确化,用数字化手段来处理城市问题才是其本质;随着数字城市的实现,将会极大地提高国家的现代化水平、国家信息化水平以及城市的管理水平,促进经济发展,推动社会进步。

(3)智慧城市(Smart City)理论

21世纪以来,随着世界城市化进程的加速和深入,城市的政治、经济、社会、生态等方面也出现了更多新问题,人类社会比起历史上以往任何一个时期都更加重视城市发展的质量和城市管理的精细度,关于城市的各个领域的管理越来越倾向于"横向到边,纵向到底"。21世纪首个10年的末期,出现了智慧城市的概念和相关理论。

"智慧"一词原本是用来形容人对事物有迅速、灵活、正确的理解能力和处理能力。信息社会的到来将人的"智慧"注入城市,使城市也具备了自适应和自调节能力,即"智慧"的能力,这有利于保障城市良好运行(张少彤,2013)。一般认为,IBM公司首先明确提出了智慧城市的概念,张元好(2015)等人总结了IBM公司对智慧城市的定义:智慧城市表现在城市发展过程当中,在其所管辖的公共事业、城市服务、环境、本地产业发展中,充分利用信息通信技术,智慧感知、集成、分析和应对城市在行使市场监管、经济调节、社会管理和公共服务等职能中的需求和相关活动,其典型特征是感知化、互联化和智能化。尹丽英等(2019)认为智慧城市理论研究在中国尚处于起步阶段,尚未形成统一的学术定义,目前主要从以下三种不同的角度切入:第一,城市运行模式角度,即智慧城市是一种运行理念或模式,它旨在运用物联网基础设施、云计算、大数据、地理空间信息集成等新一代信息技术,以实现城市在规划、建设、管理和服务等方面的智慧化;第二,城市发展角度,即智慧城市是一种新型发展模式,它在战略高度将城市的运行管理、产业发展、公共服务、行政效能等融为一体,通过城市市民的知识化、技术的智能化和环境的智慧化等途径,最终实现城市的经济、社会、自然和谐发展,它是现代城市发展的高端形态;第三,系统论角度,即智慧城市是一个由新技术支持的涵盖市民、企业和政府的新城市生态系统。智慧城市所包含的内涵非常丰富,董宏伟等(2014)认为智慧城市至少包含以下 6 个核心维度:智慧技术、智慧设施、智慧人民、智慧制度、智慧经济、智慧环境。王广斌等(2013)根据文献梳理总结出智慧城市的深层内涵主要表现在以下三点:首先,智慧城市以计算机、信息技术、互联网等信息通信技术为支撑;其次,智慧城市是城市发展的高层次阶段;最后,智慧城市建设过程是一个复杂系统。

尽管不同的学者、专家、机构、企业、城市对智慧城市的定义存在差异,但智慧城市界定有共同点和交叉点,即都以城市中的人、数据、相关技术、相关设施等为要素,都以先进的信息技术在城市当中的全面应用为出发点,都以城市各领域、各层次的全面智慧化为主要内容,都以高效率解决城市各种问题从而使城市内各个方面和谐发展为主要目标。

7) 全球城市理论

随着信息技术等高技术的快速发展,经济全球化和信息化进程不断增强,大大促进了全球各地区、各个国家的经济、政治和文化联系,遍布全球的各种类型的产业部门都以前所未有的超地域的广泛联系而生存发展,城市间各种要素流动的迅速增加,使得全球各城市的联系日趋紧密,在这种情况下,单纯以城市为单元已经无法充分理解全球化时代的产业竞争与发展现象。同时,各种资源和生产要素在全球范围内自由流动的加剧,打破了国家界线,使城市在全球化中的作用越来越突出,由此涌现出了一些跨越国界的全球城市。可以说,全球化是全球城市发展的主要动力,而全球城市则是全球化的空间表现。

全球城市也可称为世界城市、国际城市。1915 年,西方城市和区域规划的先驱格迪斯在《进化中的城市》一书中最先提出了类全球城市概念,并将其定义为"世界最重要的商务活动的绝大部分都须在其中的那些城市"。1966 年,霍尔在

《世界城市》一书中,认为全球城市或世界城市一般具有以下五个基本特征:①通常是国家政府的所在地,是重要的国际政治中心,是国际政治组织的所在地,也是各类专业组织、制造业企业总部的所在地;②通常是所在国最主要的金融中心和财政中心,是重要的国际商业中心,内外物流的集散地,往往拥有大型国际海港和空港;③通常是科学、技术、教育、人才、文化中心;④通常是拥有数百万乃至上千万的城市人口,是巨大的人口集聚地;⑤通常是国际娱乐休闲中心。

作为专有名词的"全球性城市",最早是由美国经济学家科恩发明的。1981年,科恩发表了《新的国际劳动分工、跨国公司和城市等级体系》一文,明确提出全球性城市是新的国际分工和跨国公司发展的产物。随后,弗里德曼提出了世界城市的等级结构和布局理论(1995),提出了"世界城市假说"(1996年)。弗里德曼认为,确定世界城市的主要分析标准为:主要的金融中心;跨国公司的总部(包括地区性总部)所在地;国际化组织集中地;商业服务部门的高速增长;重要的制造中心;主要交通枢纽和足够大的人口规模。卡斯蒂尔斯(Castells,1996,2000)则把世界城市描述为世界范围内"最具直接影响力"的点以及中心。

综上所述,我们可以将全球城市定义为,在高度一体化的世界经济环境下,国际资本对世界经济进行控制和发挥影响的空间节点,是国际资本流动的决策中心,是世界经济体系中具有举足轻重作用的枢纽。全球城市的本质特征是源于跨国公司总部与跨国银行总部的全球经济控制能力。全球城市理论认为:基于科学发现的技术创新是全球城市产生的根本动因;随着信息化和经济全球化时代的来临,一个世界统一的城市等级体系正在形成,民族国家的城市等级体系只是它的一个子系统,城市增长的最基本的动力由民族国家转向了整个世界。

8) 城市治理理论

进入 20 世纪 90 年代以来,全球化进程加速。世界的政治、经济、科技、教育、文化等诸多方面受全球化加速推进的影响,正在发生深刻的变化,城市已成为世界政治、经济、科技、教育、文化发展的中心。全球化的基础或主体是经济全球化、科技全球化,经济、科技全球化的载体是也只能是城市,因此,城市经济越来越成为世界经济、科技的主宰,经济、科技全球化所带来的日益激烈的国际经济、科技竞争主要体现为城市之间的竞争。一个城市若想加入全球的行动,发展或想保住其在世界经济、科技网络中的地位,城市的吸引力和竞争力就显得尤为重要,其基础设施的完善、投资环境的优化等方面成为必需。与此同时,大城市在不断发展的同时出现了大量社会问题和环境问题。而要解决以上的问题,城市或城市区域往往需要超越地方甚至区域政府管理和服务的界限。

"在现代城市中,对公共事务的最佳管理和控制已不再是集中的,而是多元、分散、网络型以及多样性的,这就涉及中央、地方、非政府组织、个人等多层次的权利和利益协调——这种由各级政府、机构、社会组织、个人管理城市共同事务的诸多方式的总和就是城市治理"①。从广义的角度来看,城市治理是指一种城市地域空间治理的概念,为了谋求城市中经济、社会、生态等方面的可持续发展,对城市中的资本、土地、劳动力、技术、信息、知识等生产要素进行整合,实现整体地域的协调发展②。拙著研究的城市,其治理含义多为广义的城市治理。

作为人类的聚居地,城市发展的核心问题就是处理人的发展与城市治理模式之间的关系。对于基本价值的追求使聚集于城市的人类在遵循各种"有助益的"规则的基础上形成了自生自发的社会秩序以及空间秩序,随着城市中人的数量的不断增长与质量的不断提高,这种自生自发的秩序必将不断扩展,从而要求城市的治理模式与之相适应。如果城市的治理模式能够适应社会发展的自生自发秩序,那么城市将进一步发展;如果城市的治理模式无法适应或两者之间存在矛盾那就必将阻碍或抑制城市的可持续发展③。

9)健康城市理论

目前,我国已进入高速城市化发展时期,城市的发展有力地推动了经济的发展,但同时也使得人类及其赖以生存的城市环境面临着严峻的挑战。20世纪末期,英国医学杂志《柳叶刀》曾报道:城市化的畸形发展使城市成为致命病毒的温床,引起了流感、病毒性肝炎和登革热的大规模流行。比如,当前新型冠状病毒(COVID-19)在全球肆虐横行,对人类世界造成十分严重的影响。人们越来越清醒地认识到:城市化的高速发展在创造了丰富的物质生活条件的同时,也给人类的健康带来了威胁,各级政府也开始考虑城市公共健康体制的建立,走健康城市发展之路。

1977年5月,第三十届世界卫生大会提出了各国政府和世界卫生组织(WHO)在未来数十年中的主要社会目标,即人人健康④。而自WHO于1987年首次设立"健康城市工程"项目,随后又建立起欧洲健康城市工程网络,以及越来越多的城市积极地参与到这一工程网络中来,健康城市已经发展成为一个世界性的运动。建设健康城市是20世纪80年代世界卫生组织面对城市化问题给人类健康带来的挑战而倡导的一项全球性行动战略。WHO在1994年给健康城市作了如下的定

---

① 顾朝林. 发展中国家城市管治研究及其对我国的启发[J]. 城市规划, 2001(9): 13-20.
② 王佃利. 城市管理转型与城市治理分析框架[J]. 中国行政管理, 2006(12): 97-101.
③ 罗震东. 秩序,城市治理与大都市规划理论的发展[J]. 城市规划, 2007(12): 20-25.
④ 李忠阳, 傅华. 健康城市理论与实践[M]. 北京: 人民卫生出版社, 2007: 31

义:健康城市应该是一个不断开发、发展自然和社会环境,并不断扩大社会资源,使人们在享受生命和充分发挥潜能方面能够互相支持的城市。"健康城市"一般具有以下 11 项特征:健康、安全和高质量的自然环境;稳定、可持续的生态环境;社区之间相互支撑,没有内耗;居民对于影响其日常生活、健康和福利的政策拥有较高的参与度和决策权;能够满足全体城市居民的食品、用水、居住、收入、安全和就业等所有基本需求;居民拥有各种各样的机会和丰富资源,相互之间有着密切的联系和交流;城市经济呈现多样化,富有创新精神;鼓励延续传统文脉,并做到在群体和个人之间相互交流;任何一种实现上述目的、呈现上述特征的发展模式;所有居民都能够享有高质量的保健和医疗服务;健康状况良好(健康水平高、发病率低)。同时健康城市应遵循平等、可持续发展、跨部门协作、社区参与和国际性的行动与团结等原则。

但并不是说一个城市必须符合这一定义和上述 11 项特征才可以称之为健康城市,也不是说符合定义或具备这 11 个特征的城市就是健康城市。健康城市并不是一个特定的状态,而是城市是否对健康状况的改善有所承诺,是否正在为这一目标的实现制定相应的政策和可行性措施,并去实施它。同时,上文对健康城市的描述只是一般性概括,而不同的国家、地区和种族的人们可以结合本国或本地区的具体情况制订符合自身实际的健康城市计划。因此,我国复旦大学公共卫生学院傅华教授等提出了更贴近城市建设目标的定义:所谓健康城市指从城市规划、建设到管理各个方面都以人的健康为中心,保障广大市民健康生活和工作,成为人类社会发展所必需的健康人群、健康环境和健康社会有机结合的发展整体。

同时,Duhl 在 1995 年从个人、团体和社区,以及全球三个层次对健康城市分别作了解释:以个人层次来看健康城市,它是指市民有成长及发展的权利,也有和平及免于恐惧的自由,并且对于影响生活的事物有控制权;从团体和社区层次看,是指个人在团体中工作时,可免于剥削,工作有意义并能产生信赖和合作;而全球层次上的健康城市所关心的是世界资源的公平分配、生态限制的认知等相关议题。

世界卫生组织对健康城市概念的界定以及对健康城市的建立,大大扩展了健康影响因素的范围和内容,作为一项全球性战略行动,它不仅关注于医疗卫生领域,还拓展到环境、社会、政治等领域,它的建立也是一个从国家、地方到个人都可以积极参与并从中受益的工程,自 1986 年 WHO 健康工程开始,健康城市就是一个关注参与的活动,目前全球越来越多的城市都在积极地参与进来。

WHO 在 1995 年出版的《实用指南》中提出,建设健康城市的目的是:通过提高人们的认识,动员市民与地方政府和社会机构合作,以此形成有效的环境支持和健康服务,从而改善城市的人居环境和市民的健康状况。

10) 学习型城市理论

一般认为学习型城市理论是源于学习型组织理论,而事实上是源自终身教育和终身学习的学习型社会思想。几乎与教育思潮的思考同步,在城市发展理念上也出现了学习型城市的概念。

1953 年,美国学者罗勃特·哈钦斯(R.M.Hutchins)在其专著《学习化社会》(*The Learning Society*)中首次提出了"学习化社会"理念;1972 年,联合国科教文组织所属的国际教育发展委员会在《学会生存》报告书中正式把"学习化社会"作为未来社会形态的构想;1973 年,美国卡内基高等教育委员会发表了《迈向学习化社会》(*Towards a Learning Society*)报告书;1995,欧盟发表了《教与学:迈向学习化社会》(*Teaching and Learning-Towards the Learning Society*)白皮书。由此学习化社会作为一种全新的理念,在国际社会受到广泛重视,许多国家为此确立了相应的国家战略,并积极致力于学习化社会的构建。近年来,我国学术界和政府部门也越来越关注这一问题,许多城市相继提出了建设"学习型城市""学习化社会"的目标。

应该如何定义学习化社会呢? 哈钦斯将学习化社会定义为:任何时候不只提供定时制的成人教育,而且以学习、成就、人格形成为目的而成功地实现着价值的转换,以便实现一切制度所追求的目标的成功社会。我国大陆学者厉以贤将学习化社会界定为:以学习者为中心,以终身学习、终身教育体系和学习型组织为基础,以保障和实现满足社会全体成员各种学习需求和获得社会可持续发展的社会。我国台湾学者胡梦鲸认为,学习化社会是指一个人人均能终生学习的理想社会。在此社会中,学习者的基本利益能够获得基本保障,教育机会能够公平地提供,学习障碍能够合理地消除,终身教育体系能够适度地建立。

学习型城市基于终身教育和终身学习理念,是学习意识普遍化和学习行为社会化的城市,是通过学习实现个人和城市共同发展的城市。无论是城市中的个人,还是组织,都将自己置身于持续学习之中。可以说,学习型城市是终身学习的载体,终身教育是学习型城市的基石。建设学习型城市不仅是为了解决人的知识更新的问题,更重要的是为了实现教育的社会化,全面提高人的整体素质,提高社会的知识含量,进而提高城市的竞争力。

应该指出的是,与上文提及的其他城市发展模式相比,学习型城市概念的出现标志着人们思考城市发展与建设时关注重心的转移,即从以往的注重外在的、物化的、形式的范畴转向注重内在的、精神性的、本质的范畴。美国著名城市规划理论家芒福德在其著作《城市发展史》中早已指出:未来城市的主要任务,就是具有人类的教养功能和爱的形象,城市的最好经济模式是关心人和陶冶人。

　　构建学习化社会是一项复杂的系统工程,涉及教育和社会发展的方方面面,受到政治、经济、文化、科技、教育等各种因素的制约,因此,建设学习化社会只能是一个渐进的过程。在一个城市的范围内构建学习化社会,也就是构建学习型城市,学习型城市隶属于学习型社会。

3.1.4　城市理论批判

　　处于现代系统科学前沿的非平衡态自组织理论成为当代科学关注的焦点之一,被广泛地用来分析工程、经济、社会领域的复杂问题。自组织领域涉及的是事物自发、自主形成结构的过程,在这种过程中存在特有的自组织特征、条件、环境和动力学规律。自组织理论认为,自组织是自然界和人类社会的内在演化机制和演化形式。

　　综观整个城市发展史,城市始终处于一个不断更新与自我完善的过程中,特别是在高速城市化发展的当今世界,城市的新陈代谢尤为突出。城市的复杂性主要表现在子系统数量巨大、层次众多、关联复杂;系统生成、发展的演化过程复杂;系统内部存在自组织的演化机制以及系统与外部环境之间关联复杂等几个方面。总的说来,城市是一个自适应系统,人—社会系统是城市系统适应性的决定因素。

　　城市的复杂结构并不能够人为地构建,而是来自于城市演化的内部机制。虽然城市自诞生那天起就打上了人类意志的烙印,这或多或少带有一些他组织的成分,但是任何组织者、城市规划者的作用都不可能是万能的。城市作为一个开放的复杂巨系统,其内部的诸多因素都具有随机性、偶然性,城市生成发展的条件和过程不同,因此没有也不可能有两个完全相同的城市。但城市作为一种社会现象总有其共同的特征和内在的生成、发展规律,存在着某种自相似性和自组织性,对外部环境有自适应能力。城市最终的任务是促进人们自觉地参加宇宙和历史的进程。城市通过它自身复杂和持久的结构,大大地扩大了人们解释这些进程的能力并积极参加来发展这些进程。

　　从以上有关城市理论沿革的梳理,有关典型城市理论的分析,不难看出已有城市理论的提出与演变,与城市作为一个复杂的自然—经济—社会复合系统自身的形成与演变是大体一致的。城市理论从传统走向现代的过程基本对应了城市由早期相对简单的体系向越来越复杂的系统演变的过程。也可以说,城市理论的演变一方面揭示了城市演变的自组织特性,同时也间接揭示了自身也是一个自组织的演变过程。下面我们就几个典型城市理论所揭示出来的城市自组织特性作简要分析。

　　有机城市理论很好地揭示了城市的自组织特性。沙里宁认为城市如同细胞一样是有机的,其肌理如同细胞的肌理一样,如果发展过快或过量都会打乱系统的有机秩序,只有在遵循“有机秩序”这一大原则下的自我表现与互相协调才是实现城市生命力持续发展的途径。而有机更新理论也主张按照城市的内在发展规律，顺应城市机理，在可持续发展的基础上探求城市的更新与发展。有机集中理论则体现了一种大集中小分散的思想，为协调城市发展提供了一个思路，它基于城市集中与分散的空间进化过程是通过城市空间内部组织和自组织机制实现，新的集中朝着更为理性的集中，并朝着有机集中的方向发展。总之，有机城市理论都强调按照城市内在的发展规律，通过其内在的自适应性，使城市协调有序地发展。

生态城市强调人与自然、人与社会的协调，人与自然、社会是一个自组织、自调节的共生系统。城市生态系统是一个自组织系统，在一定的生态阈值范围内，系统具有自我调节和自我维持稳定的机制，其演化的目标在于整体功能的自我完善，而非局部的增长，即随着环境的变化，生产部门能够及时修正产品的数量、品种、质量和成本。城市生态系统是特定地域内的人口、资源、环境通过各种相生相克的关系建立起来的人类聚居地；是社会、经济、自然的复合体，优化的城市生态系统具有较强的协调性和自组织功能。生态城市提供了一种建设可供选择的低熵可持续发展模式。人在改造自然的实践中不能以纯粹自我规定的活动来实现自己的主观愿望，人与自然的和谐共生必然要求可持续发展，这是客观自然界运动的根本要求。城市的可持续发展要求城市在高速运转的同时，能够形成较强的自组织能力维持城市生态系统的动态平衡，可持续发展作为一种全新的发展模式，是城市地域系统演化发展的理想目标。

由于经济全球化发展的需要，各种资源和生产要素在全球范围内自由流动的加剧，打破了国家界线，使城市在全球化中的作用越来越突出，由此产生了全球化城市。全球城市的形成同样不是人为选择的结果，而是在社会的发展过程中自动形成的，全球化是全球城市发展的主要动力。技术革命是全球城市产生的根本动因，科学知识和信息是一种负熵，一种具有巨大潜力的负熵，随着信息技术在全球范围内的广泛使用，现代城市的社会经济活动逐渐成为远程活动，城市与城市之间、城市内部各部分彼此联系增强，建立低熵型的数字化城市是信息社会发展的必然趋势。建立在信息化和网络化基础之上的学习型社会，将城市理论的视角从注重外在的、物化的、形式的范畴转向关注城市的内在、城市的灵魂，它强调人人学习，认为城市发展的基本动力源于城市人自身对学习的需求，这同样可视为城市发展的自主选择，人类在城市发展理念上的转变，体现城市发展的自适应过程，以其自组织能力实现城市的协调发展。

中国传统的堪舆理论，其核心是探求建筑选址、择地、方位、布局与天道的自然、人类的命运相协调，而不违背自然环境以及人类社会演化的内在规律，这表明古代人们崇尚自然的观念，从现代的意义上讲也就是要尊重自然界与人类社会发展的内在自组织特性。源于堪舆理论的现代山水城市理论,将山水作为自然因素上升到与城市人工环境并列的地位,形成自然环境与人工环境共生共荣的协调关系,也体现了尊重城市系统演化的自组织规律。

3.2　自组织理论研究综述

3.2.1　自组织理论及其沿革

1)自组织理论

自组织理论是继系统论、信息论、控制论等之后逐步形成和发展起来的后系统科学理论。自组织理论综合运用熵、涨落等概念进行严密的科学抽象和科学推理,敲开了人类探索宇宙复杂性的大门[①]。作为复杂性理论的一个组成部分,其主要表现为由大量子系统构成的复杂系统在组织、运行和优化的随机过程中,大量微观个体可以依靠自身内部机制来进行自我组织并表现出宏观有序。自组织理论并非一个系统性的理论,而是若干种理论的集合。其中包括:普里戈金等创立的"耗散结构"理论(Dissipative Structure Theory),主要以自组织现象形成与产生条件为研究内容;哈肯等创立的"协同学"理论(Synergetics),主要致力于揭示自组织形成的内在机制和演化动力;托姆(R.Thom)创立的"突变论"数学理论(Morphogenesis);艾根(Manfred Eigen)等创立的探讨系统自组织演化具体形式的"超循环"理论(Hypercycle Theory);以及曼德布罗特(B.B.Mandelbrot)创立的分形理论(Fractal Theory)和以洛伦兹、费根鲍姆(Feigenbaum)为代表的科学家创立、发展的"混沌"理论(Chaotic Theory)等。这一系列理论在对复杂系统自组织演化的研究中都占有一席之地,从而形成一个整体的自组织方法论结构。

自组织理论是一种新的、更为细致的揭示自然界秘密的自然科学理论,更是研究开放复杂系统的一种全新世界观和方法论,它的提出对于认识复杂系统、解决非线性问题具有重要的意义。其意义主要在于:人们可以改变单一、机械的经验主义思维方式,而用一种整合型的自组织思维模式来认识系统,并指导人们的实践。时代驱使人们用复杂系统论的观念去认识世界。耗散结构理论的创始人普里戈金曾指出:"西方的科学家习惯于从分析的角度和个体的关系来研究现实。而当代演化发展的难题,恰恰是如何从整体的角度来理解世界的多样性的发展。中国传统的学术思想是着重于研究整体性和自发性,研究谐调与协同。"[②]中国传统思维的特

---

① 郑锋.自组织理论方法对城市地理学发展的启示[J].经济地理,2002(6):651-654.
② 李小波,文绍琼.四川阆中风水意象解构及其规划意义[J].规划师,2005(8):84-87.

点之一就是整体思维,善于从整体上把握事物的特性和功能,如中医的辩证施治思想、"天人本无二、不必言合"的不二论思维模式以及融通、整合东方式不二论、西方式二元论和禅宗式狭义超元论后形成的整合型思维模式——广义超元论系统观①。

自组织理论从 20 世纪中叶开始出现以来,至今为止还没有形成一个完整的普适性的理论体系,这是因为:一方面是各个学派都提出许多非常深刻且令人激动的概念、原理、方法,使人们强烈意识到自组织理论的辉煌前景;另一方面是不同学派或学者的理论背景都有自己的特殊性,普适性不够,各自只给出了自组织理论的一个片断、方面,许多提法是含混的,有的相互之间还有矛盾。要把它们整合起来形成一个系统的、完整的、普适性的理论体系,还是很困难的。因而对自组织理论这一概念的界定也具有很大的难度,目前主要有以下几种。

①自组织理论是研究客观世界中自组织现象的产生、演化等的理论。自组织理论是解决自然界和社会现象中自组织现象的理论工具。②

②自组织理论是揭示组成系统的大量子系统如何有可能自己组织起来以实现由低序到高序进化的一般条件、机理和规律性。其中重要的在于对系统进化过程中结构的变迁、产物的增长和稳定性变化等关系的规律性认识③。

③自组织理论是关于系统从混沌到有序和从有序到混沌转化机制的理论④。

我们认为,自组织理论是指研究自然系统和人工系统自组织过程及其结果的机制、规律、特性、形式等的科学,是一个开放性的理论群。它包括耗散结构理论、突变论、协同学、混沌理论、超循环理论、分形理论、元胞理论(有的称为细胞理论,它包括狭义的元胞自动机理论和广义的元胞自动机理论)、自组织临界性理论(沙堆理论)等。

2) 自组织理论沿革

人类对自组织现象形成机制和发展规律的探讨、研究,早在 19 世纪 70 年代"麦克斯韦妖"的提出时就开始了,经过近一百年的探索,到 20 世纪 60 年代后期,已经积累了丰硕成果。自组织理论正是在这些成果的基础上,由一些科学家作进一步研究、概括而提出来的。

美国气象学家洛仑兹(Edward Lorenz)在偶然中发现:"气象预测中一个微小的数据误差会带来与原来截然不同的结果。"这促使他进行多方面研究后,于 1963 年

① 何跃. 广义超元论与后现代整体观[J]. 自然辩证法研究, 1997(6): 11-13, 17.
② 许国志. 系统科学[M]. 上海: 上海科技教育出版社, 2000: 189.
③ 蒋世雄. 谈两种自组织理论[J]. 人天科学研究, 1997(4): 2.
④ 埃里克·詹奇. 自组织的宇宙观[M]. 曾国屏, 等, 译. 北京: 中国社会科学出版社, 1990.

率先在《确定的非周期流》一文中提出了混沌的概念。到了 20 世纪 60 年代,混沌理论基本成型。在这一时期,洛仑兹完成了大量的实证工作,美国应用数学家吉姆·约克(Jim Yorke)最终将这一理论定名为混沌理论(Ruelle,1991)。美籍数学家曼德布罗特(B.B.Mandelbort)于 1967 年在美国权威的《科学》杂志上发表的论文《英国的海岸线有多长? ——统计自相似性与分数维数》中首次创造性地阐述了分形的理论,后来逐渐形成了"分形理论"。1967 年,比利时布鲁塞尔学派的科学家普里戈金总结了前人的成果,提出了耗散结构理论。普里戈金认为,只有在远离平衡态的开放系统中,"新的结构和新型的组织才能够自发地形成。"而这种自发形成的有序结构就称作"耗散结构",这就是一切生物和社会系统的共同特点。

20 世纪 70 年代以后,自组织系统理论研究又取得了新的进展。柏林大学生物学家艾根(M.Eigen)提出了超循环理论,认为在生命起源的化学阶段和生物物种的进化阶段之间,有个分子自组织阶段,在这个进化阶段中,形成了今日人们所发现的具有统一的遗传密码的细胞结构。这种统一的遗传密码的形成并不在于它是进化过程中唯一可以进行的选择,而是在这一阶段形成了一种超循环式的组织,这种组织具有"一旦建立就永存下去"的选择机制。因此,进化原理在一定意义上可以理解为分子水平上的自组织原理。1972 年,法国数学家雷内·托姆(Rene Thom)出版了《结构稳定性和形态发生学》一书,系统地阐述了"突变理论",从数学上对系统的自组织过程作了精确描述。1976 年,德国科学家赫尔曼·哈肯(Hermann Haken)又正式提出一种"协同学"理论,认为系统的自组织主要是组成要素之间协同作用的结果。

20 世纪 60 年代末期开始建立并发展起来的自组织理论最初主要是在自然科学领域运用,近年来已经被广泛运用于社会科学领域。自组织理论的研究对象主要是复杂自组织系统,包括生命系统、社会系统、精神系统等,努力探索系统是如何自动地由无序走向有序,由低级走向高级的艰深问题,也就是复杂自组织系统的形成和发展的机制问题。

自组织理论并不是一个单一的理论,而是一个理论群。

3.2.2　典型自组织理论述评

1)耗散结构理论(dissipative theory)[①]

(1)耗散结构理论的提出

比利时布鲁塞尔学派领导人、科学家普里戈金 1969 年在欧洲举行的一次"理

① 普利戈金,斯唐热. 从混沌到有序[M]. 曾庆宏,沈小峰,译. 上海:上海译文出版社,1986.

论物理与生物学"的国际学术会议上提出了耗散结构理论,为此他获得了 1977 年的诺贝尔化学奖。这一理论是在对物理—化学系统的动力学实验基础上提出来的,其典型动力系统模型是著名的布鲁塞尔振子(Brusselator)

$$\begin{cases} x = a - bx + x^2y - x \\ y = bx - x^2y \end{cases} \tag{3.1}$$

它结合"熵"概念、开放系统和非线性系统的分析,提出了能量转换、原理均衡、涨落、自组织等概念,最终给出一套具有普适性的一般系统的能量交换过程描述,揭示出系统演化的本质性特征。

(2)耗散结构理论的主要内容

普里戈金的耗散结构理论是建立在对热力学第二定律的研究基础之上的。他把宏观系统分为三种:一是孤立系统,它跟其周围的环境不产生能量和物质的交换;二是封闭系统,它只与环境交换能量而不交换物质;三是开放系统,它与环境既交换能量又交换物质。耗散结构理论探讨的是:一个系统在何种条件下才能够从无序走向有序,并出现一种新的、稳定的、内部充满活力的结构。耗散结构理论揭示,当一个系统处于开放状态,在该系统从平衡态到近平衡态、再到远离平衡态的演化过程中,达到远离平衡态的非线性区时,一旦系统的某个参量的变化达到一定的阈值,通过涨落,该系统就可能发生突变(即非平衡相变),由原来的无序混乱状态转变为一种时间、空间或功能有序的新状态。这种在远离平衡区形成的新的、稳定的、宏观有序的结构,需要不断与外界交换物质和能量才能维持自身的稳定性,且不因外界微小扰动而消失,此即为耗散结构(dissipative structure)。系统这种能够自行产生的组织性和相干性,被称为自组织现象。因此,耗散结构理论又被称为非平衡系统的自组织理论。

(3)耗散结构理论的主要概念

①远离平衡态

远离平衡态是相对于平衡态和近平衡态而言的。平衡态是指系统各处可测的宏观物理性质均匀(从而系统内部没有宏观不可逆过程)的状态,它遵守热力学第二定律:系统的自发运动总是向着熵增加的方向。

近平衡态是指系统处于离平衡态不远的线性区,它遵守昂萨格(Onsager)倒易关系和最小熵产生原理。前者可表述为:$L_{ij} = L_{ji}$,即只要和不可逆过程 i 相应的流 J_i 受到不可逆过程 j 的力 X_j 的影响,那么,流 J_i 也会通过相等的系数 L_{ij} 受到力 X_i 的影响。后者意味着,当给定的边界条件阻止系统达到热力学平衡态(即零熵产生)时,系统就落入最小耗散(即最小熵产生)的态。

远离平衡态是指系统内可测的物理性质极不均匀的状态,这时其热力学行为与用最小熵产生原理所预言的行为相比,可能颇为不同,甚至实际上完全相反,正如耗散结构理论所指出的,系统走向一个负熵产生的、宏观上有序的状态。

②非线性

系统产生耗散结构的内部动力学机制,正是子系统间的非线性相互作用,在临界点处,非线性机制放大微涨落为巨涨落,使热力学分支失稳,在控制参数越过临界点时,非线性机制对涨落产生抑制作用,使系统稳定到新的耗散结构分支上。

③开放系统

热力学第二定律告诉我们,一个孤立系统的熵一定会随时间增大,熵达到极大值,系统达到最无序的平衡态,所以孤立系统绝不会出现耗散结构。那么开放系统为什么会出现本质上不同于孤立系统的行为呢? 这是因为在开放的条件下,系统的熵增量 dS 是由系统与外界的熵交换 d_eS 和系统内的熵产生 d_iS 两部分组成的,即:

$$dS = d_eS + d_iS \tag{3.2}$$

热力学第二定律只要求系统内的熵产生非负,即 $d_iS \geqslant 0$,然而外界给系统注入的熵 d_eS 可为正、零或负,这要根据系统与其外界的相互作用而定,在 $d_eS < 0$ 的情况下,只要这个负熵流足够强,它就除了抵消系统内部的熵产生 d_iS 外,还能使系统的总熵增量 dS 为负,总熵 S 减小,从而使系统进入相对有序的状态。所以对于开放系统来说,系统可以通过自发的对称破缺从无序进入有序的耗散结构状态。

④涨落

一个由大量子系统组成的系统,其可测的宏观量是众多子系统的统计平均效应的反映。但系统在每一时刻的实际测度并不都精确地处于这些平均值上,而是或多或少有些偏差,这些偏差就叫涨落,涨落是偶然的、杂乱无章的、随机的。

在正常情况下,由于热力学系统相对于其子系统来说非常大,这时涨落相对于平均值是很小的,即使偶尔有大的涨落也会立即耗散掉,系统总要回到平均值附近,这些涨落不会对宏观的实际测量产生影响,因而可以被忽略掉。然而,在临界点(即所谓阈值)附近,情况就大不相同了,这时涨落可能不自生自灭,而是被不稳定的系统放大,最后促使系统达到新的宏观态。

当在临界点处系统内部的长程关联作用产生相干运动时,反映系统动力学机制的非线性方程具有多重解的可能性,自然地提出了在不同结果之间进行选择的问题,在这里瞬间的涨落和扰动造成的偶然性将支配这种选择方式,所以普里戈金提出"涨落导致有序"的论断,它明确地说明了在非平衡系统具有了形成有序结构的宏观条件后,涨落对实现某种序所起的决定作用。

⑤突变

阈值即临界值对系统性质的变化有着根本的意义。在控制参数越过临界值时,原来的热力学分支失去了稳定性,同时产生了新的稳定的耗散结构分支,在这一过程中系统从热力学混沌状态转变为有序的耗散结构状态,其间微小的涨落起到了关键的作用。这种在临界点附近控制参数的微小改变导致系统状态明显的大幅度变化的现象,叫做突变。耗散结构的出现都是以这种临界点附近的突变方式实现的。

（4）耗散结构理论的应用

耗散结构理论的应用范围十分广泛。在自然科学和社会科学领域,特别是生物学、生态学、医学、地学、农业、气象乃至社会、经济、文化等领域中的应用都已获得明显的成果。

普里戈金的学生艾伦等人运用耗散结构论研究城市的演变,认为主要有六个要素决定城市系统发展:工业企业、财政金融业、商业、服务行业、工人、管理人员。将这六个变量的关系列出方程进行计算,所得出的城市演化有两种可能:一种是中心地区不断扩大;一种是工业中心不断发生转移,形成许多卫星城市。至于会出现哪种可能,要由所选择的参量大小来决定。我国的学者还用耗散结构理论来分析我国的改革开放问题,认为我国推行"对外开放,对内搞活"的政策,就是为了打破旧的经济平衡态,在开放改革中,改变吃大锅饭,把企业与个人推向非平衡态,激发前所未有的社会活力,从而推动社会不断地发展进化。

此外,耗散结构理论在民族与国家兴亡、人口迁移、文化的演进、城市与工厂的管理等方面的运用也取得了一些有价值的成果。

2）协同学（Synergetics）①②③

（1）协同学的提出

协同学亦称协同论或协和学,是研究不同事物共同特征及其协同机理的新兴学科,是近几十年来获得发展并被广泛应用的综合性学科。它着重探讨各种系统从无序变为有序时的相似性。

协同学是德国著名物理学家哈肯在1969年通过激光系统的实验考察独立于耗散结构理论而提出的一套系统学基础理论。1971年他在和他的学生格若汉姆

① 哈肯. 协同学引论[M]. 徐锡申, 陈式刚, 等, 译. 北京: 原子能出版社, 1984.
② 哈肯. 高等协同学[M]. 郭治安, 译. 北京: 科学出版社, 1989.
③ 哈肯. 协同学——自然成功的奥秘[M]. 戴鸣钟, 译. 上海: 上海科学普及出版社, 1988.

(R.Graham)合作发表的《协同学：一门协作的科学》一文中提出了协同的概念。1976 年他系统地论述了协同理论，发表了《协同学导论》，后来还著有《高等协同学》等。1977 年以来，协同学进一步研究从有序到混沌的演化规律。1979 年前后德国生物物理学家艾根将协同学的研究对象扩大到生物分子方面。

（2）协同学的主要内容

协同学的基本模型为：

$$g = N(g,a) + F(t) \tag{3.3}$$

式中，N 为非线性函数，g 为广义坐标下的状态矢量，a 为序参量（适量），$F(t)$ 为涨落函数。

协同学的主要内容就是用演化方程来研究协同系统的各种非平衡定态和不稳定性（又称非平衡相变），研究协同系统在外参量的驱动下和在子系统之间的相互作用下，以自组织的方式在宏观尺度上形成空间、时间或功能有序结构的条件、特点及其演化规律。

①协同学认为：千差万别的系统，尽管其属性不同，但在整个环境中，各个系统间存在着相互影响而又相互合作的关系。

②协同学认为：事物的演化受序参量的控制，演化的最终结构和有序程度决定于序参量。不同的系统序参量的物理意义也不同。比如，在激光系统中，光场强度就是序参量。在化学反应中，取浓度或粒子数为序参量。在社会学和管理学中，为了描述宏观量，采用"测验"、调研或投票表决等方式来反映对某项"意见"的反对或赞同。此时，反对或赞成的人数就可作为序参量。序参量的大小可以用来标志宏观有序的程度，当系统是无序时，序参量为零。当外界条件变化时，序参量也变化，当到达临界点时，序参量增长到最大，此时出现了一种宏观有序的有组织的结构。

③协同学考察了序参量中缓变参量与速变参量的竞争关系，提出了使系统由无序变为有序的所谓"支配原理"或"役使原理"。

④协同学指出，一方面，对于一种模型，随着参数、边界条件的不同以及涨落的作用，所得到的图样可能很不相同；另一方面，对于一些很不相同的系统，却可以产生相同的图样。由此可以得出一个结论：形态发生过程的不同模型可以导致相同的图样。在每一种情况下，都可能存在生成同样图样的一大类模型。

⑤协同学揭示了物态变化的普遍程式："旧结构—不稳定性—新结构"，即随机"力"和决定论性"力"之间的相互作用把系统从它们的旧状态驱动到新组态，并且确定应实现的那个新组态。

总之，协同学主要研究系统内部各要素之间的协同机制，认为系统各要素之间的协同是自组织过程的基础,系统内各序参量之间的竞争和协同作用是系统产生新结构的直接根源。涨落,是由于系统要素的独立运动或在局部产生的各种协同运动以及环境因素的随机干扰,系统的实际状态值总会偏离平均值,这种偏离波动大小的幅度就叫涨落。当系统处在由一种稳态向另一种稳态跃迁时,系统要素间的独立运动和协同运动进入均势阶段时,任一微小的涨落都会迅速被放大为波及整个系统的巨涨落,推动系统进入有序状态。

(3)协同学的应用

协同学具有广泛的应用。在自然科学方面主要用于物理学、化学、生物学和生态学等方面。例如,在生态学方面求出了捕食者与被捕食者群体消长关系等。在社会科学方面主要用于社会学、经济学、心理学和行为科学等方面。例如,在社会学中得到社会舆论形成的随机模型。在工程技术方面主要用于电气工程、机械工程和土木工程等方面。

3)超循环理论(hypercycle theory)[1][2]

(1)超循环理论的提出

超循环理论是关于非平衡态系统的自组织现象的理论。由德国科学家艾根在20世纪70年代直接从生物学领域的研究中提出。这个理论在科学界仍有争议,但无疑它把系统科学的研究推进了一步。

《中国大百科全书》指出:超循环理论是研究分子自组织的一种理论。大分子集团借助于超循环的组织形成稳定的结构,并能进化变异。这种组织也是耗散结构的一种形式。超循环是较高等级的循环,指的是由循环组成的循环。在大分子中具体指催化功能的超循环,即经过循环联系把自催化或自复制单元等循环连接起来的系统。从动力学性质看,催化功能的超循环是二次或更高次的超循环。超循环理论可用以研究生物分子信息的起源和进化,并可用唯象的数学模型来描述。

曾有不少学者提出各种理论来研究生物信息的起源和进化。德国生物化学家艾根总结了大量的生物学实验事实,于1971年在《自然》杂志上发表了《物质的自组织和生物大分子的进化》一文,正式建立超循环理论。1979年他和舒斯特尔(Peter Schuster)合写的《超循环论》(《超循环:一个自然界的自组织原理》)一书认为:在生物大分子大量的随机事件中,通过自组织和超循环可以从巨大的潜在可能性中做出特殊的选择,从而导致生命的产生和进化,从而从生物信息起源的角度开

① 艾根, 舒斯特尔. 超循环论[M]. 曾国屏, 沈小峰, 译. 上海: 上海译文出版社, 1990.
② Eigen, P Schuster. The Hypercycle[M]. Berlin: Springer-Verlag, 1979.

创了探索生命起源的一个新方向。

(2)超循环理论的主要内容

①艾根认为,生命信息的起源是一个采取超循环形式的分子自组织过程。他把生物化学中的循环现象分为不同的层次:第一个层次是转化反应循环,在整体上它是个自我再生过程;第二个层次称为催化反应循环,在整体上它是个自我复制过程;第三个层次就是所谓的超循环(hypercycle),超循环是指催化循环在功能上循环耦合联系起来的循环,即催化超循环。实际上在超循环组织中,并不要求所有组元都起着自催化剂的作用,一般地说,只要此循环中有一个环节是自复制单元,此循环就能表现出超循环的特征。超循环的特征就是:不仅能自我再生、自我复制,而且还能自我选择、自我优化,从而向更高的有序状态进化。

②超循环结构演化的内部因素主要来自两个方面:一是自复制单元在复制过程中出现的差错,类似于基因突变;二是超循环结构是由多组元耦合成的多层次系统,内部存在复杂的非线性相互作用,在这种情况下,如混沌理论所指出的,内在随机性就会在很大程度上起作用,它给超循环结构施加了另一个内扰动。由此可见,超循环结构的演化,大体上与三个因素有关:复制误差、内在随机性和环境扰动。

③超循环结构只能在演化中存在。超循环结构存在、发展进化必需满足三个前提条件:以足够大的负熵流推动结构的新陈代谢;以足够强的复制能力使系统信息得以积累、遗传;以组元间足够强的功能耦合保证结构的存在和发展。必须同时具备这三个条件,超循环结构才能稳定存在、发展进化,否则,退化是不可避免的。

④超循环是催化的超循环,其作用不仅是选择,而且更重要的是具有整合的功能,能把那些长度有限的自复制体整合到某种新的稳定序中,使它们组织成一个整体协同相干的进化,它同时满足三个条件:为保存信息而竞争;允许实体及其突变体存在;把这些实体统一成若干个相干的进化单元,其中每一个体的优势都能够被所有成员加以利用,而且这个单元作为一个整体,在与任何可选择的组分单元的竞争中都得以继续存在。

超循环允许与其他竞争单元竞争协同,自己组织起来,建立某种稳定的共存。正是在超循环这个整体中,导致参选的竞争通过相互依赖的简单形式被连接在一起,共同进化。

(3)超循环理论的意义及其应用

超循环理论对于生物大分子的形成和进化提供了一种模型。对于具有大量信息并能遗传复制和变异进化的生物分子,其结构必然是十分复杂的。超循环结构便是携带信息并进行处理的一种基本形式。这种从生物分子中概括出来的超循环模型对于一般复杂系统的分析具有重要的启示。如在复杂系统中信息量的积累和提取不可能在一个单一的不可逆过程中完成,多个不可逆过程或循环过程将是高度自组织系统的结构方式之一。超循环理论已成为系统学的一个组成部分,对研究系统演化规律、系统自组织方式以及对复杂系统的处理都有深刻的影响。

艾根曾把超循环的概念推广来研究整个自然界的演化,认为整个自然界也是通过超循环的形式向前发展的。还有学者认为,在社会现象、企业管理、区域经济之中,有很多复杂系统也具有超循环结构。

4)分形理论(fractal theory)①②③

(1)分形理论的提出

分形理论也称分形论,又叫分维几何学,它既是非线性科学的前沿和重要分支,又是一门新兴的横断学科,是研究复杂系统中分形的性质、机制、形式、规律及其应用的科学理论。美籍数学家曼德布罗特于1967年在美国权威的《科学》杂志上发表的论文《英国的海岸线有多长?——统计自相似性与分数维数》中首次创造性地阐述了分形的理论。1975年,他创立了分形几何学。在此基础上,形成了研究分形性质及其应用的科学,称为分形理论。1982年,曼德布罗特利用拉丁文fractus创造了fractal这个英文、法文、德文共用的词,中文一般将其译为"分形"。曼德布罗特成功地发展了分形几何学的理论,并指出作为分形应具有3个要素:形状、机遇与维数。鉴于曼德布罗特对分形所作出的重要贡献,他被学界同行尊为"分形之父"。

(2)分形理论的主要内容

曼德布罗特在《英国的海岸线有多长?》的著名论文指出:海岸线作为曲线,其特征是极不规则、极不光滑的,呈现极其蜿蜒复杂的变化。我们不能从形状和结构上区分这部分海岸与那部分海岸有什么本质的不同,这种几乎同样程度的不规则性和复杂性,说明海岸线在形貌上是自相似的,也就是局部形态和整体形态的相似。在没有建筑物或其他东西作为参照物时,在空中拍摄的100公里长的海岸线与放大了的10公里长海岸线的两张照片,看上去会十分相似。事实上,具有自相似性的形态广泛存在于自然界中,如连绵的山川、飘浮的云朵、岩石的断裂口、布朗粒子运动的轨迹、树冠、花菜、大脑皮层等,曼德布罗特把这些部分与整体以某种方式相似的形体称为分形(fractal)。

---

① 李后强,等.分形与分维[M].成都:四川教育出版社,1990.
② 李后强,张国棋,等.分形理论的哲学发轫[M].成都:四川大学出版社,1993.
③ 张志三.漫谈分形[M].长沙:湖南教育出版社,1996.

分形理论包含以下重要原则：

①自相似原则和迭代生成原则。这两个原则主要表征分形在通常的几何变换下具有不变性，即标度无关性。所谓自相似性是针对不同尺度的对称而言的，形象的说法是在一个模式内部还有一个模式。分形体（与整体相似的部分）中的自相似性可以是完全相同，也可以是统计意义上的相似，后者是普遍现象。标准的自相似分形是数学上的抽象，是迭代生成无限精细的结构，如谢尔宾斯基（Sierpinski）地毯曲线、科契（Koch）雪花曲线等。这种有规分形只是少数，绝大部分分形是统计意义上的无规分形。

②分维原则。分维作为分形的定量表征和基本参数，是分形理论的又一重要原则。分维，又称分形维或分数维，通常用分数或带小数点的数表示。在分维概念提出之前，学者们习惯于将点定义为零维，直线为一维，平面为二维，空间分为三维，还有就是爱因斯坦定义的四维时空。对某一问题给予多方面的考虑，可建立高维空间，但都是整数维。在数学上，把欧氏空间的几何对象连续地拉伸、压缩、扭曲，维数也不变，这就是拓扑维数。然而，这种传统的维数观在解释一些复杂现象时遇到了难以克服的挑战。曼德布罗特曾描述过一个绳球的维数：从很远的距离观察这个绳球，可看作一点（零维）；从较近的距离观察，它充满了一个球形空间（三维）；再近一些，就看到了绳子（一维）；再向微观深入，绳子又变成了三维的柱，三维的柱又可分解成一维的纤维。那么，介于这些观察点之间的中间状态又如何呢？曼德布罗特认为，并没有绳球从三维对象变成一维对象的确切界限。于是曼德布罗特展开了相关问题的研究，建立了相应的计算公式。通过计算，他得出英国海岸线的维数为 1.26 的结论。有了分维，海岸线的长度就确定了。

一般地认为，分形应具有"自相似""精细的结构""无限不规则""可迭代产生""分形维数大于拓扑维数"等性质。

（3）分形理论的应用

①分形理论涉及物理学、化学、地质学、生物学、经济学、地理学、天文学等多门学科，在许多实际工作中，如地质分析、探矿、河流湖泊特征分析、城市规划、心率变异、湍流、期货、股票等方面都有着广泛地应用。利用分形科学已有的成果对我们的实际工作有很大的指导作用，会帮助我们对复杂性事物有新的认识。

②应用分形理论可以加深对混沌吸引子的认识。分形科学不仅广泛地应用在自然科学领域，其在社会科学中也有广泛的应用。

总之，分形几何学自从诞生到现在，无论是在理论方面还是在应用方面都取得了巨大进步。分形几何学建立以后，很快就引起了许多学科的关注，这是因为它不仅在理论上，而且在实用上都具有重要价值。目前已经达成共识的是，在物理学、化学、地质学、生物学等领域内,分形理论具有重要的应用价值和广阔的发展前景。

5)混沌理论(Chaos theory)①②③

(1)混沌理论的提出

混沌理论是指研究系统从有序突然变为无序状态的一种演化理论,是对确定性系统中出现的内在"随机过程"形成的途径、机制、规律及其应用进行研讨的科学。也可以说,混沌理论是一项通过研究复杂的动力系统,揭示表面无序行为所蕴藏的有序性(非混沌状态)的技术性科学。混沌理论是对确定性非线性动力系统中的不稳定非周期性行为的定性研究。

一般认为,真正的混沌理论之父是彭加勒(Henri Poincaré)。海王星于1846年被发现,在这之前它的存在已经通过天王星运行轨道的偏离被预测出来。挪威国王奥斯卡二世就此悬赏论证"太阳系到底是不是静止的"。彭加勒提供了他的方法,赢得了该奖金。不幸的是,他的好友在他的计算里发现了一个错误,奖金又一度被取回,直到他又拿出了新结论。他的新结论就是,在这一问题上根本没有结论,甚至连牛顿定律也不能解决这一难题。彭加勒打算从这个系统中找出一定的秩序来,但是无功而返。到了20世纪60年代,混沌理论基本成形。在这一时期,洛仑兹完成了大量的实证工作,美国应用数学家吉姆·约克(Jim Yorke)最终将这一理论定名为混沌理论(Ruelle,1991)。

(2)混沌理论的主要观点

①相当简单的数学方程式可以形容像天气或瀑布一样粗暴难料的系统,只要在开头输入小差异,很快就会造成南辕北辙的结果,这个现象被称为"对初始条件的敏感依赖"。

②要预料所有那些与计划安排有所偏离的无数小事件是不可能的。在一个偶然的时间点上,这些小事件积聚起来可能造成灾难性的后果。

③未来无法确定。

④事物的发展是通过自我相似的秩序来实现的。事物的发展总是向它阻力最小的方向运动。

⑤混沌现象起源于物体不断以某种规则复制前一阶段的运动状态,而产生无法预测的随机效果。所谓"差之毫厘,失之千里"正是此一现象的最佳批注。

---

① 郝柏林. 自然界中的有序和混沌[J]. 百科知识, 1984(1).

② 格莱克. 混沌:开创新学科[M]. 上海:译文出版社, 1990.

③ 苗东升, 刘华杰. 混沌学纵横论[M]. 北京:中国人民大学出版社, 1993.

（3）混沌理论的三个核心概念

①对初始条件的敏感性。这就是著名的"蝴蝶效应"，理解它的一个很好的比喻就是：一只蝴蝶在中国重庆某地振翅时搅动了空气，也许数月以后能使澳大利亚悉尼产生一场暴风雨。混沌系统对初始条件是非常敏感的，初始条件的轻微变化都可能导致不成比例的巨大后果。

②分形（fractals）。分形是分形几何理论中的重要概念，意为系统在不同标度下具有自相似性质。曼德布罗特认为分形具有两个普通特征：第一，在不同的尺度上，不规则程度却是一个常量；第二，它们自始至终都是不规则的。

③奇异吸引子。所谓吸引子，是指系统被吸引并最终固定于某一状态的性态。混沌理论认为，有三种不同的吸引子控制和限制物体的运动程度，它们分别是点吸引子、极限环吸引子和奇异吸引子（即混沌吸引子或洛仑兹吸引子）。前两个吸引子都起着限制的作用，以便系统的性态呈现出静态的、平衡的特征，故它们也叫作收敛性吸引子。而奇异吸引子则与之不同，它使系统偏离收敛性吸引子的区域而导向不同的性态。奇异吸引子诱发系统内部的活力，使其变成非预设模式，从而创造了不可预测性。

（4）混沌理论的应用

混沌理论是当今世界最伟大的理论之一。它是社会科学与自然科学近乎完美结合的理论。它研究如何把复杂的非稳定事件控制到稳定状态的方法，它研究世界如何在不稳定的环境中稳定发展的问题。混沌方法对于处理复杂多变、动荡不定的重大事件有特殊功效。混沌世界是纷繁复杂多变的世界。

①混沌理论已经成功解释了各种各样的自然现象和人类行为。例如，癫痫发作预测、金融市场预测、生产系统建模、天气预报、碎片几何图形构造等。

②尤其是在混乱的、复杂的、不可预测的商业环境里，混沌理论非常有效。其应用领域包括商业战略（企业战略）、社会科学、复杂决策、组织行为和组织变革、股市行为和证券投资。

③在物理学、经济学、社会学、管理学、地理学等很多领域中都已大量地应用。

3.2.3 自组织理论批判

1）自组织理论运用于解释人工系统（人在系统）的合理性、可行性

由于自组织理论是在探讨、研究自然系统的自组织现象及其规律的基础上建立起来的理论体系，因而运用自组织理论来解释说明非自然系统即人工系统的某些规律和现象，还存在一个需要探讨的合理性和可行性问题。

合理性一般是指某一事物合乎科学原理的属性；可行性一般是指某一方案、措施、规章制度、理论应用等在某时间、某地域、某条件下是可以实行的属性。自组织理论用于解释非自然系统的合理性就是指运用自组织理论的有关观点来解释说明非自然系统即人工系统是合乎自组织原理以及人工系统的本质特性的；自组织理论运用于解释人工系统的可行性是指自组织理论用来解释说明人工系统是可以实行的。在客观世界，由简单到复杂、从无序到有序或从较低级的有序到较高级的有序，是事物发展的一种普遍现象。近年来，耗散结构理论、协同学、超循环理论、分形理论和混沌理论等自组织理论的相继建立和发展，尽管都是从探索自然系统的复杂性演化规律发展而来的自然科学领域的科学理论，但是，这些也为人们研究自然系统和社会系统中的所有类似的复杂性演化现象提供了崭新的思维和科学方法。事实上，自组织理论运用于解释人工系统是有其合理性和可行性的。

首先，近年来人们的认识和实践都证明，自组织理论和方法论既可以用来解释各种自然现象，也可以用来解释各种社会现象。

自组织理论认为，"物质世界是由于自己内在的能动性而运动和发展的，它既不依赖人的主观意识，更非来自神的推力。"系统内存在着自选择、自构建、自复制、自排列、自组合等自组织机能[①]。作为自然系统的人体生命系统的自反应、自适应、自修复等功能，也是人体生命系统自组织的结果。人体生命系统是一个处于远离平衡态的开放的复杂巨系统，这个系统与其他生物系统有着相同之处，即系统是不断进化的、发展的，其演化的过程是不可逆的。同时，人体生命系统作为自然界进化水平最高的物质体系又有别于其他生物系统，具体体现在：人体生命系统在亚细胞水平上进行的生物化学自催化合成和生物超循环，在细胞、个体、群体三个层面上的自组织过程，同化与异化的效率和精细复杂程度，以及长期历史演进在人体内形成的极其复杂的内分泌系统与神经系统对自组织的调控作用，都是其他任何生命系统不可比拟的，人体生命系统具有比其他生命系统更自主、更精确、更高效的自组织能力。20世纪90年代中期，我国青岛医学院教授陈在春、刘祥荣等人就明确指出，人体生命系统是自组织的。他们从"人体生命系统是在相对开放的环境中自组织的""人体生命系统自组织形成于特殊的远离平衡态—自稳态""人体生命系统自组织中细胞信号系统的非线性作用"三个方面论述了人体生命系统自组织形成的必要条件。他们认为：细胞质膜的边界作用和自选择性使细胞处于相对开放状态，调控着细胞与外界环境物质、能量与信息的交换；机体的自稳态是一种特殊的远离平衡态，这种处于细胞生理状态下的动态平衡维持着人体的正常代谢；

细胞信号系统网络式结构和辐合反馈式的信息传递形式,发挥出细胞间的复杂的非线性作用,使细胞功能协调合作,保证了整体的生命功能①。

同样,社会群体的形成和发展过程,也是自组织作用的结果,如活跃在汶川地震救灾现场的类似于"莒县农民志愿救援队"的众多志愿团体,以及在因新冠病毒肆虐武汉封城期间积极为医护人员提供接送服务的各类志愿团体都是典型的自组织;还有绝大多数的非政府组织的形成和发展也是自组织作用的结果。

再有,市场经济条件下发生的各种现象,也可以用自组织理论及其方法给予一定程度的科学解释。事实上,从 20 世纪 80 年代开始,部分经济学家就尝试引入简单的混沌模型来讨论经济学的理论问题,作为替代随机线性方程的一种数学方法。他们研究发现,由于非线性机制的作用,宏观经济增长易产生混乱和非光滑的轨道,微观的理性选择会导致不稳定的市场行为。也就是说,由于非线性机制的存在,结果不在预期之中。作为应用,非线性动力学在阐释股票市场的巨大波动上取得了较大的成功,比较典型的例子是,学者有关以美国为震源的 1987 年月 10 月 19 日西方股市暴跌即所谓"黑色星期一"的非线性动力学分析,与实际的情况非常吻合。这一成功解释使一些经济学家对非线性动力学研究刮目相看。

其实,我国改革开放以来陆续出台的一些政策措施之所以取得了比较好的效果,源于无形中遵守了自组织规律,如政企职责分开、村民自治、农村联产承包责任制、管理中的权利下放和员工的自我激励等。

总之,自组织特性是所有系统演化发展的共同固有的客观特性,不仅自然系统具有,非自然系统同样具有。因此,我们有理由将自组织理论与方法运用于包括城市系统在内的人在系统的研究与探索。

其次,迄今为止,已有许多科学家和学者成功地运用自组织理论来解释医学问题、经济问题、社会问题等非自然现象。在自组织理论创立初期,普里戈金和哈肯等人在研究自然系统的自组织现象时,就已经将他们的研究对象扩展到社会系统,并且已对社会系统进行了许多成功的理论分析工作。前文在典型的自组织理论一节中各理论的"应用部分"已有说明,在此再举几个例子说明之。

江南大学化学与材料工程学院的倪静安在《分形理论及其在食品科学领域中的应用》一文中指出:"将研究非线性系统中产生的不规则、不光滑几何形体的分形理论应用于食品科学领域已经取得了很大成功。分形理论很好地解释了 DNA、蛋白质和酶等生物大分子、食品质量控制、食品加工过程、酶催化动力学等方面的许多非线性问题。分形理论为人们研究食品科学领域中的非线性问题提供了全新

---

① 陈在春,刘祥荣,王大文. 人体生命系统自组织机制研究初探[J]. 系统辩证学学报,1996:65-67.

的思路和有效的方法。[①]"这里,倪静安就对自组织理论中的分形理论在人工系统的食品科学领域中的应用进行了具体分析。

以色列著名学者波图戈里(Portugali)在其《自组织与城市》一书中系统地阐述了城市系统的自组织特性,认为城市系统的自组织主要体现在四个方面:城市系统具有开放性、城市系统具有非平衡性、城市系统内部具有非线性作用和城市系统具有涨落性,他认为这四个特性也就是自组织的判据特征[②]。波图戈里在书中系统地阐述了自组织理论的主要内容,具体分析了城市的自组织特征,从而成功地把自组织理论运用于解释人工系统中的城市学研究之中。

清华大学吴彤在《市场与计划:自组织和他组织》一文中就以自组织科学理论的观点对市场体制和计划体制及其改革的若干问题进行了分析,揭示了市场体制和计划体制的哲学与科学理论基础;提出市场经济与自组织系统基本对应,计划经济与他组织系统基本对应的观点;从自组织理论观点分析了两种体制的优劣,指出自组织系统优于他组织系统的原理同样适用于经济过程,他认为当前改革过程中当务之急是建立自组织系统健康演化所需的开放、公平的非特定输入环境和改变政府直接干预经济的职能为经济政策的制定人、经济环境的仲裁人的职能[③]。吴彤教授在此就把自组织理论运用于分析我国改革开放这一人工社会系统演化过程中的国家政治与经济的关系问题的探讨,他从怎样充分理解自组织与他组织的关系、遵循自组织规律的角度,论述了政府经济职能的转变。

还有同济大学建筑与城市规划学院城市规划博士生万勇、王玲慧在《自组织理论与现代城市发展》中指出:总的来说,城市的形成与发展主要受到来自内部的自组织力和来自外部的他组织力的作用,是二者的相互交替才使城市逐步朝着有序的方向发展。来自外部的力量是他组织力。城市发展中一直存在着有意识的人为干预,如规划调控和政策引导等,通过法律、经济、技术规划决策及实施等方面的作用,使城市空间结构演化尽可能符合人类发展的愿望和要求。来自内部的力量是自组织力。城市在内在机制的作用下,不断地自我优化组织结构,不断地自我完善运行模式,并不断地经历"集聚——拥挤——分散——新的集聚"的空间运动过程。他们分析指出,无论是东方城市,还是西方城市,它们的产生、发展更多地呈现出自组织的特征。翻开许多城市的地图,随处可见弯弯曲曲的道路,不拘一格的公共空间,枝枝丫丫、盘根错节的路网结构,以及依山而建、傍水而筑的空间格局。他们因地制宜、自发自为而建,体现了朴素的顺应自然、相土形胜和天人感应的哲学

① 倪静安.分形理论及其在食品科学领域中的应用[J].无锡轻工大学学报,2004,23(2):104.

② Portugali J. Self-Organization and the City[M]. Berlin: Springer-Verlag, 2000:49-70.

③ 吴彤.市场与计划:自组织和他组织[J].内蒙古大学学报(哲学社会科学版),1995(3):17-21.

思想,展示了历史城市形成的内在动因、机理和逻辑。从中我们还可依稀发现城市发展的"年轮"。以浙江龙港农民城为代表的部分现代城市,自组织在城市形成和发展中发挥了主导作用。他们以自组织理论来解释城市的发展规律①。

再次,把自组织理论运用于解释非自然系统的组织现象的可行性、合理性,还来源于非自然系统同样具有自组织系统的基本特性——开放性、非线性、非平衡性、自主性、不可逆性等。已经有学者尝试把自组织理论同时运用于解释自然系统和人工系统,并建立了统一的理论——自组织进化(或演化)理论。如美国学者埃里克·詹奇在其《自组织的宇宙观》一书中,就系统详细地论述了物理、化学、生物学等自然科学领域的自组织特性,还论述了社会历史、文化、经济等社会科学领域的自组织特性,从而称我们的宇宙为"自组织的宇宙"。他在此书中考察了耗散结构理论、协同学、超循环理论和混沌理论等自组织理论的成果,结合过程哲学、系统哲学、东方传统哲学以至佛教的宗教哲学思想,其范围涉及从宇宙之初到精神现象,从自然演化到文化进步,从量子跃迁到社会动荡,从物理节律到全息学说乃至天人感应,从技术应用到发展战略以至伦理、道德、艺术、管理和创造性学说等领域,从而首次系统地阐述了一种大统一的、要消除一切二元论的进化论——自组织进化论②。作者在文中揭示出了东西方哲学、自然科学和社会科学、科学文化和人文文化之间所具有的共性——开放性、非线性、对称破缺(非平衡性)以及随机性、不可逆性等自组织特性,从而实现它们之间的一种大统一。

2) 自组织理论运用于解释人工系统所存在的问题

当前许多从事自然科学和社会科学研究的学者热心于运用自组织理论来分析研究社会现象和社会系统的演变进化,这是应该予以肯定的现象。但是,必须指出的是,耗散结构理论、协同理论、分形理论、超循环理论、混沌理论等自组织理论概无例外都是建立在研究物理、化学、生物等自然现象的基础上的,而社会现象具有自然现象无法比拟的复杂性,具有一些与一般物理、化学、生物系统不同的自组织特征,其中最大的不同是:人在系统中的"人"是具有"创造性"的系统要素。所以,把上述自组织理论直接运用于社会系统或人在系统是有其局限性的,要使得这种应用研究更有效、更富有成果,必须对人在系统的自组织现象及其特征与规律性作一些深入的分析和探讨。同时,这种分析和探讨对于深化现代自组织理论研究,对于现代自组织理论的丰富和发展也是有益的。

把原本考察自然系统的自组织理论合理地运用于解释人工系统,需要弄清楚

① 万勇,王玲慧. 自组织理论与现代城市发展[J]. 现代城市研究,2006(1):7.
② 詹奇. 自组织的宇宙观[M]. 曾国屏,等,译. 北京:中国社会科学出版社,1990.

自然系统与人工系统的相似点和不同点。自然系统与人工系统的相似点主要是前文已经论述过的开放性、非线性、非平衡性以及涨落性等,这些相似点也就决定了不但可以用自组织理论来解释人工系统,而且还可以用自组织理论作指导使人工系统中的自组织因素与他组织因素有机结合,建造或创造最佳状态的人工组织系统。

自然系统与人工系统的主要区别在于人工系统中存在着他组织。也就是说,人工系统尤其是其中的人在系统(前文已有界定)中既存在自组织现象,又有明确的他组织特性。事实上,这也是单纯用自组织理论解释、分析人工系统的局限性所在。

从有意识自组织与无意识自组织方面来看,客观世界的自组织系统可以划分为两类:受人的有意识活动影响的自组织为有意识自组织,而不受人的有意识活动控制的自组织为无意识自组织①。自然系统的自组织无疑都是无意识自组织,社会系统或人在系统的自组织则基本上属于有意识自组织。例如学校、企业、政府机关等社会系统,作为一种"社会物",其形成、发展和演变都是在人的有意识、有目的的活动支配之下实现的,当然是有意识自组织。不过,有些社会系统或人在系统,例如某些社区、城镇或村落,其形成、发展和演变是在人们的生产实践等社会活动中自然完成的,预先并没有受到人的某种明确的意识或目的的支配,这类人在系统有其特殊性。有意识自组织与无意识自组织的不同,突出表现在,在有意识自组织中存在着人的"组织"作用。有意识自组织有两层含义:一是在自组织中存在着他组织,比如大尺度的城市演化是一个典型的自组织过程,但在其中存在着无数的他组织活动。二是在他组织中存在自组织,比如前文所分析的唐山重建这一他组织系统。我们称其为他组织,是指从宏观层面来看的,但是,从微观层面来看,其中又存在自组织。

从上层组织与下层组织方面来看,观察社会系统的自组织,我们会发现,构成其自组织结构的子系统本身往往也是自组织。例如,构成集团公司的各个子公司或分厂,本身也是自组织。自组织显示了一种层次性。由具有自组织特性的子系统所构成的自组织称为上层组织,而其子系统称为下层组织②。这种上层组织中有下层组织的层次性自组织情况主要存在于人工系统尤其是人在系统中,因而在此也把它归于人工系统的组织层次性表现形式。

人工系统的自组织是与他组织彼此纠缠的自组织,它与自然系统的自组织有一个根本的区别,就是人工系统的自组织中有了人这一要素。而人相对于客观世界万事万物的一个根本特点,是人的"创造性"。人具有创造性的思维,进行着创

① 杜云波. 从社会系统看自组织[J]. 江汉论坛, 1988(8): 13.
② 杜云波. 从社会系统看自组织[J]. 江汉论坛, 1988(8): 16.

造性的活动。人在接受外部世界的信息时,并不像无生命的自然物或低等生物那样是简单的刺激—反应,而是经过自己创造性的思维加工,创造出新的信息,并通过自己改造客观世界的活动,把这种新的信息转化为自然状态下不能产生的新事物。具有"创造性"的人是人工系统的层次性自组织与自然系统的自组织的一个根本区别。因此,我们在把握社会系统时,就应该既注意社会系统的开放性,不断地从外界吸取负熵(信息、物质和能量),同时也应该调动系统内部人的主动性和创造性,从两方面着手来推动社会系统不断地从低级有序向高级有序发展。

因此,要想把原本考察自然系统的自组织理论合理地运用于解释人工系统,就必须分析研究自然系统的自组织与人工系统的自组织的相同点与相异点,特别要注意把握两者的根本区别——人工系统存在着具有创造性的人,人的创造性活动才是推动人工系统自组织发展演化的根本动力。

总之,人工系统的自组织中存在有具有"创造性"的人的实践活动,而自然系统的自组织理论没有考察这一因素,因而也就不能单纯只用自然系统的自组织理论来解释人工系统自组织现象,对于人工系统自组织现象的分析研究必须将人的创造性活动考虑进去。

3.3　自组织城市理论研究综述

3.3.1　自组织城市理论概述

运用自组织理论来研究城市、发展城市和管理城市的时间尚不长,仍处在探索阶段。自自组织理论提出以来,不少国内外研究者将其应用于城市研究,以解释城市发展中不断涌现的复杂现象。令人欣喜的是,随着自组织理论研究的不断突破,城市已经成为其重要的研究领域,许多学者从不同的角度介入了自组织城市研究,取得了不少成果,形成了许多相近或相似的理论、学说。

所谓自组织城市理论,是指从不同角度研究城市及其发展过程中所表现出来的自组织特性、规律的理论体系。它是一种运用自组织理论的观点、方法研究城市建设、城市管理与城市发展的理论学说。它主要包含五个方面的内容:一是任何城市系统都是一个复杂而巨大的自组织系统,其发展过程就是一个自组织过程;二是城市系统的自组织有多种表征:耗散、协同、突变、混沌、分形、细胞性、沙堆临界以及自由智能网络(即 FACS——"细胞空间上的自由智能体"和 IRN——"相互表示网络"的简称)等;三是至目前为止,这种理论体系基本成型的主要有耗散城市理论(Dissipative Cities)、协同城市理论(Synergetic Cities)、分形城市理论(Fractal Cities)、混沌城市理论(Chaotic Cities)、细胞城市理论(Cellular Cities,或译"元胞城市")、沙堆城市理论(Sand pile Cities)以及 FACS 和 IRN 城市理论等;四是我们要遵循宇宙世界本然的自组织规律,以自组织理论来研究城市及其发展,以自组织理论来指导城市规划、城市建设、城市经营与管理;五是自组织城市理论本身也是一个不断发展、不断完善的理论体系。

3.3.2　自组织城市理论研究综述

自 20 世纪 60 年代自组织理论提出以来,不少国内外研究者将其应用于城市研究,以解释城市发展中不断涌现的复杂现象。20 世纪六七十年代,布鲁塞尔学派的艾伦(P.M.Allen)就运用耗散结构理论中的相关观点,定量讨论分析了美国各州城市人口的空间分布。这种方法已得到有关国家的承认,并成为政府部门制定政策的科学依据。自此以后,艾伦及其合作者又在一系列的研究中借助耗散结构理论模拟生成了静态的克里斯塔勒和廖什中心地空间图式,并发展了若干模型系列处理中心地等级景观,包括城市内部标度和城市体系,采用量化分析,提出城市空间结构的自组织模型。此外,耗散结构理论使用的许多概念,如开放、负熵流、非平衡、非线性、突变、分叉、涨落等,也已被引入城市研究领域。在对城市进行分析研究的过程中,人们开始使用定量的方法对城市加以分析。其步骤一般是:分析城市子系统之间的相互作用,找出定量关系,再列出整个系统的演化方程,求解这些方程,根据结果分析其变化规律,预测系统演化的趋势。如 1969 年,麻省理工的富雷斯特(Jay W.Forrester)将系统动力学应用于城市结构的动态变化研究中,建立了城市系统动力学模型(Urban Dynamics)。登德里诺斯和马拉利(S.Dendrinos and Mollally)依据协同学建立了结构动态变化的随机模型;齐门(C.Zeeman)运用自然力间断现象的突变理论描述了城市空间发展中的不连续现象并提出了数学模型。

20 世纪 70 年代中期,艾伦与耗散结构的创始人普里戈金合作,用基于耗散结构的模拟分析证明了城市是突现于局部行为的自组织结构的深刻范例。自此以后,国内外学者对自组织城市的研究,从耗散城市到协同城市、从分形城市到混沌城市等。随着复杂性研究的深入和对城市复杂性的认识,这些研究从复杂系统研究的各个方面、各个过程采用对应的理论解释城市系统的自组织演化问题,积累了大量材料,进一步增强了自组织理论运用在城市研究领域中的可行性。

1)国外自组织城市理论研究综述

国外自组织城市理论研究的成果主要集中在以下几个城市模型(表 3.1)①,即前文已经提及的耗散城市理论、分形城市理论、协同城市理论、沙堆城市理论、细胞

---

① 陈彦光. 自组织与自组织城市[J]. 城市规划, 2003(10).

城市理论、混沌城市理论以及 FACS 和 IRN 城市理论。

表 3.1　自组织城市理论模型

自组织城市模型	理论基础	理论基础的奠基者	基础理论的发展者
耗散城市	耗散结构理论	普里戈金	艾伦及其合作者
协同城市	协同理论	哈肯	卫里奇、翰肯、波图戈里及其合作者
混沌城市	混沌数学	洛伦兹、约克等	邓德里诺等
分形城市	分形几何	曼德布罗特	班迪、隆雷、弗兰克豪斯
细胞城市	细胞自动机模型	图凌、纽曼等	库柯勒里及其合作者
沙堆城市	自组织临界模型	班克及其合作者	班迪及其合作者
FACS 和 IRN 城市	细胞空间模型	纽曼	波图戈里及其合作者

艾伦等将普里戈金的耗散结构理论运用于城市问题研究,建构了耗散城市的自组织模型。协同城市则是哈肯本人立足协同学而提出来的一种新的自组织城市思想。协同城市需要研究并确定系统中的快、慢变量,进而利用役使原理来描述、解释甚至预测城市的宏观发展态势。随后,邓德里诺斯(D.S.Dendrinos)等将混沌思想引入城市研究,提出城市就是混沌吸引子(chaotic attrictor)的思想,他们的工作为后继者运用混沌思想研究城市和城市化过程奠定了基础。在混沌的城市中,其演化模式即是一个相对长时期的稳定和一个短时期的混沌相交替,并认为,即使在城市演化相对稳定的时期内,城市或其局部的序参量也会发生突变。班迪(M. Batty)和隆雷(P.Longley)致力于分形城市的研究,论述了城市形态和功能的分形几何学。同年弗兰克豪斯(P.Frankhauser)在其专著《分形城市结构》中,阐明了分形的基本特性是自相似性,并将城市视为分形体研究其形态与结构、生长与演化。细胞城市又称细胞自动机城市("CA 城市")。由于分形研究的崛起,人们发现 CA 城市可以产生复杂的分形图式,从此出现研究热潮。细胞城市认为,CA 模型的功能在于可以借助一组简单的局域性规则生成复杂的全局性结构和行为。FACS (free agents on a cellular space)意为"细胞空间上的自由智能体",是一种自组织城市模型的名称;而 IRN(inter-repre-sentation network)则是指"相互表示网络",描写的是 FACS 的动力学。FACS 城市模型的理论基础是广义的 CA 模型——细胞空间(cellular space,CS)模型以及人工生命(artificial life,A-Life)等复杂性科学。丹麦学者班克及其合作者提出的沙堆理论也是一种典型的自组织城市理论,沙堆是自

组织临界性的典型实例。"沙堆规模分布几乎保持不变"的统计观察结果使人文地理学家和城市化的研究者想到"位序—规模法则"的实例,根据这种法则城市规模分布在人口持续增长的条件下几乎保持不变。波图戈里及其合作者根据自组织思想模拟了城市人口迁移动力学。研究发现,城市动力学必需有一种新的城市文化群体的突现,这种新文化群体则是后现代城市和超现代城市的典型现象①。西方学者在城市的自组织过程、空间复杂性等领域开展了众多激动人心的研究工作,并取得了丰硕的成果。

2) 国内自组织城市理论研究综述

在国内,北京大学城市地理学家周一星教授于 1998 年提出,城市是一个开放系统,城市的发展离不开与城市以外区域的相互联系,其发展的主要动力是为城市以外提供产品和服务,这是自组织思想的最初运用。近几十年来,国内外学者围绕着城市系统自组织演化所进行的理论与实证研究,已经表明自组织理论及其观点对城市规划、建设、管理产生了重要的影响。同时,更为重要的是,这一系列研究为自组织城市概念、理论及相关研究成果的出现奠定了基础,并提供了研究工具和方法,帮助人们形成了城市自组织观。可以说,自组织理论研究的日益丰富,为进一步把自组织理论运用于分析城市,并最终形成相对完备的自组织城市理论体系提供了宝贵的经验和理论支撑。

一些学者从综合、总体的视角出发,以自组织理论研究城市的一般性问题,形成了自组织城市的基本理论研究成果。段进(2000)在集成了城市地理学、规划学和系统科学有关理论以后,根据城市空间演变源于空间系统背后的社会经济等深层机制作用的原理,认为城市演变首先是城市系统的自组织过程。郑锋(2002)认为自组织理论方法对于探索城市这样复杂的巨系统提供了广阔的四维空间,对城市地理学的发展产生重大的影响。陈彦光(2002,2004)依次提出城市化作为自组织临界过程的逻辑判据、实证判据和类比判据,并探讨自组织网络与城市等级体系的联系机理,接着进一步将城市演化的自组织临界性归结为无标度性,即复杂的城市系统表现为递阶结构而没有特征规模和尺度。鲁欣华(2004)指出,对于城市自组织发展的研究,最重要的并不在于通过它来建立模型模拟城市的发展,而是在于改变人们对于城市的态度,从而最终影响到人们的行动,即建立起一种自组织的城市观。程开明(2009)介绍了亨德森的城市规模自组织模型、克鲁格曼的城市自组织模型、杨小凯的自组织城市化模型、波图戈里的自组织城市、艾伦的城市自组织

---

① 陈彦光. 自组织与自组织城市[J]. 城市规划, 2003(10).

演化模型及新经济地理城市体系演化模型,在此基础上提出应加深对城市自组织特征、机制的认识,合理地开展城市规划、管理,促进城市可持续发展。杨新华(2012)认为复杂适应系统理论与多自主体系统理论是理解城镇自组织微观动力的理论基础,城市中的个体和企业作为行为自主体对适应能力的持续性追求是城市自组织的原初动力,它们的趋同策略及其行为也就是城镇的自组织过程。王印传等(2013)从他组织和自组织作用下城镇结构变化、城镇发展的距离因素分析、生态环境承载力分析三个层次探讨了城市的自组织发展,提出了要留给城市自组织更多的发挥空间等发展建议。杨亮洁等(2014)在剖析城市自组织系统耗散结构特征的基础上解析城市系统自组织演化的驱动力——竞争与协同,这两种力量共同决定城市系统的发展演化,协同性竞争有利于城市系统的发展,过度竞争或竞争乏力则会导致产生无序状态的产生,阻碍城市的发展。杨新华(2015)融合分工原理、复杂系统理论和演化分析方法,分析指出城镇是一个拥有自适应能力的分工网络,城镇化动力源于个体自组织与政府他组织的耦合,市场的决定性作用主要体现在新型城镇化的微观层面,中观层面和宏观层面主要由政府来调控。刘海猛等(2016)基于复杂性科学,从涌现生成、协同维生、临界相变三个维度构建绿洲城镇化演进的一般性理论框架,认为竞争与协同机制维持了绿洲城镇的生命活力与进化稳定,因此是绿洲城镇化系统演化的根本动力。

　　一些学者以自组织思想和理论解读城市历史发展、分析城市未来发展趋势,这方面的研究对象包括城市的空间分布、形态肌理、人口规模以及其他特定问题等。在关于城市空间分布和形态肌理的研究中,谭遂(2003)提出了一种基于自组织理论与新经济地理学最新成果的城市与区域空间格局演变模型,解释了交通条件改善对于中心城市郊区化现象的影响。刘继生、陈彦光(2004)阐明了空间复杂性与自组织临界性的等价性,并论证了分形是刻画空间复杂性的有效工具。提出借助分形思想探索城市地理系统的复杂性和奇异性的可能性。李铭等(2006)根据酒泉嘉峪关玉门区域历史数据模拟出区域城市化动态演变的轨迹,确定比较符合区域实际情况的城市化水平自组织动态演变曲线,预测了未来的城市化水平。刘晓芳(2010)根据自组织理论从演变过程、表现特征及演变的内在机理等方面对福州城市形态发展进行分析,考察自组织及他组织力在城市形态发展中的作用。魏春雨等(2012)通过分析洪江古商城聚落的自组织特征,探索古城生长与发展的内外因素、自组织机制与规律。邓羽(2016)通过构建空间逻辑斯蒂模型以定量的方式诠释了城市空间扩展在面状空间规划与点线状交通基础设施规划引导下呈现出连续性和复杂性并存的自组织特征,并提出正确认识和在规划中发挥自组织机制对城市空间良性扩展至关重要。孙彤宇等(2019)通过对中国传统特色城市的空间拓扑分析,分别从城市空间结构、街道形态以及节点空间等方面对古城空间进行量化研究,揭示了传统城市自组织发展的空间特征,进而总结出城市是一个开放的复杂系统且具有自组织特性的论点。雒占福等(2019)运用 GIS 方法对白银城区空间扩展演化进行定量分析,得出白银市城市空间演变经历了他组织主导空间扩展期、自组织和他组织共同作用的空间扩展期与自组织主导空间扩展期三个阶段,虽然自组织机制在城市空间演变中的作用不断增强,但他组织机制仍发挥着不可或缺的引导管理作用,因此城市空间扩展的演化是需要发挥自组织机制和他组织机制的优势互补的优化过程。

在关于城市人口规模的研究中,苏小康等(2003)根据耗散结构理论,尝试性应用自组织建模原理在城市人口系统中建立了城市区域人口动态演化的自组织模型,这一模型旨在运用其核心概念"竞争""协同",将协同论引入城市圈域一体化发展研究,并对模型的解法及典型计算结果进行了讨论。赵亮等(2015)以人口规模分布为数据基础分析了武汉城市圈空间自组织演化水平并提出发展建议,即要在大力提升区域经济总量的基础上,有意识引导分散的空间组织作用力,实现区域空间形态向更为合理的方式演进。陈月(2015)从复杂科学的视角,梳理县级城市常熟在经济、社会、文化三个层面的人口城镇化路径,剖析了城镇化过程中所显示出的自组织特征和存在的问题。赵衡宇等(2015)以人居自组织为视角,分析了移民非正规人居演进的适应性机制引导空间系统化演绎的过程,并提出了要注重人居主体性参与、人居空间的时序性建构、人居社会机理完整性,以及推动相关体制变革建构自组织与他组织的共生与协同等人口政策建议。张延吉等(2016)探索了城镇非正规就业与城市人口增长的自组织规律,指出作为慢变量的正规就业人口是城市人口增长的决定性因素,相关规划应将非正规就业人口纳入人口预测、用地规划、公众参与等正规制度框架,尊重和顺应自组织机制在城市发展中的基础性作用。

部分学者深入研究了自组织理论与城市规划、城市设计、城市评价等方面的关系。在自组织理论与城市规划的关系方面,赵晔等(2008)通过分析自组织占主导地位的西欧中世纪的城市,提出要从自组织角度重新定位城市规划,即从他组织(城市规划)占主导地位的城市发展模式转换为自组织占主导地位的城市发展模式。鱼晓惠(2011)用系统自组织理论研究了城市空间的自组织发展的特性,进而提出了在城市空间拓展、城市空间结构与功能的调适融合、城市人居环境的调整完善以及城市空间发展内在动力的激活等方面的规划对策。周静等(2018)对比中外特色小镇的规划过程,指出中国特色小镇的开发大多为单一的政府主导,而西方国家的特色小镇却往往是以自下而上自组织机制发展而来,拥有以社会力量主导的城镇发展动力机制,因此我国的特色小镇规划应从单一向多元理性、从控制向引导、从机械到有机的模式转变。王江等(2018)指出居住区可分为在他组织驱动下产生的统一建造居住区和在自组织驱动下产生的自助建造居住区两类,前者具有被动、同质、批量化等特征,而后者则更多倾向于主动、自发、多元化,并基于以印度印多尔市的阿兰若住区的分析,构建出一种居住区开放设计模式和面向操作层面的开放设计方法。颜姜慧等(2018)认为智慧城市具备自组织复杂巨系统的特征,智慧城市持续健康发展要遵循自组织系统演化规律,分析并提出了包括智慧细胞、信息通信技术、发展机制三个一级指标维度在内的可扩展性分布式智慧城市评价体系框架。

还有学者的研究视角不局限于城市本身,而是分析了城市内部各个社区、各个产业、各个行业、各个子系统以及城市群的自组织发展规律。在以自组织理论研究城市社区的方面,赵衡宇(2015)通过对武昌县华林这一混杂型历史街区自组织推动复兴的个案分析,提出街区自组织更新模式具有活化街区更新因子、塑造混杂型历史街区自身独特的时空环境特色、体现主体参与的文化价值等优势,因此是目前具有适应性的城市街区更新方式。许凯等(2018)基于自组织理论分析了城市创意社区,认为城市创意社区以产业为核心的功能系统是开放的耗散系统、其空间形态具有自组织特征及发展规律。李玉刚(2017)认为小城镇具有明显的自组织系统特征,小城镇的产业发展是一种自下而上的过程,由其内生动力所主导,因此小城镇产业发展要实现内外部效应的最大化,走出一条健康、可持续发展道路。郝海亭(2018)以自组织理论分析城市体育业,指出体育中心与城市在微观、中观、宏观的三个层面上都时刻存在共生、自组织、互动和协同的发展关系,并呈现出逐步递进的关系。姜克锦等(2008)提出城市的交通系统是一种耗散结构,其发展演化是自组织与他组织复合作用的发展过程,各次级系统之间非线性相互作用(表现为协作与竞争)是交通系统演化的本质动力,通过相关仿真结果,揭示了道路交通系统具有自组织演化机制。贠兆恒等(2016)剖析了创新型都市圈的协同创新体系的基本构成,并从自组织机制等方面研究了创新型都市圈协同创新体系的实现过程。曹玉姣等(2018)运用自组织理论构建城市群物流共生系统共生演化动因概念模型,分析了城市群物流共生系统共生演化的自组织动因与他组织动因,以及各自相应的构成结构,提出该系统是在自组织和他组织复合作用下演化发展的。

3.3.3　自组织城市理论批判

1)城市系统中的"他组织"与"自组织"并不矛盾

强调城市系统的"自组织"并不排斥"他组织"的作用。"他组织"作为人类控制和改造能力的表现,以一种来自城市系统外部的力量作用于城市的形成与发展,也是城市健康发展不可或缺的一种力量。城市中的"他组织"主要表现在城市政府、城市规划师、咨询专家等少数决策机构和个人依据城市的各项发展规划对城市中动态变化的各个要素进行引导性管理,在其能够施加影响的特定发展阶段以及特定时空范围之内,城市会在这种"外在指令"引导之下发展演变。城市规划便是在城市发展成为复杂巨系统后,人为的有意识分化出来针对城市发展专门从事协调的干预,使城市的演化能最大限度满足人的需求,顺应城市发展之道。所以可以肯定地说,城市发展中的他组织是不可或缺的,其作用在于研究、掌握、运用城市自身的自组织发展规律,因势利导地组织协调城市中的各子系统,引导城市向着趋利避害的方向发展。但需强调以下三点:一是他组织作用应该建立在遵循城市系统自组织规律的前提下,从而使"他组织"和"自组织"作用统一起来,保证系统发展的连续性和稳定性,以保证城市系统处于所能具有的最优或满意状态;二是这种城市中的"他组织"只是在他所能影响的特定发展阶段以及特定时空范围之内发挥所谓的他组织作用,超出特定的发展阶段和特定的时空范围,或者说,从城市大尺度时空看,可以将其视为城市发展演变的自组织因素;三是将城市小尺度时空的他组织作用转变为城市大尺度时空的自组织因素,并不意味着我们想否定他组织在城市发展演变中的重要作用,也不表示我们否认这种由他组织转化而来的自组织因素的特殊性。事实上,这种自组织因素与决定自然系统中生命和非生命发展演变的自组织因素是有本质区别的:第一,前者是将人的自觉意识及其行为包含于其中的人在自组织因素,而后者是不包含自觉意识及其行为的自然自组织因素;第二,前者可以融入人所特有的意识层面的创造性思想及其行为,正是因为如此才决定了人在系统自组织发展演变的特殊性,也正因为如此我们可以将其看成是人在自组织因素的根本特点,而后者是基于本能或自然之道的推动自然系统发展演变的自组织力量,虽然这种力量也可以导致生命系统和非生命系统不断地推陈出新,表现出某种"创造"特质,但毕竟只是非意识层面的大自然力量。

总之,城市系统中的"他组织"与"自组织"并不矛盾。一方面,城市系统中的"他组织"是顺乎城市"自组织"之道的"他组织",其他意义上的"他组织"对于城市的自组织演化不具有实质意义。另一方面,城市系统中一定时空范围内的"他组织"作用,在更大的时空范围中则变成了城市系统中的"自组织"因素,也就是,二者"虽有分,而实不二"。

2) 自组织理论运用于城市研究具有合理性

基于前文的分析,我们认为,把自组织理论运用于城市系统的研究,不但具有重大的理论意义和实践意义,而且也具有合理性。前文已经分析论证了自组织理论所蕴含的一般概念和原理可以用于包括社会系统在内的所有进化现象。作为社会系统之一的城市,是一个非常复杂的系统,更确切地讲是一个复杂的开放的耗散系统,它包括人口、交通、企业、城市管理、商业服务等各种子系统。城市系统的开放性、非线性以及内部涨落等特征恰恰是系统科学中自组织理论所强调和研究的。此外,城市发展与演化中所存在的协同性、竞争性、突变性、有序性、自相似性等特性也是自组织理论研究和关注的焦点所在。因而运用自组织理论和方法来解释城市系统的发展和演化及其内在规律就有可能阐述得更为清楚。目前,虽然运用自组织城市理论的研究与实践仍处在发展阶段,但可以预见,随着研究与实践的日益深入,必将使人们对城市的研究获得更多的新认识,从而进一步推动城市研究的深入以及城市规划、建设、管理实践的发展。

3) 自组织理论运用于城市研究的科学性分析

城市化成为当今世界发展的一大潮流已经得到了人们的广泛认同。然而,面对城市数量和规模的不断扩大、城市的物质财富空前增长,随之而来的是环境污染、资源短缺、人口膨胀、交通堵塞等一系列问题。究竟应该树立怎样的城市发展观,如何提高城市化水平以及如何解决城市问题,成为人们不得不慎重对待的严肃课题。城市飞速发展的形势要求城市理论研究紧紧跟上,并向深度和广度发展以适应城市发展的需要。对此,钱学森早在 1985 年就指出:解决当前复杂的城市问题,应当建立相应的理论体系。他建议研究建立城市学,并指出城市学应将全国的城市体系当作一个复杂的巨系统来研究,要运用现代系统科学的方法进行研究。钱学森关于如何研究城市的这些观点引起了城市研究者的极大关注。

在以往对城市的研究中,由于受思维方式和研究方法的限制,研究无法取得新的突破,直接或间接地影响了有效地解决和处理城市发展中遇到的各种问题。

随着近年来系统科学的发展,特别是耗散结构理论、协同学、突变论、分形学、混沌理论等自组织理论相继问世,大大丰富了人们对系统整体规律的认识,也给分析和理解城市提供了新的思路、方法、理论。在自组织理论体系中,耗散结构理论、协同学等理论具有严格的数学、物理学基础,有一定的实验依据,并在社会生活领域得到推广和应用。如从耗散结构论的角度看,城市这个复杂巨系统本身就是耗散结构,它必须不断地从外界获取物质和能量,又不断地输出产品和废物,才能保持稳定有序的状态,否则就会趋于混乱乃至消亡。从协同学的角度看,城市就是由不同性质、不同层次的子系统所组成的复杂大系统,各个子系统之间存在着错综复杂的相互制约、相互推动的内在的、非线性的相互作用。从突变论的角度看,城市在发展演化的过程中本身就存在着系统局部或总体突变的种种可能性,在城市发展的过程中必须对这些可能导致的突变的因素和情景有足够的预测和应对能力。与传统研究城市的方法相比,把自组织理论运用于分析城市具有很大的科学性,弥补了传统方法在研究城市系统上的不足。可以说自组织理论为分析城市以及城市发展中的自组织现象提供了新的思维方式和处理问题的方法,将有可能取代传统的简单数理统计分析方法而成为研究城市系统的主要研究手段。

自组织理论是一门新兴的研究复杂巨系统的理论方法,特别是在研究巨大而又高度复杂的非线性系统方面给了我们许多新的启示。随着城市系统的复杂化程度和内部冲突日益增强,传统的研究方法显然已经难以适应时代的发展和现实的需要。针对城市这一复杂巨系统,传统的方法在城市研究上很难有大的作为,运用自组织理论的观点方法分析研究城市是我们的必然选择,也是提高城市研究科学性的必然要求。

运用自组织理论的观点方法研究城市,可以提高城市理论研究的科学性,主要体现在以下几个方面:

(1)从研究的对象——城市来看

自组织理论主要是用来研究分析自然界、社会乃至人类精神中的各种自组织发展演化现象。城市具有开放性、非平衡性、非线性以及内部涨落等耗散结构的特征,学界已经证明城市是个典型的自组织系统。哈肯认为,"如果系统在获得空间的、时间的或功能的结构过程中,没有外界的特定干预,我们便说系统是自组织的。这里'特定'一词是指,那种结构和功能并非外界强加给系统的,而是外界以非特定的方式作用于系统的。"①根据哈肯给予自组织的这一定义可知,城市在形成演变过程中有没有收到来自外界的"特定"干扰是判断城市是否是自组织的重要依据。

从城市的起源来看,把自组织理论应用于城市研究是科学的。关于城市的起源问题,国内外的学者有着不尽相同的解释和看法,但大致有以下几种假说。防御说认为,城市的兴起是统治阶级为保护自身利益顺乎多数人的意愿不得已而为之。集市说认为,城市是在商品交换基础上产生的,是"市"在先,"城"在后,市荣城兴。宗教中心说认为,早期城市的起源是以宗教中心的面貌出现的,城市是人类精神聚集的副产品。地利说则认为,城市的兴起是源于水路交通等地利因素,良好的自然环境是城市形成的必要条件②。以上种种说法,从不同角度和不同层面对城市的

---

① 哈肯. 信息与自组织[M]. 成都:四川教育出版社,1988:29.
② 顾朝林,等. 中国城市地理[M]. 北京:商务印书馆,2004:8-9.

起源进行了分析。纵观城市的发展历史和人们对城市起源所做的各种猜想,对比自组织的概念,可以发现:城市的形成和发展不是由"谁"刻意从外部安排和加以有目的组织的,而是在诸多因素综合作用下自发形成或顺乎自然之道而兴起的,是一个自组织的发展和演化过程。把研究自组织现象的理论用来研究城市这个自组织演化对象,符合城市发展的客观实际情况,而不是某些术语的简单移植和"生搬硬套"。

(2)从研究城市的方法上看

传统研究城市的方法由于缺乏对城市社会、经济的整体研究,因此难以发现城市建设和发展的客观规律。如经济地理学、人文地理学、区域经济学、城市经济学及其分支学科只能达到描述它的某一层面或某一侧面,对于系统中更为深层、更为综合的要素之间的关系及其运动的描述则体现出了它们的缺陷与不足。另外,社会系统学基础研究和考察的发现也已表明:"整个世界是一个整体,仅仅是因为人类的无知才使我们看不清世界在本质上的完整性。"[①]一般来说,对城市及其问题的观察和理解越深刻,对城市问题的解决才会越彻底。

但是,城市作为一个复杂的巨系统,人们难以从一开始就完全撩开它的面纱,对它有一个比较全面的了解需要一定的时间,如果此时对城市只是部分地切入,就会不可避免地产生"横看成岭侧成峰"的结果,反而更难从整体上把握城市;同时,城市又是一个开放的系统,在其发展过程中,诸多不确定的外来因素和城市内部的非线性相互作用,使得城市的发展演变充满了不确定性,这是研究城市问题必须面对的问题。

如何充分地利用现有的信息科学技术,系统掌握城市发展规律,正确有效地把握城市发展演变过程中的不确定性因素,引导城市健康发展,是现代城市研究者亟待解决的问题。此外,面对城市这个复杂的巨系统,人们由于长期受"还原论"哲学思想的影响,往往采用了分析还原的方法去研究城市系统,试图将城市系统的复杂性还原为简单性,运用还原论方法予以处理。比如,经济学、社会学、地理学等学科对城市系统的研究,多采用还原论的方法研究其局部、片面的特征,难以整体地把握住城市的存在与变迁。经济学提出的地租理论、规模效益理论、投入产出分析等城市空间发展机制分析,社会学提出的以种族(族裔迁移理论)和阶级(新马克思主义理论)这两大社会关系来解释城市空间结构的形成和变化等,以往的这些研究方法人为地把城市种种现象从复杂的联系中孤立了出来,割断了其原本的联系。

---

① 欧文·拉兹洛. 进化——广义综合理论[M]. 北京:社会科学文献出版社,1988:8.

虽然这种分析还原的思想在一定程度上帮助人们从各个方面深化了对于城市的认识，但是这种研究方法绕过了城市系统的复杂性，使得人们难以认识清楚城市系统的实质。在复杂的城市系统面前，传统的还原论的思想和方法难以解决实质问题，迫切需要借鉴复杂系统的理论和方法来进行探索。自组织理论为处理类似城市系统的复杂性问题提供了方法。虽然自组织理论源于物理学、热力学、分子生物学、数学等自然科学的基础理论。但正如上面曾论述到的，在理解和解决复杂的现实问题方面，这一理论相对于其他自然科学基础理论有着更为广泛的解释能力，能够为人们研究城市等复杂系统提供更为科学的理论和方法。自组织理论研究系统的演化行为、性质和从无序到有序或从一种有序结构到另外一种有序结构的演变过程，所用的研究方法不是还原分解，而是物理实验或模型、数学模型、计算机模拟等，因此其方法论是非还原论的。

此外，由于耗散结构理论、协同学、超循环理论、混沌理论等是建立在研究化学、物理学和生物学等领域自然现象的基础上的，城市虽然具有自然现象无法比拟的复杂性，具有一些与一般物理、化学、生物系统不同的自组织特征，但是可以把自组织理论应用在自然现象上的科学实验方法借鉴在城市研究领域，从而可以使得这种应用研究更有效、更富有成果，而这种探讨对自组织理论的进一步发展也是不无裨益的。目前，自组织理论在研究复杂巨系统，特别是生命系统方面给予了人们许多新的启示。如果以自组织理论的观点来看待城市及其演化，以自组织理论来指导城市规划、建设、管理工作，将会使目前的城市研究以及城市规划、建设、管理工作更上一个台阶。

（3）从未来城市的发展趋向上看

20世纪80年代以来，政府宏观调控能力逐渐减弱，市场力量重新崛起，使得公众对自主参与城市规划建设管理的意识觉醒。随着未来市场主体的日趋多元化以及基于行政干预的计划经济的式微，未来的城市规划建设管理将会赢得更多的公众参与。在民主化、法制化成为社会发展无可阻挡的趋势后，不但公众对城市的规划建设管理具有越来越高的参与热情，而且城市规划编制以及实施的全过程都将置于公众的监督之下。20世纪90年代末西方国家广泛讨论的"城市管治"或"城市治理"理念，正是民主化在城市规划建设管理中的反映。此外，各种社会组织、非政府组织机构也在不断地介入到城市的规划建设管理当中。可以预见，在未来"公民社会"逐渐兴起的过程中，社会公众将会以极大的热情自下而上地参与城市规划建设管理中，这与城市发展的自组织机制具有内在的一致性。

在城市规划建设管理上,自上而下的行政(他组织)规划建设管理和自下而上的自治(自组织)规划建设管理,是构成城市规划建设管理整体进程中的两大不可或缺的结构性力量。在现代社会为社会和经济问题寻求解决方案的过程中,国家正在把原先由它独自承担的责任转移给公民社会,即各种私人部门和公民自愿团体。后者正在承担起越来越多的原先由国家承担的责任,这已成为一种趋势。

再从城市的主体来看,城市发展由人来推动,城市的规划建设管理过程从很大程度上也应是出于民众和市场自愿、自主、自为的行为。公众的自组织行为有利于激发民间创造性并能营造民主的社会环境。未来的城市发展在趋向上依然具有自组织的特征,遵循自组织发展的规律。因此,人们在研究城市问题的时候,就应该坚持城市发展的客观实际,从现实的角度来认识城市,才不至于"以点概面""以偏概全",才能对城市的认识更加深入,更加清晰。

此外,还要指出的是:用自组织理论方法来研究城市这个开放复杂巨系统与钱学森倡导的用"从定性到定量的综合集成法"即"大成智慧工程"来处理开放的复杂巨系统也有内在联系,两者所面对和处理的对象都是复杂开放的巨系统。"从定性到定量的综合集成法"即"大成智慧工程"其实质是把各方面有关专家的知识以及才能、各种信息及数据与计算机的软硬件三者有机结合起来,形成一个系统,发挥其整体优势和综合优势。而公众的自组织行为也可以起到一定系统综合发挥整体优势的作用。这种自组织的城市研究方法不但可以吸收城市研究专家、城市规划精英、城市建设管理者的智慧,也可以整理千千万万零散的群众意见,真正做到"集腋成裘",特别当我们应用这种研究方法把"零金"变成"大器"——社会主义城市发展、建设的方针、政策和发展战略,以至具体计划和计划执行过程中的必要调节时,就把多年来倡导的民主集中制原则科学地、完美地实现了,其意义远远超出科学技术的发展与进步,因为人民群众才是历史的创造者。

综上所述,用自组织理论来分析城市不仅可以避免以往研究方法上的不足,还与未来的城市发展有内在一致性。

基于城市的自组织特征以及自组织方法论的城市发展研究思路,可以弥补部分官员、学者研究城市发展问题的不足。从系统自组织的演化、控制系统的优化等观点,看待城市自组织、城市管理、城市和谐等城市发展中重要且具体的问题,通过科学推理和经验论证得出促进解决这些问题的合理方案,有利于城市管理者从城市整体这一更高层次制定城市发展的相关政策,促进城市科学、和谐、有序发展。因此,在对城市系统的耗散结构特征、城市的自组织发展过程及现实需要等问题探讨的基础上,我们可以得到如下结论:

①以自组织的观点来看待城市、区域及其城市规划、建设、管理等工作,利用自组织理论中比较成熟的观点、方法解决城市规划、建设和管理中的问题,将会使目前的城市研究水平迈上新的台阶。应用自组织的基本理论和方法,研究以城市为对象的复杂社会系统是有可能的,具有合理性,它给研究城市的发展及演化开辟了一条新的途径。

②城市系统的自组织特征和发展历程以及现实的研究经验和实践需要,使得将自组织理论运用于分析城市具有可行性。

③应用自组织理论体系中的耗散结构理论、协同学等寻求影响城市系统的各种自组织变量,特别是序参量,会有助于深化我们对城市协调运行及发展的认识。新型的研究方法能够弥补传统研究方法的不足,实现对城市系统存在与发展的整体性认识。

第4章　自组织城市形成的自发性

在人类的历史上,城市并不是古亦有之。同任何事物一样,城市也有产生、发展的历史过程。研究这一过程,将有助于认清城市的本质和城市发展的必然趋势。有关城市的形成一直是城市学家、历史学家等关注的重要问题,同时也是国内外研究者长期争论的焦点问题之一。一个看似简单的问题,至今仍存在着争议。刘易斯·芒福德关于城市起源的相关分析对人们认识城市的形成具有一定的启迪意义。他在《城市发展史——起源、演变和前景》一书中指出,"要详细考察城市的起源,我们必须首先弥补考古学者的不足之处:他们力求从最深的文化层中找到他们认为能够表明古代城市结构秩序的一些隐隐约约的平面规划。我们如果要鉴别城市,那就必须追寻其发展历史,从已经充分了解的那些城市建筑和城市功能开始,一直回溯到其最早的形态,不论这些形态在时间、空间和文化上距业已被发现的第一批人类文化丘有多么遥远。须知,远在城市产生之前就已经有了小村落、圣祠和村镇;而在村庄之前则早有了宿营地、储物场、洞穴及石冢……"[1]这也就说明远古人类最原始的居住点,并不存在着今天所谓的城市和农村。那么,城市是如何形成的呢?

纵观城市产生前的原始聚落形式,在劳动分工不断分化的过程中,人类居民点形式,从原始群、原始村落、原始市集,进一步演化为以农业为主的乡村和以手工业、商业为主的城市[2]。从自组织角度来看,城市结构的形成、功能的完善、内涵的丰富不是从外部刻意安排和"他组织"的,而是在内外复杂矛盾相互作用下自发形成的。从原始的聚落到现今的都市连绵区,这种自组织进化过程一直在持续着,并推动着城市系统向更高级的阶段发展。在城市的形成过程中,经济、政治、军事、自然等要素都对其产生了相当大的影响。初期新要素的随机介入不仅使系统原有要素的数量有所增加,而且导致了一场全面的变革,引发了一次新的组合。要素间的非线性相互作用,在同时受到内、外发展变化的随机启动后,经过不断地试错调整、

---

① 刘易斯·芒福德. 城市发展史——起源,演变和前景[M]. 倪文彦, 宋俊岭, 译. 北京: 中国建筑工业出版社, 2005: 9.
② 顾朝林, 等. 中国城市地理[M]. 北京: 商务印书馆, 2004: 10.

迭代趋优,从而使原有系统的性质发生变化,最终形成了由人口、自然、社会等系统复合而成的开放复杂巨系统。作为一定区域内人口、经济、政治、文化、生态等要素高度聚集的社会物质系统,城市经历的从无到有的发展过程,有其自身的成长机制和运行规律。在城市的形成过程中,始终有一种力量起着支配、控制作用。在这种力量的推动之下,城市自我组织、自我运动,不以个人的意志为转移并不断向更高级的阶段发展。根据自组织理论,可以称之为"某种序参量在起作用"。为此,本部分将基于自组织理论,在对城市的形成做出一种理论假设的基础上,即城市的形成是一个自组织的自发行为过程,通过对各种城市起源假说的梳理和人类的军事活动、经济活动、宗教活动以及城市自发形成的城市实例等几个方面加以论述,从而对这一假设予以系统论证。

4.1 城市形成的自发性假设

城市既然是社会发展到一定历史阶段的产物,那么根据人类社会发展的一般规律,城市起源最起码应具备以下几方面的条件:一是定居生活的确立。城市最基本的表现在于集中和稳定,而那种逐水草而生活的游牧时代是不可能产生城市的。从游牧、狩猎到居有定所取决于农业生产的发展。可以说,没有农业的出现就谈不上定居,而没有定居则就不可能出现城市。二是劳动分工的出现。在人类定居之后,制造工具和使用工具之间的专门分工加速了传统社会的瓦解,使人与人之间的相互依赖关系发生了根本性变革,相对简单的单一的大家庭式的人际关系被迫让位于多元且更加复杂的利益群体之间的人际关系,人们迫切需要比村落更加高级的社会系统来协调这类新型的人际关系,这为城市的形成提供了必要的先决条件。三是社会阶层的形成。人类原始的那种平衡关系,经过生产力,尤其劳动分工的发展出现了偏移,权力开始集中到少数人手中,人类社会阶层开始形成。为了维护这种新型的社会等级关系,必须打破旧的社会体系,创建新的能够容纳这种社会等级关系的城市系统。四是社会财富的集中。社会阶层的分化必然导致社会财富的集聚。这样,为了保护一部分富有者的财富,也为了保护氏族和部落联盟的安全,最原始的城市开始出现[①]。上述这些条件的存在是任何人所不能强加和安排的,只能是其自行发展的结果。此外,通过对现有城市理论有关城市起源问题的分析、梳理、比较,也可以发现学者们普遍认可城市形成的自发性。

基于城市起源最起码应具备的条件以及已有城市理论有关城市起源问题的分析,我们试着提出自组织城市观的第一个基本假设:城市的形成既不是人类设计的

---

① 顾朝林,等. 中国城市地理[M]. 北京:商务印书馆,2004:3-4.

产物,也不是由"谁"从外部"安排"和"他组织"的,而是通过人类的实践活动在城市系统内外部复杂因素相互作用下自发形成的结果。从古至今,全世界形态各异的城市均不同程度地演绎着自组织城市演化的基本规律之一——城市形成的自发性。

4.2　城市形成自发性假设的理论论证

4.2.1　城市起源假说分析

城市的形成在一定程度上反映了人类生产和生活方式的变迁。总的说来,城市是社会生产力发展到一定历史阶段的产物,但在究竟是什么因素促使城市形成的问题上可谓歧见横生。从各种假说和城市形成的实践来看,城市的起源并非可以用一种固定的模式概括之。为此,我们认为有必要对有关城市起源的各种假说和理论进行系统的梳理。基于此,在力求保持不同城市起源假说原貌的同时,我们避免赞同其中任何一个观点,但将力争从这些假说中抽取、剥离出某些普遍性的看法或共同认可的观点。下面我们将简要地介绍传统城市起源假说,以期找出这些假说、诠释中所蕴含出来的相似或相近的观点,进而揭示城市形成过程中所隐含的自发性规律。

1)防御说

防御说认为,城市的起源尤其是城堡的产生,是统治阶级为保护其自身利益,出于防御敌人侵袭的需要而兴建的。古汉语中,"城"是指有城墙围起来进行防卫的地方。正如《墨子·七患》曰:"城者,所以自守也";《吴越春秋》亦指出"筑城以卫君,造郭以守民"。建筑城墙主要是出于防卫、抵御外敌入侵,是出于军事的目的。可见早期的城市形成于战争和军事活动的需要。城市最初是一种大规模、永久性的防御设施,首先用于防御野兽的侵袭,后来逐渐演变为防御外来敌人的掠夺。对此,杨宽认为:在国家产生以前的原始社会里,氏族部落已逐渐采用壕沟或围墙作为保护安全的措施,整个村落也已有一定的布局。这就是城市的萌芽,也可以说是都城的起源[①]。恩格斯在论述城市的起源时也指出由设雉堞和炮楼的城墙围起来的城市、荷马史诗以至全部神话——这就是希腊人由野蛮时代带入文明时代的主要遗产[②]。所以,"筑城以卫君"成为早期城市兴起的重要原因。西方城市理论家韦伯(Mar Weber)认为,城市起源的典型过程是先出现要塞,然后在要塞后

---

① 杨宽. 中国古代都城制度史研究[M]. 上海:上海古籍出版社, 1993:10.
② 马克思恩格斯全集[M]. 北京:人民出版社, 1965:37.

出现市场,最后两者合成城市①。

从古希腊和古罗马城市的起源来看,西方城市主要是在人类军事活动基础上,通过战争促成的。以庞大而坚不可摧的罗马军队著称于世的古罗马帝国,为了应对战争和防御的需要,在横跨欧亚非大陆的广袤疆土上兴建了大批军事功能极强的"罗马营寨城",并在全国开辟了大量的道路来解决军队的集结和物资运输问题②。此外,罗马人还利用其卓越的建筑技术修建了坚固的城墙、大跨度的桥梁和远程输水道等战略设施③。那时候欧洲的城市就是一个战斗堡垒,是一个主要由军事和经济以及政治构成的联合体。中国也有主要基于军事战争目的而建立的城市,比如炎、黄部落和南方部落首领蚩尤就发生过激烈的战争,最终蚩尤被杀就是一例。《黄帝内传》曰:"帝既杀蚩尤,因之筑城。"由于频繁的战争促使防御工事城墙沟池的产生进而导致城市形成的事例可谓很多。关于构城防御形成城市这一过程,《礼记·礼运》就有相关记载:"今大道既隐,天下为家,各亲其亲,各子其子……城郭沟池以为固。"这段话在侧面反映城市功能产生的同时,也清晰地揭示了当时城的功能和作用。回顾人类历史中兴建起来的众多城市,会发现不少城市在历史上都曾经充任过有组织的侵略行为的指挥中心,美索不达米亚城市即是一个依靠军事威慑力量而形成的城市。虽然一些人类学家甚至连城市历史学家,如亨利·皮雷纳也把"自有人类以来就有了战争"④一类的说法视之当然,从未对一些明显的证据做过细致的研究,但至少从一个侧面反映了人类战争的频繁以及对城市形成的重大影响。毕竟,古代人类用军事战争的方式兴建了大批的城市。

人类的军事活动在城市的形成中具有无可比拟的替代作用,对此亨利·皮雷纳认为出于军事需要的城镇和城堡是城市的踏脚石⑤。人类出于军事活动的需要而对城市的不断建设和改造是任何外界事先所未曾想过和预料到的。可以说,在人类军事活动基础上形成的城市,不是由"谁"刻意加以有目的"他组织"的,而是在军事战争活动的基础上,兼顾其他诸多因素如安全因素、地利因素等综合作用下自发形成的,经过不断地试错调整和发展,从而使城市的性质发生变化,最终形成一个功能健全的城市。

古汉语中,"城市"这个词是由"城"和"市"两个字组合而成。"城"指的是城

① V Gordon Childe. The urban revolution[J]. The Town Planning Review, 1950, 21(1): 3-17.
② 今天常说的"条条大路通罗马"即是描绘那一时期罗马帝国出于战争需要而兴建各种军事设施的景象。"罗马大道"是以首都罗马为中心面向全国的四通八达的公路网,其修建最初是战争的需要,以便与别国开战时各军团能迅速地调集到首都,然后奔赴各自的战场。
③ 张京祥. 西方城市规划思想史纲[M]. 南京:东南大学出版社,2005:20.
④⑤ 亨利·皮雷纳. 中世纪的城市[M]. 陈国栋,译. 北京:商务印书馆,2006:36-85.

墙围起来的地方,是出于军事的目的。在城墙高筑之后,那些希望有更安全生活条件的商人和手工业者也逐渐迁移进来,商品交换以至一部分商品生产也就自然而然地转移到城墙内进行,于是"市"就出现了,即有了商品买卖的场所。等"市"发展了,生意逐渐兴盛起来,人口也自然会增加起来,城墙于是也就向外不断扩张。出于军事目的的"城"和出于商业目的的"市"就这样结合起来,形成了"城市"。对此人们认为衡量一个城市的繁荣与否主要是看城墙的高度和厚度以及城市内部的商贸繁华程度。

2) 集市说

与防御说不同的是,集市说认为城市是作为初期市场中心地而产生、兴起的,它起源于贸易和市集之地。这种假说是以城市的经济活动为主理论的,强调市场交换和经济活动在城市形成过程的重要作用。对此,亨利·皮雷纳也曾认为中世纪城市的起源与商业复兴直接有关,前者是果后者是因。商业的扩张和城市运动的发展非常明显地协调一致就是证明。商业发轫的意大利和荷兰正是城市最先出现而且最迅速最茁壮地成长的国家。显而易见,商业越发展,城市越增多。城市沿着商业传播所经过的一切天然道路出现。可以说,城市的诞生和商业的传播亦步亦趋[1]。他认为城市是在商业和工业的影响下不断成长起来的。的确,从各国的经济统计和研究来看,商贸经济对城市的重要性是毋庸置疑的。虽然城市的本质和内涵不仅仅限于经济,但是城市的产生、形成以至发展主要还是基于经济的繁荣。纵观世界城市的形成发展史,可以发现世界各地早期城市的产生其主要类型之一也是依靠经济来聚集人口,并最终形成城市。虽然不可以说商业贸易的发展一定会导致城市的诞生,但是可以肯定的是商贸发展一定会加速城市的形成。须知,市场型的商贸经济所蕴含的自组织演化动力也是城市自发形成的重要原因。

市场作为一种调节稀缺资源配置的机制,是以民众之间的自利行为和相互交易为基础的。通过对市场型经济特征的分析,结合自组织的概念,可以肯定地说,市场型的经济系统是一个自组织系统。第一,经济系统内部存在着各自独立的要素,利益主体的差异是明显的。因此系统是一个非线性的复杂系统,存在着自组织发生的前提。第二,市场型经济系统发展的基本动力不在系统外部而在其内部,并且动力来源于各个子系统之间的非线性作用。第三,政府作为市场型经济的外部控制力量不是直接参与、干预经济活动,这也符合自组织理论对于系统自组织演化

---

[1] 亨利·皮雷纳. 中世纪的城市[M]. 陈国梁,译. 北京:商务印书馆,2006:36-85.

的"作为系统的外部控制参量不能向系统内部输入特定的'指令'"的基本要求①。关于市场型经济是一个自组织演化的观点现已被世界各国的经济实践所证实,人们已经认识到民众之间的自利行为和互利的交换可以使经济有序地发展。在经济系统中,市场机制通过供求规律、竞争规律和资本注入形成反馈机制。经济系统正是通过市场机制的自动调节实现资源的最优配置而自发地运行,无须外界的过多干预,是自组织的自发行为。

总之,集市说认为城市形成像经济自组织演化一样,并没有任何外力的干扰和控制,纯粹是个自发自然的自组织过程。此外,一些早期因军事政治因素而兴建起来的城市,在其发展的过程中也因经济的因素而重新得以发展。最具代表性的是中国明清时代江南一些地区不断出现因经济要素的集聚而产生、发展和繁荣起来的城市。另外,经济的发展也导致了城市社会结构的不断多元化,城市中以工商业者为主的市民主体不断地发展壮大,最终也使得城市的空间布局形态不断地作出调整以适应相应的社会经济的发展。如一些城市的不规则城址形态的出现、唐代以后城市中坊里制的解体、市肆的广泛分布、街道尺度的变化、新兴无城墙市镇的出现等等②。总体而言,中国古代这些类型城市的形成,基本没有受到统治者的明确推动,主要是一个自发的过程。由此可以看出,基于城市经济活动的集市说也隐含着承认城市形成的自发性规律。

3) 宗教中心说

与坚持城市是在防御活动和经济活动基础上形成的城市假说所不同的是,在一些自然条件和自然资源相对较好的地方,城市的形成并非是源于抵御自然灾害或其他有组织的人类行动,而是起源于一种共同的自发的对神灵的敬仰,比如远古的埃及城市。基于这些历史现象,人们开始关注人类宗教活动对人类聚居点选择和形成的影响,在此基础上逐渐产生了有关城市起源的宗教中心说。宗教中心说认为早期城市的起源是以宗教中心的面貌出现的。该假说认为在许多城市形成的初期,人们由于力量弱小而产生对自然的恐惧以及出于信奉共同的神灵而聚集在一起,并依靠这种村落宗教中心而逐步发展为城市。当对城市的形成历史进行回顾时,人们就会发现历史上很多城市的形成是源于人类特有的某种特定的宗教活动。刘易斯·芒福德在有关城市形成过程的论述中就曾认为,最初的城市胚胎是一些礼仪性的聚会地点,如墓地、洞穴等。古人类定期返回到这些地点进行一些神

---

① 吴彤. 市场与计划:自组织和他组织[J]. 内蒙古大学学报, 1995(3): 20.
② 庄林德, 张京祥. 中国城市发展与建设史[M]. 南京:东南大学出版社, 2002: 159.

圣的宗教活动,因此宗教活动在城市形成过程中具有不可替代的重要作用①。

宗教中心说认为作为一种特殊的"类存在物",人类虽然有着类似于其他社会性物种的动物性需求,但是从本质上来说人类的需求不同于任何动物。其中一个重要表现是:与动物相比,唯有人类关注死者的安葬问题。对死去同类所怀有的敬重和忧惧心理,有力地促使人们要寻求一个固定的汇聚地点,并由此最终促使他们形成了连续性的聚落地。基于对祖先的怀念以及古人类对死亡现象的虔诚观念和忧惧心理,原始人类定期探访这些墓地或岩洞,并举行一些神圣仪式。所以说,人类最早的礼仪性汇聚地点,就是城市发展最初的胚胎。这类地点除具备各种优良的自然条件外,还具有一些"精神的"或超自然的威力,一种比普通生活过程更高超、更持久、更有普遍意义的威力,因此它能把许多家族或氏族团体的人群在不同季节里吸引回来②。原始宗教除了继续在维系族群关系中发挥精神纽带作用之外,宗教还与政治力量结合为一体,共同控制城市中的几乎所有成员。由此可见,在城市成为人类的永久性聚居地之前,它最初只是古人类宗教祭祀聚会活动的地点,而这些固定的地面目标和纪念性聚会地点逐渐把具有共同的祭祀礼俗或宗教信仰的人们,定期或永久地集中到一起。麦加、罗马、耶路撒冷等,这些古城如今仍然保持并且在继续追求这些原始的目的。这些宗教祭祀活动的形式和目的都在城市最终形成的过程中起了重要的作用。

在上文论述中,防御说认为人类的各种军事战争活动对城市的形成具有重要的影响。如果现在一定要溯源,对古代战争不可思议的起源再做出某种解释的话,那就是这样一个事实,即古代战争是在貌似实际的经济需求的掩盖之下,都无一例外地演变成一种宗教行为,无非是一种更大规模的、成批的仪式性牺牲。凭借战争手段,获胜的一方就可以通过成批地处死被征服者来祈求神灵的持续庇佑和支持。当战争一旦形成惯例后,它自然就会超出原来城市中心的范围。究其城市扩散的原因,其中有一部分是隐藏在其背后的宗教因素,甚至在促成这一变化的过程中,宗教很可能起了根本性的作用。

至此,可以发现人们无法回避人类的宗教活动在促进城市形成过程中所起到的作用。根据古代埃及文献的记载,当第一次创建城市时,创建者的任务就是"把各位天神、地祇安置在他们的神殿里"。宗教活动在城市形成中的作用是无法否认的。若没有城市的宗教性功能,光凭城市的城墙是不足以塑造城市居民的性格特征的,更不足以控制他们的活动。如果没有宗教以及伴随而来的各种宗教礼仪,那

①② 刘易斯·芒福德. 城市发展史——起源,演变和前景[M]. 倪文彦,宋俊岭,译. 北京:中国建筑工业出版社,2005:9.

么城墙就会使城市成为一座监狱。对此,曾经创造出辉煌城市建设成就的古罗马就是个典型的实例①。虽然古罗马曾表现出极度的繁荣与辉煌,然而在其表象背后所隐含的是:罗马始终未能创造出健康的富有生气的城市文明,罗马帝国城市极度的物质繁荣与极度的精神空虚使得罗马人逐渐迷失了自我的方向,进而在公元4世纪末轰然倒塌。难怪曾有人认为,若没有宫殿和庙宇所包含的那些神圣权力,古代城市无法产生,即使其能够形成也是无法持续发展下去的。为此可以认为没有宗教的存在,城市是无法存在下去的,城市的形成离不开宗教作用的发挥,而城市则无异于一位强大神祇的家园。对此,刘易斯·芒福德指出,城市最早是作为一个神祇的家园:代表永恒的价值和显示神力的地方。而最后城市本身变成了改造人类的场所,人格在这里得以充分的发挥。进入城市的,是一连串的神灵;经过一段长期间隔后,从城市走出来的,是面目一新的男男女女,他们得以超越其神灵的禁限。但是,人类起初形成城市时是不曾料到会有这样后果的②。由此看来,源于宗教活动所形成的城市是完全出乎人类的意料之外,也正说明了城市的形成不是人类设计或预先规划出来的结果,而是一个自发的自然形成过程,其间受到宗教因素的重要影响。

4)其他说法

在城市形成或起源的问题上,除了防御说、集市说、宗教中心说等假说外,还存在地利说、社会分工说、防洪说等假说。

地利说认为有些城市的兴起不是由于水路交通等地利原因,就是由于地势险要,是兵家必争之地或者该地区自然资源丰富。对此,正如《管子·乘马》所说:"凡立国都,非于大山之下,必于广川之上;高毋近旱,而水用足,下毋近水,而沟防省;因天材,就地利。"

防洪说认为最初的居民点建设在河川附近,为了防御洪水而建设了城市,其核心同于地利说。

社会分工说则认为,城市形成是生产力发展、社会分工细化和生产关系变革的结果。具体来说,人类历史上的三次社会分工才是城市起源的基本条件。首先在原始社会,由于人类尚未自觉形成生产意识与掌握生产手段,所以只能依靠在较大

---

① 在城市的建设及其管理等方面,古罗马帝国一直致力于将其城市打造为具有坚固防御功能的军事据点和舒适、豪华的享乐容器,却忽视了对城市文化和城市精神等内在功能的培育,从而丧失了城市本应具有的熔炼人、塑造人的要求。

② 刘易斯·芒福德. 城市发展史——起源,演变和前景[M]. 倪文彦,宋俊岭,译. 北京:中国建筑工业出版社,2005:117.

的范围内不断变换自身的位置来采集自然界的果实、捕食猎物来勉强充饥,同时躲避自然界的种种危险。但是,随着生产力的发展和人们对种植可周期性收获植物的发现以及对野生动物的驯化等,人类开始了从采集走向种植,开始了有意识的农作物播种、收割和存储。于是就产生了人类的第一次大分工,即农业与畜牧业的分工。继而,专门生产工具的手工业也从农业中分离出来,开始了人类的第二次分工。由于前两次的分工,生产力得到大发展,剩余产品逐渐形成,商品交换也就逐渐产生,从而货币出现,专门从事商品买卖的商人于是也就被分离出来,产生了人类历史上的第三次分工。其中,由于从事手工业、商业的人需要有个地方集中起来进行生产、交换,所以才有了城市的产生和发展,而手工业者和商人也是后来城市人口的最初主要来源。

毋庸置疑,城市形成伊始,防御设施的建立、剩余产品的交换、血亲制度的确立以及优良的地理位置、社会分工等都是早期城市起源的重要激发因素,但其本身所隐含的内在规律依然是蕴涵于其中的自组织力量。从我国城市发展的初期来看,这时的城市(邑)设施简陋,布局有较强的随意性。虽以宫殿为中心的设计布局已初露端倪,但以宫殿、宗庙为城市的主体建筑,手工业作坊和居民区既无固定位置,又不集中。从总体布局而言,这一时期的城市表现出了自然发展的趋势[①]。

4.2.2　著名学者相关论述

1) 刘易斯·芒福德的相关论述

在探讨城市起源的问题上,刘易斯·芒福德(Lewis Mumford,1895—1990)指出:"要详细考察城市的起源,我们必须首先弥补考古学者的不足之处……我们如果要鉴别城市,那就必须追寻其发展历史,从已经充分了解了的那些城市建筑和城市功能开始,一直回溯到其最早的形态,不论这些形态在时间、空间和文化上距业已被发现的第一批人类文化丘有多么遥远。"[②] 为此,他从城市具有的三个重要功能,即容器、磁体与文化功能入手开始探讨城市。在对城市功能的分析中,文化是芒福德最看重的城市功能。他把"文化贮存,文化传播和交流,文化创造和发展"称为"城市的三项基本功能",并认为文化既是城市发生的原始机制,同时也是城市发展的最后目的。就城市发生而言,他最著名的论点是:不是先有城市后有城市文化,而是人类原始的文化与精神活动不仅发生在先,且对于城市与村庄的形成曾

---

① 夏林根. 中国古建筑旅游[M]. 太原: 山西教育出版社, 2004: 315.
② 刘易斯·芒福德. 城市发展史——起源, 演变和前景[M]. 倪文彦, 宋俊岭, 译. 北京: 中国建筑工业出版社, 2005: 3.

起到直接而重要的推动作用①。他认为,在城市起源初期人类聚落发展的过程中,宗教和祭祀性文化对城市形成起着重要的作用。在芒福德看来,首先获得永久性固定居住地的是死去的人。在活人形成城市之前,死人就先有了城市。而且,从某种意义上说,死人城市确实是每个活人城市的先驱和前身,几乎是活人城市的形成核心②。基于对祖先的怀念以及古人类对死亡现象的虔诚观念和忧惧心理,原始人类定期探访这些墓地或岩洞,并举行一些神圣仪式。从这些礼仪中,就更能看出古代社会的社会性和宗教性推动力:正是在这两种推动力的协同作用之下,人类才最终形成了城市③。

此外,刘易斯·芒福德还从人类发展史的角度来探索城市的形成,把人类社会历史中妇女地位的变化、农业定居、游牧民族的进攻等都看作是城市起源的推动因素。他认为人类初期的活动主要是围绕食物和性。食物是为了保存自己,性是为了繁衍后代。人类在母胎中的最初生存,影响到人类出生后的生活。人类最初的穴居和房屋的建造,乃至到村庄和城市的出现,都是母胎的放大。"就形式而言,村庄也是女人创造的,因为不论村庄有什么其他功能,它首先是养育幼儿的一个集体性巢穴。女人利用村庄这一形式延长了对幼儿的照料时间和玩耍消遣的时间,在此基础上,人类许多更高级的发展才成为可能。"④这些原始村庄开始多是开放式的,但随着外来压力和危险的出现,人们便以静态的围墙形式代替警戒武器来抵御外来侵扰。随之,最初的围墙演变成后来的城墙和壕堑,房屋、村庄,甚至最后到城市本身。

2)凯文·林奇的相关论述

美国的城市设计学家凯文·林奇(Kevin Lynch,1918—1984)在探索城市起源时,也认为城市最初是一个"圣地",一个精神解脱处。城市的布局需要为宗教仪式提供炫目的背景以增加让人敬畏的感受。他在《城市形态》中就这样描述城市的形成过程:迈向文明"最典型和自立的途径似乎是由农民的聚落社会开始的,这个农民聚落有剩余生产,有地域性的首领与仪式,并对于生、死、疾病以及人类社会的生存和延续等有共性的忧患。如果其中某一个圣庙以自己独特的吸引力而受到

---

① 刘士林.芒福德的城市功能理论及其当代启示[J].河北学刊,2008,28(2):191-194.

② 刘易斯·芒福德.城市发展史——起源,演变和前景[M].倪文彦,宋俊岭,译.北京:中国建筑工业出版社,2005:5.

③ 刘易斯·芒福德.城市发展史——起源,演变和前景[M].倪文彦,宋俊岭,译.北京:中国建筑工业出版社,2005:7.

④ 刘易斯·芒福德.城市发展史——起源,演变和前景[M].倪文彦,宋俊岭,译.北京:中国建筑工业出版社,2005:5-11.

尊重,便开始吸引更大区域里的朝圣者和捐赠物。于是这个地方便成为一个永久性的仪典中心,有专业的祭司来主持仪式和管理事务。为了增加吸引力,祭司们把朝圣仪式和物质环境结合起来建造这个中心。于是这些场所和仪式为朝圣者提供一个能从忧虑中解脱出来的精神环境,并成为他们自己迷惑精神和体验刺激的场所。物质、仪式、神话以及权力在这个地方不断地累积。新技术的发展也用来为这些新的精英阶级服务,用以管理事务,或用以把他们的意愿强加给广大的民众。农村地区的奉献与忠诚变成了纳贡与服从。……当然,随着文明的发展,城市的作用也比原来增加了很多,成为仓储、碉堡、作坊、市场以及宫殿。但是,无论如何发展,城市首先是一个宗教圣地。"① 这也就是说,城市首先是作为一个宗教圣地而产生的。

4.2.3　我们的解读

1) 对已有相关假说、论述的评价

从城市起源假说的视角解读城市形成的自发性,其目的还在于通过对城市形成规律的探讨使人们认识并把握城市形成过程中所蕴含出来的某种共性。须知,"一沙一世界,即使是微小的个体也能折射出整个世界"②。虽然有关城市起源的各种假说和推理都是从不同角度、不同层面对城市的形成进行的分析,但均具有合理性。我们无法再现城市形成或起源的历史,而只能从有文字记载的史学资料和以往考古的城市遗迹中寻得零星的信息和提示,但是从这些信息当中还是可以找出一些有关的蛛丝马迹,寻得城市形成的某些特质和隐含于其中的规律。纵观城市的发展史和人们对城市起源所做的各种猜想,对照自组织的概念,即"如果系统在获得空间的、时间的或功能的结构过程中,没有外界的特定干预,我们便说系统是自组织的。这里'特定'一词是指,那种结构和功能并非外界强加给系统的,而是外界以非特定的方式作用于系统的"③。可以发现,城市的形成不是由"谁"刻意从外部安排和加以有目的"他组织"的,而是在诸多因素,如安全因素、地利因素、经济因素、宗教因素等综合作用下自发形成的,是自发性的产生过程,而不是像宗教所宣扬的城市的形成是出于"上帝之手",把城市的形成归功于"神"的意志。如果说城市的形成不是自发的,那么试问谁又有如此神奇的力量能够从外部对城市加以设计、组织和控制,并且又完美地指挥城市健康有序地运行? 难道是人类自身? 答案应当是否定的。因为人类也只是作为城市系统的其中一个子系统而存

① 凯文·林奇. 城市形态[M]. 林庆怡, 等, 译. 北京: 华夏出版社, 2001: 5.

② 原广司. 世界聚落的教示[M]. 于天祎, 等, 译. 北京: 中国建筑工业出版社, 2003: 16.

③ 哈肯. 信息与自组织[M]. 成都: 四川教育出版社, 1988: 29.

在,这就决定了人类不可能跳出城市之外去决定城市的产生和运行。虽然人类具有自己的意愿和目的性,但是作为城市系统的子系统,人类的作用也只是城市系统内部的一种涨落,并且这种内部涨落也只是在具备一定的条件时才能得以放大。更多的情形下,人类的行为被城市系统内部的非线性相互作用所消化、平息,从而显示不出人们所期望得到的那种效果。对于人类的人为干预,城市总以其独特的、令人意想不到的方式,对人的主观行为作出回应,将人置于一种尴尬的境地①。由此看来,城市的形成既不是虚无的"神"的意志的产物,也不是人类意志的产物,更不是其他外部力量所能着力的,城市的形成是自发性的。

无论是防御说、集市说、宗教中心说,还是地利说、社会分工说、防洪说,其实都是学者们根据自己所掌握的有限资料,提出的有关城市起源的不同猜想。我们认为这些猜想都具有一定的合理性,符合城市起源的实际。我们的想法是,这些假说如果从自组织理论或自组织城市理论的角度去审视的话,可以转换为城市起源的序参量决定论。也就是说,不同的城市起源假说,本质是不同的"序参量"或"慢变量"支配论观点。防御说对应着安全变量支配论,集市说对应着市场变量支配论,宗教中心说对应着宗教变量支配论,地利说对应着地理变量支配论等。

2)城市子系统形成的自发性

城市是个多目标、多层次、多功能、动态的复杂系统,同时也是集自然系统、物质系统、经济系统、社会系统等为一体的开放的、复杂的巨系统。研究城市形成的规律,有必要对城市及其子系统的形成过程进行整体性的了解。由于城市是一个动态的系统,其形成起源的方式在今天看来是那样的模糊,总的看来存在许多的争议:在一连串历史事实和事件下面,城市的形成是不是具有什么一定的规律可循?如果我们把历史事实掩盖下的原理放到足够大的一个历史发展的横断面当中去看,我们不仅能领悟到城市形成的基本规律,而且会发觉这些规律同自然界生物演化的规律基本上是一致的,即都是按照自组织的规律在进行自我发展。自组织是自然界的一大根本特征,自然界本身就是一个自进化系统,它具有紧随危机性紊乱之后稳定在一个平稳状态上的能力。通过分叉和自生,进行自我维持。而从本体论的角度看,城市系统是由相互作用的城市诸子系统所构成的有机体,任何城市系统都是一个"自然—社会—经济"的复合系统,由自然系统、社会系统、经济系统、环境系统、交通系统之间的关联与耦合,共同构成的有序的复杂人在系统。虽然城市系统所达到的复杂程度或许比不上一个生物有机体,但城市的形成演化已远远

---

① 张勇强. 城市空间发展自组织与城市规划[M]. 南京: 东南大学出版社, 2006: 29.

不是人类有目的设计所能达到的。作为城市系统主体的人的行为举止虽然部分受到有意设立的规章制度的指导和控制,但最终形成的秩序却依然是自然而然的,更像一个有机体,而不像是一个他组织。城市系统中自然因素、社会因素、人口因素以及经济因素彼此之间及其与周围环境之间,不断进行物质、信息和能量的交换,以"流"的形式,如人口流、物质流、资金流、技术流等贯穿期间,形成一个动态而有序的自组织开放系统。自组织规律作为普遍的演化规律,不仅仅局限于城市整体的发展过程,还表现在城市系统的多个层面,其内部的自然、人口、经济、环境等子系统之间也会产生非线性的相互作用,即自组织机制。为了更好地阐述城市形成的自发性,我们将对城市的人口、环境、经济等子系统的自组织性分别加以分析,从城市子系统的自组织发展当中探寻城市形成的自发性特征。

(1)城市人口集聚的自发性

城市人口系统是城市复杂系统中最为重要的一个子系统,充分认识城市人口的集聚性演变规律是分析、探讨城市起源的重要基础。城市的形成离不开人口的集聚,只有人群汇聚到一个地点才能慢慢形成城市的雏形。而城市人口的迁移、集聚多是受到某种自组织规律的支配(有些人口的迁移和集聚可能是出于国家某些大型工程或政策的需要,此种情况例外),这种迁移、集聚的过程是自发性的,而不是以人们的意志为转移的。由于自然、地理、经济、宗教等原因的影响,不同的区位之间就存在着发展的差异。而区位之间的这种发展差异就会促使人类实践活动从低位势向高位势流动,进而导致人口在某个区位地点的集聚,成为城市形成的最初发源地。在此基础上,城市不断地得到演化扩展,规模不断扩大,人口也再次不断增加,最终形成功能齐备的城市。当然,引起人口流动的原因可能各不相同,有的可能是经济因素的吸引,有的可能是出于自然的地理原因,有的还可能是出于宗教上的缘故,但不管引起人口集聚的原因有何差异,可以肯定的是人口的这种流动趋势是自发的过程。布鲁塞尔学派的艾伦等人在以耗散结构理论对城市的形成、发展和演化进行自组织模拟时,就建立了以人口为变量的系统模型。它假定具有较多经济功能的社区在吸引居民上具有较多的优势,进而在单位时段中观察城市人口与经济功能的变化,探寻城市的形成和发展。在此模型中,经济功能被视为一种涨落,而这种涨落促使最初均匀的人口分布变成一种人口显著不均匀的结构。该模型在分析城市形成的阶段时认为:在城市尚未成型的独立发展的初期,一些地点由于某种随机因素,人口增加集聚的速度相对较快,大于该区域内的周围其他地区,这些地点即成为城市的雏形。这个时候的"城市"范围较小,功能尚不齐全,尚不能称作真正的城市。然而在随后的进程中,由于非线性作用的加大,人口不断在上述地点集聚。而此时这些集聚点的经济功能也越发增强,数目也有所增加,由此进一步促进人口和经济功能的增加,这个时候城市逐渐形成了。与此同时,城市也带动着作为地区的人口汇集,这些地区已经不是局限在孤立的地点上,而是形成了人口增长超过平均增长率的一片区域,城市范围已经扩大了。这个时候,城市已基本成型完备。艾伦的城市演化模型虽然只取了人口作为单变量进行考察,但基本上还是客观反映了现实中的城市形成过程。其模型运行的过程和结果与现实的城市形成过程也基本吻合,可以说在一定层面上反映了城市形成、发展的自组织特性。从人口迁移的发展历史来看,除了少数出于统治者便于统治和安全的需要外,历史上的人口迁移和汇聚,基本上都是自发性的结果。作为城市复杂系统重要组成部分的人口系统,不管其集聚的原因有何差异,可以肯定的是这种集聚是自发性的自我运动,而不是人为的外部控制,由此可以看出,城市的形成过程也显示出自发性的特征。

(2)城市自然环境系统对城市规模的自发性选择

在城市形成的过程中,城市地域的选择和城市规模的大小是任何人都无法回避的问题。而一个城市的合理规模是由城市耗散结构系统内部熵增加与负熵流保持动态平衡的结果,这就使得城市的规模不但与人口直接相关,而且与城市的环境容量、结构关系等自然环境因素密切相关。城市的环境系统一方面为城市的形成发展提供物质和能量的支撑;另一方面也由于城市环境系统自身的客观条件,规定或限定了城市形成的规模及其形态,同时也构成了独特的城市景观特征。城市作为一个有机体,与其所依托的环境,包括生物与非生物的环境,存在着相互作用。生物个体、种群、群落的分布格局和资源总量的多寡都直接影响城市规模的合理设置。在城市形成的初期,城市环境系统的承载量直接决定了城市能否形成以及规模的大小。换言之,城市自然环境系统对城市的规模具有自发性选择的作用。须知,一定地域内环境系统的承载量是由自然环境自身决定的,任何外来的干预都必然会导致整个自然环境系统的失衡,进而影响城市的形成和有序发展。一个合理有序健康的城市的形成必然要遵循城市环境系统的容量限制。而作为自然生态系统之一的城市环境系统,其发展、演化遵循的是自组织的演化规律,由其自身确定自行的循环演化轨迹。至此,可以知道,任何城市的形成必然要建立在城市环境系统能有序自行循环的基础上,而城市环境的自我循环是一个自主自发的自组织过程。由此看来,城市也必然具有自发形成的特点。随着对城市环境的日益重视,生态城市的理念开始日益普及。生态城市也越来越被视为一个自组织的系统。城市的自然环境也不再被视为外部因素来单一考虑,而是被视为城市系统的重要组成部分。城市的形成和发展必须要兼顾城市环境的发展和演进。

（3）城市经济中心地形成的自发性

城市中心地作为城市的发源地,不但刺激着人们的感官,以此强调它的存在,同时也给人们留下了深刻的印象。城市中心地是个体、群体、组织的活动场所,深刻揭示出城市中心地的形成过程对探讨城市起源问题有着直接的帮助。探讨城市系统,必然要涉及城市的经济。为此,我们选取有代表性的城市经济中心地加以分析,希望以此揭示城市自发形成的规律性特征。

根据上文的分析,我们已经知道,历史上不少城市的形成离不开经济的发展。城市起源假说中的集市说也深刻反映了经济对城市形成的重要作用。历史上不少城市也确实是作为初期市场中心地而产生、兴起的。古汉语中的"城市"亦是由出于军事目的的"城"和出于商业目的的"市"相结合的产物。此外衡量一个城市的繁荣与否必须要考察城市内部的商贸繁华程度。在研究历史进程的过程中,与许多历史学家所不同的是,法国年鉴学派历史学家费尔南·布罗代尔(Fernand Braudel,1902—1985)是通过城市与货币的变迁来进行研究的。他发现"城市与货币是研究历史的两把钥匙",它们"既是发动机,也是显示器。它们引发变化,它们也显示变化。它们又是变化的结果"[1]。还曾有人言:经济是城市的生命,文化是城市的灵魂。由此看来,城市与经济之间必然有着不可分割的联系。早期城市的发展史已经向人们展示出,历史上有不少的城市是在市场中心地的基础上发展起来的。城市是主要经济组织的物质所在地和代名词,韦伯曾特别写道:"城市就是市场,而这个当地市场是某一群体的经济中心……在这里,非城镇居民和城镇居民为满足商品需求而进行商贸往来。"[2] 为此,探寻城市的形成必然要考察这些经济中心地是如何形成的。回顾城市经济中心地点的选择,就会发现,这些经济中心地要么具有便利的交通水路条件,如地处商路交叉点、沿海的贸易港口、河川渡口,要么周边具有丰富的自然物产资源,如煤矿、石油等。考察经济中心地形成的特点就会发现,这些地点的选择和出现并不是事先注定的——没有任何基于设计或必然性,而是完全自发形成的。自发形成的中心地,随着经济功能的完善和复杂化,又不断地引入其他因素,如种族、宗教、社会、军事等,使得人口不断地往中心地汇集,进而形成城市的最初形态。由此可见,城市经济中心地的自发形成与人口的自发性集聚,使得城市的形成也成为一个自发性的过程。为此,我们可以认为城市形成具有自发性的自组织特征。

---

① 李津逵. 中国:加速城市化的考验[M]. 北京:中国建筑工业出版社,2008:3.
② Max Weber. The City[M]. New York:The Free Press,1958:67.

4.3 城市形成自发性的实践证明

4.3.1 古希腊雅典卫城

作为西方古典文化的先驱和欧洲文明的摇篮,古希腊除了在宗教、哲学、政治以及艺术等成就无人能及外,其所形成的世俗化城市建设和建筑特征依然是后世学习的典范。为此,恩格斯曾指出:"他们(古希腊)无所不包的才能与活动,给他们保证了在人类发展史上为其他任何民族所不能企求的地位。"①恩格斯在《家庭、私有制和国家的起源》中还列举古希腊人在史前各文化阶段的成就和文明,他提到"由设雉堞和炮楼的城墙围起来的城市、荷马史诗以至全部神话——这就是希腊人由野蛮时代带入文明时代的主要遗产。"由此可见,古希腊丰富的神话传说如同其卓越的城市建设一样,给后人留下了丰富的文化遗产。当回顾古希腊众多大小不等的城邦国家时,就会发现雅典在各方面显得更胜一筹。而在希腊古代遗址中,最为有名的当属建造于雅典黄金时期的雅典卫城。这些古建筑无可非议地堪称人类遗产和建筑精品,不但在建筑学史上具有重要地位,而且也是研究古希腊神话传说的重要史料。为此,我们把目光投射到雅典这块神奇而又充满智慧的土地,探寻其城市形成与建设过程中隐藏着的可以不断被认知的秩序与规律。

1)雅典卫城简介

雅典卫城遗址位于希腊首都雅典,建造在海拔 150 米的石灰岩山冈上,是祭祀雅典守护神雅典娜的神圣地。卫城,原意是奴隶主统治者的圣地,古代在此建有神庙,同时又是城市防卫要塞。雅典卫城,也称为雅典的阿克罗波利斯,原意为"高处的城市"或"高丘上的城邦",距今已有 3 000 年的历史。公元前 5 世纪中叶,雅典卫城就已成为希腊人宗教和公共活动的中心,希波战争②胜利以后其更被视为国家、民族的象征。雅典卫城以及 Olympia 的宙斯圣地作为"神殿"成为人们膜拜神灵的禁地③。每逢宗教节日或国家庆典,公民列队上山进行祭神活动。

2)雅典卫城的形成

据考古发现,该处最早的古代文物来自中期新石器时代。但据文献资料记载,

---

① 马克思恩格斯选集:第 3 卷[M]. 北京:人民出版社,1972.
② 公元前 5 世纪中叶,雅典联合各城邦与波斯军队展开了决战,并最终在这场耗时已久的希波战争中胜出,也由此奠定了雅典在希腊诸城邦中的盟主地位。至此,大量的财富与人才源源不断涌向雅典,也造就了雅典乃至古希腊文明繁荣的顶峰。
③ 张京祥. 西方城市规划思想史纲[M]. 南京:东南大学出版社,2005:8-9.

早在早期新石器时代,阿提卡①附近便有人类居住(公元前 6000 年)。至进入青铜器时代后,该处的山丘成为迈锡尼君主的居住地,在此开始兴建建筑。同古代希腊其他城市一样,这些城市也具有战时市民避难之处的功能,是由坚固的防护墙壁拱卫着的山冈城市,坚固的城墙筑在四周。公元前 1500 年,这里是王宫所在地,从公元前 800 年开始,人们在这里兴建神庙等祭祀用的建筑物,使之成为雅典宗教活动的中心,并逐渐形成城市。

至公元前 5 世纪中叶,为了纪念希腊人以高昂的英雄主义精神战败了波斯的侵略,同时修复在希波战争中被破坏了雅典卫城,作为全希腊的盟主,雅典进行了大规模的建设。建设的重点在卫城,在这种情况下,雅典卫城达到了古希腊圣地建筑群、庙宇、柱式和雕刻的最高水平。作为希腊最杰出的古建筑群,雅典卫城既是综合性的公共建筑,更是宗教政治的中心地。在这里,古希腊的文明、宗教、神话得到了最大程度的显现。从现存的主要建筑看,有卫城山门、雅典娜女神庙、帕提农神庙、伊瑞克提翁神庙(伊瑞克先神庙)、雅典娜胜利神庙等。在对卫城进行建设的过程中,与当时东方国家纷纷用高墙围起的、整齐划一的庞大都城形态相比,希腊人并不在意他们规模较小与低矮的房屋,而是将极大的智慧与热情投入高高的卫城山上,以塑造他们的城邦精神与理想②。圣地(Holy Land 卫城)遂成为希腊城邦精神的化身和有形体现。此后,人们不断地对卫城内的神庙进行修复和重建。公元前 4 世纪以后,雅典人在山下建起了一整套建筑物,体现了雅典人民的智慧和才干。然而在历史的长河中,雅典卫城的建设和发展,一直以具有浓厚底蕴的神话传说和宗教活动为中心,在此基础上进行各式各样的人类实践活动。

透过古希腊城市的建设和发展史,就会发现希波战争以前的希腊城市大多数是自发形成的。在城市的自由发展中,希腊城市中神与宗教的发展、自然的发展以及人的发展均得到了充分的体现与和谐的延伸③。作为具有宗教象征意义的雅典卫城,可以说是因源于宗教活动而得以兴起的典范。在这里,人们可以确切地发现宗教和神话对人类城市形成和建设的重大影响。虽然我们无法完全再现雅典卫城的形成史,但是透过有史可查的建设史,我们就会发现宗教、神话等因素在其形成过程中的作用。以公元前 5 世纪中叶的雅典卫城修建为例,人们主要基于以下几个目的:首先,赞美雅典,纪念反波斯侵略战争的伟大胜利和炫耀它的霸主地位;其次,把卫城建设成为全希腊的最重要的圣地,宗教和文化中心;最后,感谢守护神雅典娜保佑雅典在艰苦卓绝的反波斯入侵战争中赢得的辉煌的胜利。总体而言,圣

①　雅典卫城由位于阿提卡的平原延伸至陡峭的悬崖上,三面被悬崖包围。
②　洪亮平. 城市设计历程[M]. 北京:中国建筑工业出版社,2002.
③　张京祥. 西方城市规划思想史纲[M]. 南京:东南大学出版社,2005:11.

地建筑的功能更多的是担任人类对神灵的崇拜和敬畏。更重要的是,透过宗教活动对城市形成所产生的影响,我们会发现其所蕴含的内在自然秩序。

首先,位于爱琴海、小亚细亚、地中海以及黑海的海洋环境造就了古希腊以贸易为主要特征的海洋文明和开放的人群性格。特别是希波战争胜利后,强大的海上霸权更使包括雅典在内的开放海洋文明得以进一步提升。而波斯自东向西的入侵,更是造成了东西方文化、艺术、天文等知识与技术在古希腊的传播。由此,为古希腊的城市形成了一个开放的环境,物质、能量、信息、人才等资源在此等待交换,使城市具备发生自组织的耗散结构特征。再则,古希腊自由民主制度促进了经济的大繁荣与平民文化中健康、积极因素的进一步发展。在这里,人们能够得以自由地生活和对自然进行自由地思考。频繁的海外贸易和航海活动,也促使古希腊人去努力发现天文、地理、气象等自然现象中的种种规律。一旦古希腊人在通过观察和思考,发现规律并认为能够做出一定的预测时,在希腊人的心中,自然和宇宙就不再是受外部力量任意支配、无足迹可循的杂乱现象。他们逐渐认识到:在世间运动变化着的事物之中,也隐含着可以被不断认知的秩序和规律,人类要因循这些自然的秩序和规律。而这些认识具体反映在城市理论,首先就表现为自然主义的布局手法。以雅典卫城为例,其建筑布局以自由的、与自然环境和谐相处为原则,既照顾到从卫城四周仰视它的景观效果,又照顾到人置身于其中的动态视觉美[①]。从城市的形成及其建筑艺术来看,与人类宗教及神话有着密切联系的雅典卫城,在其形成和不断建设的进程中,古希腊人一直因循自然的秩序和发展规律在开展着各项城市活动。直至具有强烈人工痕迹的城市规划模式——希波丹姆斯模式的产生,人类才逐渐摆脱自然主义的手法而逐步确立几何化、程序化和机械式的规划模式。虽然希波丹姆斯模式在一定程度上满足了城市建设中迅速、简便化的要求,同时也确立了一种新的城市秩序和城市理想。但是这种带有强烈干预色彩的控制模式使得城市建设从传统的灵活、自然、有机走向呆滞和机械,甚至为了城市的形式美而全然忽视自然地形的现实条件。这种忽视城市自然发展规律的模式也给城市的活力及城市的进一步发展带来了桎梏,进而阻碍了城市自然的发展进程。

4.3.2 欧洲中世纪城市

以一张城市的总体规划平面图为基础,通过规划指令的方式建立起来的方格网城市越来越被指责为过于人工化和枯燥乏味,人们日益怀念的是历史上那些未经规划总平面控制而自由生长起来的城市,那蜿蜒曲折的幽静街巷所散发的悠悠古韵令人陶醉,令人流连忘返。这种城市所表现出的仿佛从当地逐渐生长出来一

---

① 张京祥. 西方城市规划思想史纲[M]. 南京: 东南大学出版社, 2005: 12.

般,与自然有机结合并沉积着城镇发展历史的独特魅力,是方格网城市难以企及的。翻开城市发展的那漫长历史,人们不禁会发现中世纪的西欧城市普遍具有这种经久不衰的魅力。到底是什么原因促使中世纪的西欧城市能形成如此人性化的有序的格局并向前发展,这一问题一直困惑着人们。那么,到底是什么原因使得中世纪的这些城市能够依靠城市内在的自组织力得以实现自我发展的?

首先,在中世纪初,随着人口的增长以及商业的恢复,城市在整个欧洲取得了巨大的复兴。尤其是意大利,由于优越的地理条件,城市率先得以复兴。此后,在欧洲内地商路上的波罗的海沿岸,城市也相继复兴。从整体上看,这时期城市的复兴得益于城市商业经济的发展。城市的繁荣和富足不是通过帝国征服或凭借其神圣中心的位置取得的,而是依靠精明的经商之道获得的,这时期的威尼斯就是一个凭借经济实力而强盛的"终极形式",也是中世纪城市繁荣的典型。城市经济作为城市的生命,经济的发展程度决定了城市的繁荣与否。而这种市场型的城市经济,其本身是一个自组织系统,演化也遵循着自组织的进程在自主演化,这就必然带动充分依靠商业经济发展的中世纪大多数城市,使得这些城市也跟随着这种自组织自主演化的方式在向前发生演化,而不是命令规划所能左右的。

其次,中世纪有统一而强大的教权,基督教对世俗与精神世界进行全面的控制,宗教神学耗尽了这个时代一切进步因素和生机活力,其他各门学科的发展也都处于停滞状态,包括城市规划。因此,各国不会投入过多的财力、物力和人力对城市进行指导规划并组织建设。这为西欧中世纪城市的形成创造了先决条件。须知,自组织过程的实质,就是大量的随机过程,在某种约束条件和相互作用的影响下,最终形成宏观结果的有序性和规律性。在中世纪城市建设中,更多的是群众当中的个体建设而非有组织的国家建设。在这种个体建设中,个体的建设过程相对自由,因此可以将每个个体的建设都看作一个随机过程。

最后,中世纪的西欧城市与中东、印度以及中国等非西方城市截然不同的是,尽管欧洲城市在人口、规模上是微不足道的,但是它却拥有伴随经济力量而来的自治权。大量的市民阶级在这个时期逐渐兴起,市民拥有一定的自由和自治权力,这就使得他们可以尝试按照自己的方式自主地进行各种各样的城市建设,这也是一个城市自组织发展所不可缺少的重要条件,使那种指令规划型的城市建设无法立足。

中世纪西欧城市的这种自主建设的模式,后来随着西方世界的扩张传播到了很多地方,再加之中世纪以手工业为基础的商业发展,经济市场化同时也受民主化、自由化的影响,使得一些欧洲以外的城市摆脱了"城市规划"那种统一规划和大规模建设的限制,以一种在一定限制下自主建设的模式,形成了丰富多彩而又有序的城市面貌。

锡耶那、佛罗伦萨、热那亚等皆是欧洲中世纪留下的一座座美丽的城市,向来被当作是中世纪城市的样板。这些城市所凝练成的极高艺术价值正是自组织的杰作,它隐藏着整体的内在的有机秩序,以人的尺度营造城市,以人的视角设计景观,处处充满了人文主义关怀。这样的城市美景非人力可以达成,只有运用城市内在的自组织力量才能实现。欧洲中世纪的城市,大多是大批有技术的逃亡手工业者和小商贩,为了逃避压迫从而在原来无人居住的地方建造出来的。为了挣脱贵族领主的管理和控制,欧洲中世纪城市从出现时起,就基本没有一个具有军事优势的领导集团,它是商人和手工业者们自发形成的一个社区,自己组织起来共同保护自身的安全,集体防御。这种情况,对于所谓的统一是灾难性的,而对于城市的发展却是千载难逢的机会。在这里有浓厚的商业气息,"市民阶级"不但兴起较早,而且当其壮大起来,并且凭借人员的众多而获得力量的时候,贵族在他们面前逐步后退以至让位于他们[①]。这使得城市居民有足够的自由能够自我做主,并且保证了他们可以来往和居住于他们所愿意的任何地方。当时德意志的一句谚语"城市的空气使人自由",生动地反映了那时全欧洲城市的情况。

由于中世纪的欧洲城市是一种有着一定独立性的社会单位,城市居民们十分珍惜这种独立和自由,并且利用这种独立和自由为自己谋福利。这种独立和自由极大地促进了商业贸易在城市中的发展,也为城市居民自主参与城市建设提供了经济基础。中世纪以手工业为基础的商业的发展,经济市场化的影响,使得一些欧洲中世纪城市采取了一定限制下自主建设的模式,形成了丰富多彩而又有序的城市面貌。城市建设和城市发展呈现出一种自发性和真正的整体性,城市的参与者都试图通过自己的努力将城市推向更有利于生活的未来。正是由于这一点,我们可以看见那些中世纪城市的空间和格局彼此相互关联,使整个城市空间看起来是一个统一体。这种整体的形象正是中世纪城市建设最重要的贡献之一。锡耶那、热那亚、巴黎、佛罗伦萨等城市皆是在那个历史背景下脱颖而出的佼佼者。

---

① 亨利·皮雷纳. 中世纪的城市[M]. 陈国栋,译. 北京:商务印书馆,2006:104.

第5章　自组织城市演变的非他律性

城市的发展既是伴随人类居住环境不断演变的过程,也是人类自觉不自觉地对居住环境、城市布局等进行选择安排的过程。城市在其演变的过程中,原有的城市形态或迟或早会出现相应的变动,变动有快有慢。纵观世界城市史,就长时段来看,城市没有一成不变的,更非永恒的。许多城市诞生了,兴盛过,后来又消失了。这就是说,城市同任何产生出来的事物一样,都有其发育、成长、壮大、衰落的历史。从诞生之日起,随着社会的发展变化,一座城市就逐渐开始它的童年、幼年、青年、壮年、老年,并最终退出历史舞台的演变历程。自从城市形成以后,城市便不断地发生变化,作为人类社会发展的必然趋势,是不以人的意志为转移的客观规律,同时又是一个动态的演变过程。城市从产生到现在,无论是在外观形态还是在功能属性上,都已经发生了深刻的变化。城市形成后,其性质、功能和形态的演变以及发展过程可以统称为城市演变。讨论城市演变,即讨论城市系统演化发展,就是分析其变化机制、过程和规律。

城市的发生、发展是人类文明发展的一种物质环境体现,分析研究其演化发展规律,将有助于我们深入理解城市并对其未来发展实施一定程度的干预。为了揭示城市演化发展规律,我们需要从宏观的历史发展的角度,联系整个人类文明以及世界各国城市发展的实际经验,来进行总结和归纳。在这方面,先前的学者和思想家们已经做了许多工作并积累了相当数量的研究成果,为我们深入研究城市及其发展规律奠定了重要基础。我们尝试着在已有研究成果的基础之上,从非平衡态自组织理论的视角来探讨城市演化发展的基本规律。我们认为,城市系统的演化发展过程和现象虽然非常复杂,但仍有隐藏的秩序和自身的规律性,这种秩序和规律作用于城市的规模大小、区位选择、发展时序以及发展的方式之中,并且作为一种隐藏的机制作用于城市系统演化发展过程中。从一定层面上讲,城市的演化发展是城市个体,包括个人、企业、政府等单位,各自作用力的宏观表现。城市个体的行为目的不同,行为方式各异并受到来自社会、经济等多方面的影响。但是大量个体行为组成的宏观作用却存在规律性。城市系统中的个体行为有其各自的要求并追求各自利益的最大化,遵循着沿资源递减方向和相对优势递减方向的距离衰减的区位择优规律,个体行为自发自主地发生着,并在周边行为的相应影响下,在区位选择、规模大小、使用性质以及形式风格等方面与现在的城市系统环境不断发生着往复碰撞和自我调适,经过一个漫长的调整适应阶段,逐渐形成较为合理的城市形态。为此,本章将尝试从城市自组织发展的角度探讨城市演变的一般性规律。

5.1 城市演变的非他律性假设

一般说来,城市不断发展的过程就是城市演变的过程,是城市在不同的历史和发展阶段不断获得适合于城市发展的功能、途径、空间和时间的过程。从宏观的角度来看,城市发展的动力主要来自城市内部的矛盾,其过程是在城市系统内部和外部各种因素共同作用之下完成的。对城市这个开放系统而言,根据自组织概念,可以发现其演变的过程和内部机制明显具有自组织性。沙里宁在《城市:它的发展、衰败与未来》里描述中世纪城镇空间格局演变时曾讲道:"当初(中世纪)城镇的格局并没有什么预定的框框,它的结构形态是根据当地生活条件和地形环境而天然形成的。这样做完全符合大自然的规律。因为,任何一种事物都有反映其内在实质的形式特征。中世纪的城镇建造者也和大自然一样,本能地认识到这种支配一切事物的基本原则。[①]"换句话说,中世纪城镇空间格局演变遵循的是同大自然演变同样的原则,即自组织自行更新的规律。中世纪城市的发展没有整体的规划控制,是在一种"修修补补的渐进"模式下,经过长时期缓慢发展演化而成的,因而中世纪城市的演变呈现出较多的自组织发展的有机痕迹。正如沙里宁所描述的"每一幢新的房屋,都像石子镶嵌画中的石子一样,正好配合它所在的位置"。由此可见,在中世纪城市发展演变的过程中,自组织起到了相当重要的作用,不仅是维持城市不断发展的动力,而且还控制着城市空间形态的形成和演变。

城市自组织演变的过程在城市发展的历史长河中随时随地都在发生,只不过在大多数的情况下不像是大规模的建设和改造那样令人瞩目。城市自组织演变的成效只有在积累到一定的程度以后才会显示出来。由于是自组织演变,演变的内容也就不会只局限于单一的局部,而是在一定层次和一定范围之内的综合性、整体性的改变,但演变的同时也保留了原有的大多数的特征,变化后的部分在适应发展的同时也延续了历史。如果不是现在的大规模的改造,城市的发展形态在千余年间都会沿着自己内在的规律运行,城市的空间形态、格局、功能等都保持了与城市发展的协调。可以说,任何传统的城市都有着相同的经验。美国著名的城市问题研究者乔尔·科特金(Joel Kotkin)在《全球城市史》一书中,以其神来之笔,把人们

---

① 伊利尔·沙里宁.城市:它的发展,衰败与未来[M].顾启源,译.北京:中国建筑工业出版社,1980:40-41.

带入了一个似曾相识但又别有意境的城市世界：从美索不达米亚、印度河流域和中国的宗教中心，到古典时期的希腊、罗马帝国中心、伊斯兰世界城市、欧洲威尼斯等商业城市，再到后来的伦敦、纽约、日本等工业城市，一直到今天以洛杉矶为代表的后工业化城市。通过历史的回顾，他发现，这个城市世界从发轫伊始，就带有某些共同的特征，尽管它们可能远隔重洋，相距万里。虽然分析的立足点和考虑的视角不同，形成的共同认识可能也有些差异，但至少说明了城市之间还是存在着相似之处的，尽管这些城市之间毫无联系。由此，我们认为在城市的演变过程中，城市也肯定会遵循某种共同的原则或规律[①]。

　　基于上述简要分析，我们尝试提出如下假设：城市的发展演变不是特定的外界指令作用的结果，不是一蹴而就的，而是在各种力量的综合作用下，基于自身发展的实际需求，不断修正调整自身发展目标而逐步展开的过程，城市发展演变的进程总是一次次地超出人们的预期，即城市演变具有非他律性。

5.2　城市演变非他律性假设的理论论证

5.2.1　社会发展"合力论"

　　城市的发展演变史已向人们展示，城市在发展演变的历史进程中并不是在一开始就有自觉的意图，有预期的目的。外界并不是事先就通过指令或干预的方式来预先规定城市具体的发展目标和方向，城市的演变过程完全是城市自身从人类的具体需要以及自然的、社会的现实环境出发，在各种作用力的综合作用下，经过不断地修正最终才形成一个和谐有序的城市形态和结构。城市的演变是各种复合因素综合作用的结果，而城市这种演变发展的历史进程与人类社会的发展历史具有太多的相似。

　　根据晚年恩格斯的观点，人类社会的发展是在不同性质作用力的相互作用、相互影响中融合为一个系统整体，从而构成一个合力系统，正是各种因素相互作用所形成的历史合力才是社会发展演变的终极原因。为此，恩格斯在晚年阐明社会发展的各种因素交互作用的基础上，从系统论角度分析了社会发展动力机制的整体性、多重性和动态性，从而提出了推动社会发展的"合力论"。所谓人类社会历史发展的"合力论"，是指人类社会历史的前进，是社会发展动力、各种主客观因素、历史事变以及出现特殊历史人物的各种因素综合作用的结果。社会的不断发展，除了受自然环境因素的作用影响以外，还受其他各种因素的作用影响，如经济因素、政治因素、宗教因素、生态因素、文化因素等，是诸多复杂因素共同作用推动了

① 乔尔·科特金. 全球城市史[M]. 王旭,等,译. 北京：社会科学文献出版社, 2006：2.

社会的发展演变。对此,恩格斯认为:社会历史发展的"最终的结果是从许多单个的意志的相互冲突中产生出来的,而其中每一个意志,又是由于许多特殊的生活条件,才成为它所成为的那样"①。由彼此之间生活条件和社会经历的差异,致使人们的意志各异,从而使每个人可能都会产生自己独特的动机和目的,并进行着不同的活动,"这样就有无数互相交错的力量,有无数个力的平行四边形,而由此就产生出一个总的结果,即历史事变,这个结果又可以看作一个作为整体的、不自觉的和不自主地起着作用的力量的产物。"②这样一来,在社会历史领域便造成了这样一种情况:有意识、有目的、有计划地活动的单个人,他们行动造成的结果却不依赖于人们的意志,而是跟自然界的运行过程一样具有客观规律性。"因为任何一个人的愿望都会受到任何另一个人的妨碍,而最后出现的结果就是谁都没有期望过的事物。所以以往的历史总是像一种自然过程一样进行,而且实质上也是服从于同一运动规律的。"虽然这样,但不能因此就说,每个人的意志为零。实际上,"各个人的意志——其中的每一个都希望得到他的体质和外部的、归根到底是经济的情况(或是他个人的,或是一般社会性的)使他向往的东西——虽然都达不到自己的愿望,而是融合为一个总的平均数,一个总的合力,然而从这一事实中绝不应作出结论说,这些意志等于零。相反地,每个意志都对合力有所贡献,因而是包括在这个合力里面的。"③恩格斯这段关于人类社会"合力说"的论述,我们认为既强调了人类主观意志的作用力对社会发展所起的作用,其中也充分肯定了在经济发展基础上产生的政治、宗教、军事、文化、生态等各种客观因素对社会发展的影响。基于此,我们认为可以将引起社会发展的合力系统分解为以下主要因素:经济因素、政治因素、文化因素、军事因素、生态因素等主客观因素。在推动社会向前发展的过程中,这些因素彼此相互作用,最终按照"平行四边形"的合力原则共同推动社会的整体演变。

回顾城市的发展史,我们会发现作为人类社会系统之一的城市系统也同样在遵循着社会发展"合力"的客观规律向前演化,而不单单是人类意志或某种单一力量左右的结果。期间任何的外力干扰或人类对城市发展的规划控制只能作为城市演化推动力的影响因子之一,而不是最终决定性的力量。由此可以进一步推论:城市的发展演变具有非他律性,具有自组织自行演化发展的特点。城市是一个以非农产业人口为主体的,由人口、经济、政治、文化、军事、自然环境等要素高度聚集而成的复杂的自然-社会复合系统,其自身的发展演变也必将受到这些因素的作用影响。为此,我们认为,那种认为城市的发展演变是由人类主观意志来决定的观点是

①② 马克思恩格斯选集[M]. 北京:人民出版社,1995:267.
③ 马克思恩格斯选集:第4卷[M]. 北京:人民出版社,1995:695-697.

应该加以否定的。

　　现实的城市系统是一个不确定性的复杂系统,造成这种不确定性的原因主要有两个方面。一方面,城市是一个由人口、政治、经济、文化、自然环境等要素构成的一个复杂开放巨系统,在这个系统中随时充满着各种随机因素的扰动,一场战争、一个政治事件、一次瘟疫,甚至一个从未被人注意过的偶然事件就有可能改变整个城市的发展。这些偶然性因素就会给原本可能确定性发展的城市带来了发生涨落的条件,从而使准确地预测和规划城市的发展成为泡影。另一方面,城市是一个复杂的非线性系统,不能用简单的线性思维来观察认识城市。因此,试图用某种确切的方式来控制城市的发展,实际上只是人类的一厢情愿。根据社会发展"合力论"的原则,城市中每个人的每个行为与想法都与城市发展相关,都能在冥冥中影响着城市的发展演变。但多数状态下只是处于间接影响,并且有些影响明显,有些影响不易察觉。从总体上来说,城市处于确定性与随机性、秩序与混沌共存的边缘,在混沌与秩序的边缘,城市的各种现象才可以得到真正合理的解释,而城市的魅力也正在于确定性与随机性、混沌与秩序的共存。

　　事实上,恩格斯提出的社会发展"合力论"已经给我们指出了城市发展演化过程中人类干预和城市规划活动对城市演化所起的作用。那就是人类对城市所进行的各种规划活动,只是城市最终发展走向的作用力之一,并且这个作用力也是在和其他因素的共同作用下,形成最终一个"合力"才对城市的演变形成某种最后确定性的作用。而在这一作用的过程中,经济、政治、军事、宗教、文化、生态等因素都对其产生了相当大的影响。初期某种新因素的随机介入不仅使城市系统原有因素的数量有所增加,而且也可能引起一次全新的组合,各个因素之间非线性的相互作用,同时受到内外发展变化的影响后,经过不断试错调整和迭代趋优,从而使城市最初的性质和发展方向发生某种变化,最终铸就城市发展演变的现实路径。因此,是各种因素在相互作用、相互影响中融合为一个最终作用力,从而共同推动城市的演变前进。城市的演变是由作为整体的、不自觉地或不自主地起着作用的力量所产生的结果。

　　城市是由各种因素共同推动的结果告诉人们,城市发展的动力系统也具有整体性和等级性。人们要时刻注意可能影响城市发展的各因素、各动力之间的协调配合和整体功能。同时还要做好几个主要因素和主要动力之间的平衡,尽量不要出现顾此失彼或厚此薄彼。这种平衡是城市演变过程能否实现健康有序发展的关键。因此在规划设计和建设、管理城市时,要尽量遵循各个因素自主的变动,而避免人类主观意志的过分干预而导致城市系统的失衡和突变。在未来城市建设的过程中,在遵循城市演化的非他律性内在特征的基础上,既要发挥不同层级因素之间的作用,又要协调不同层级因素的相互关系,保持平衡,以有序稳定的合力状态,推动城市演变,遵循科学的城市发展观。

5.2.2　其他理论学说的相关解释

关于"城市是如何运行"以及"城市是怎样随着时间的推移而发展"等问题历来是理论研究者关注的重要问题。在西方发达国家中,主要有以下一些解释城市的演化发展的理论学说。

1) 经济学的解释

经济学认为,城市首先是经济活动存在和得以延续的基础。反过来,如果缺乏稳固的经济支柱,城市无论大小都将失去存在的源泉。当地方经济持续增长时,城市也随之繁荣发展;当经济衰退或停滞不前时,城市也会失去活力;当地方经济从低增长中重新振作起来时,城市也会重新绽放出往日的光彩[①]。因此,从经济学的视角探寻城市演变的规律是非常重要的一个路径。对此,经济学家也认为城市在空间上的结构是人类各种社会经济活动和功能组织在特定城市地域空间上的投影,包括土地利用结构、经济空间结构、人口空间分布、就业空间结构、交通网络结构、社会空间结构、生活活动空间结构等[②]。城市的形成和演化是居民、企业、政府追求规模经济行为在地域空间上的体现。基于不同的着眼点和强调重点的不同,对城市演化的经济学解释又分成若干的理论流派。

土地经济学理论认为:在市场经济条件下,基于供需关系的价格决定了资源的分配。因此城市土地的地价决定了城市土地资源的配置,由此影响城市发展的整体格局,同时也引导了城市未来发展的方向。从实际运用的成效来看,阿隆索(W. Alonso)的竞标地租理论、新古典学派和结构学派都分别从不同角度运用地价理论对城市的土地利用及分异规律进行了成功的解释。土地经济学对城市发展格局的解释获得了广泛支持,已成为分析城市演化尤其是城市空间结构演变的一个重要基本理论。

经济规模效益理论认为:除了受供求影响的价值规律是经济活动的客观规律外,规模效应也是经济活动的客观规律之一。与计划经济不同的是,在市场经济条件下,出于对经济效益的追求,使企业十分注重规模效应。因此,商业、服务业以及工业的发展都需要一定的集聚规模,于是各种专门化的经济活动区便渐渐形成,从而使城市的整体发展出现一种"集中"的趋势。经济规模效应理论运用规模经济

---

① 安东尼·奥罗姆,陈向明.城市的世界——对地点的比较分析和历史分析[M].曾茂娟,任远,译.
上海:上海人民出版社,2005:105.
② 柴彦威.城市空间[M].北京:科学出版社,2001:13-14.

和聚集经济说明城市对各种经济活动的吸引力,提出聚集效应是城市空间结构演变的动力之一。经济规模效益理论的上述分析是有说服力的,可以说,除了因地价不同而对城市的发展起到调整作用外,规模效应也是一个重要的经济影响因素。

经济活动的投入—产出分析理论认为:由于经济活动遵循的是"理性决策"的原则,因此一切经济活动都是为了低投入、高收益。该理论通过对土地成本和交通成本以及对区位优势的选择的分析,来解释企业和居民的选址,并认为经济活动遵循的"理性决策"的原则应该成为城市空间发展的决策依据之一。

经济基础决定论认为:任何经济活动都需要一定的经济基础作为支撑才能得以有序开展。城市空间结构和功能的整体布局作为一种大规模的经济活动,必须受到经济基础的制约。因此,无论是城市的扩张还是城市内部的重新组合,都将受制于城市的经济实力。

从上述各种经济学理论的解释来看,城市的发展显然受到经济作用力的影响,城市的空间布局形态和城市的发展走向必须兼顾经济力的影响。因此,可以认为经济因素是影响城市演变的一个不可忽视的重要作用力,在此简称为经济力或市场力。

2)社会学的解释

作为社会科学的核心,社会学以社会分析为工具,以解释社会现象为任务。城市的发展演变作为社会现象之一,因此也成为社会学研究的对象之一。从社会学的角度来解释城市发展的现象主要有"新马克思主义"和"族裔迁移"两大社会理论。

"新马克思主义理论"又可简称为"阶级"的分析方法。因为,其探讨的核心是由不同的经济和社会地位所引起城市的布局形态和整体演化。运用马克思主义阶级分析方法分析城市演化发展的历史,我们很容易发现:决定城市空间格局变迁的背后原因常常是不同阶级力量的此消彼涨。拥有更多财富和决策权的阶级或阶层难以避免地会利用自己所拥有的财富和决策权,影响城市规划建设管理的相关政府部门、企事业单位以及相关个人,迫使这些部门、单位、个人自觉不自觉地将更好更优更多的城市空间资源分配给自己。而不拥有足够财富、几乎没有决策权的大众,对于城市规划建设管理的部门、单位、个人的影响是比较有限的,他们在城市中所拥有的空间资源一般都比较少,多数都不得不生活在地段、环境相对较差的地方,更使人揪心的是他们选择城市生活环境、生活方式的权利无形之中被剥夺或大打折扣。发达国家中的高度郊区化,就是那些拥有更多财富和权力的阶级或阶层迫使政府部门、相关规划建设机构以及相关个人以各种名目投资建造郊区基础设施和高品质住房为自己服务的非他律性的结果。

"族裔迁移理论"是以种族为着眼点，讨论不同种族之间的迁移对城市空间构成和发展趋势的影响。这一理论的提出者首先分析了居民迁移对形成美国大城市的空间结构，尤其是居住空间结构的重要影响，他们坚持认为，种族迁移、分离是形成美国城市空间结构的基本原因。社会学家们认为这一理论具有更为宽泛的解释能力，比如可以运用这一理论来分析改革开放以来中国农民工的举国迁移对于中国城市空间格局的影响，可以用来分析"孔雀东南飞"现象及其所导致的沿海城市飞速发展的现象，可以用来分析深圳等新兴城市的快速崛起，还可以用来分析"浙江村""江西村""重庆城"以及"服装街""修理街""好吃街"等现象。

总之，社会学家认为，社会地位、阶级和种族等社会属性的不同，使城市内部出现"分"和"合"两种不同力量。不同的阶级和不同的种族之间具有分化的倾向，而相同社会属性的人群之间则具有聚集的倾向。在"分"和"合"两种不同力量的作用下，城市显现出不同的发展过程，并构成城市的最终形态。在此基础上，城市居民兴趣、价值观、文化等因素的不同，也会对城市的发展造成一定的影响。基于以上分析，我们把影响城市发展的这些社会因素统称为"社会力"，以与"经济力"相区别。

3) 政治学的解释

除了经济力和社会力能对城市的发展演化产生一定的影响外，由国家主导的政治力量也是不可忽视的重要因素。其中"城市政体理论"就是从政治学的角度出发，对城市发展的动力——政府的力量、经济的力量和社会的力量这三者的关系进行分析，探讨这些关系的组合及其变化对城市发展演化所产生的影响。他们认为，在市场经济条件下，社会资源基本上是由私人（包括企业和个人）所控制的；但在西方发达国家，政府是由人民选举产生的，因此政府必须要代表全体选民的利益。这两者之间存在一个基本的矛盾：一方面，为了赢得选举，政府必须表现出政绩，主要表现为促进城市的发展，改善城市面貌，提供城市基础公用设施等。但另一方面，由于社会资源大部分被私人所控制，政府为了促进城市发展就必须借助于私人，故要作出让步。而政府让步可能又伤害到普通民众的利益。于是，政府必须在寻求经济投资和民众认同之间寻求平衡①。可以说，城市的发展是政体变迁的物质反映，是三者力量的平衡。因此该理论认为，政府的政治力量、市场的经济力量以及社会民众的社会力量的组合，主导并深刻地影响着城市的发展演化。

以上从经济学、社会学、政治学等方面探讨了城市发展演变的作用力等问题。

---

① 张庭伟. 1990 年代中国城市空间结构的变化及其动力机制[J]. 城市规划，2001(7).

除此之外,我们还知道人类的军事活动、宗教等作用力也会对城市的整体布局和发展趋势产生一定的影响。由于在前文曾探讨过它们对城市形成的影响,故在此就不予详述。通过对上述因素的分析,我们看到的是一个错综复杂的"力场"。在这些作用力中,有的来自城市发展的经济方面,有的来自社会方面,有的则来自政府主导的方面,还有军事方面、宗教方面等。各种作用力分别从各自角度试图对城市的发展演变作出理论的解释,但这些规律都未能完全体现城市演变的整体特征。因为我们知道整体是大于部分之和的,城市的演变不是这些作用力的简单相加。另外,为什么不同的城市呈现出不同的演变趋势? 即使是同一城市为什么在不同的时期会呈现出不同的发展走向? 答案在于影响城市发展的这些作用力之间的相互作用,这些作用力按照社会发展"平行四边形法则"的作用原则在推动着城市的演变。至此,我们可以推导出:城市的发展演变是城市内部、外部各种力量的相互作用在空间上的反映,相互作用后的合力的物化,体现为城市的内部重组或城市扩张。在现代市场经济条件下,没有一个单一的力可以完全决定城市的演变格局和走势。在经济全球化的浪潮下,今后城市的发展演变还将受到国际资本、国际政治力量甚至国际社会组织的影响。但不管影响因素和作用力有多少,城市最终演化的发展必然是这些作用力合力的方向。在此,我们把影响城市发展演变的各种社会力量简单地分为经济力(主要指国内掌握资源的各种经济实体和国际经济力量)、政治力(主要指由政府控制占主导地位的政府力量和国际政治团体的影响力)、社会力(主要包括社区组织、非政府机构、全体市民以及其他社会力量)、军事力(主要指出于军事安全考虑对城市发展形态产生的军事因素)、宗教力(主要指因宗教信仰等因素而对城市布局起到作用的那部分作用力)、生态力(主要指城市发展所依赖的自然生态环境)等。这几种作用力在综合作用下,最终决定城市的演变走势(图 5.1)。

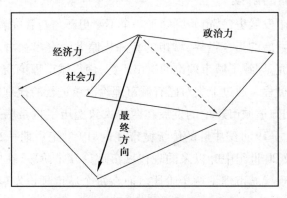

图 5.1　城市发展演化的"合力"模型

通过上文的分析,我们知道在探讨城市演化的问题时,应包括对影响城市发展的政治力、经济力、社会力、军事力、生态力以及宗教力等几个方面的综合分析,而不能以其中某一个或两个力来讨论。纵观世界各国城市的发展演变史,无论是哪一个城市的演变必然受到综合作用力的影响。正是这些作用力的综合作用、互为制约的关系,使得城市能够得以稳定有序地运行,这也是城市自组织演化的原因所在。城市发展演化的作用力来自各个方面,而且是多目标、多层次的,但是从全局上看,城市的演变则呈现出整体有序的态势。城市在演化的进程当中,由于任何一个作用力都无法对城市的发展演变形成主导性的干扰,也就是无法对城市产生决定性的作用,人类试图借助其中任何一个因素来实现对于城市发展方向的预测与控制都是不现实的;那么人类有无可能揭示出影响城市发展演变的所有因素以及它们之间的错综复杂的关系,并以此为据实现自己对于城市发展演变的预测与控制呢? 以往无数学者的研究已经证明认识影响社会(城市)发展演变因素及其相互关系是一个无限的过程,现实的人类永远做不到据此来预测和控制社会(城市)的发展演变。因此,我们认为城市的发展演化是非他律的,是自组织的过程,非任何单一因素所能决定,非人类意志可以预测与控制。即使城市的演变受到政府或城市规划等人类的外力干预,但是这些他组织的外在影响还必须要经过城市发展内在自组织作用的"改造",才能显现出或产生一定的效果。然而这时的城市演化已不完全是人类干预所想要达到的那个状态,其最终形态和发展趋势已经或多或少地发生了偏移。总之,城市的最终发展演化格局或者说时间跨度很大的大尺度的城市发展演变,一定是一个多因子作用力共同作用、相互关联、互为制约的,以"自下而上"为主的自组织过程,也就是说,大尺度的城市发展演变呈现出非他律性的基本特征。

5.2.3 我们的解读

综观整个城市发展史,城市始终处于一个不断更新与自我完善的过程中,特别是在高速城市化发展的当今世界,城市的新陈代谢尤为突出。由此引发人们对城市持续不断的研究,导致了城市理论的层出不穷,使得城市理论演变也成为不断更新完善的自组织过程。通过上文对已有城市理论沿革进行的梳理以及对典型城市理论的分析,我们知道城市理论的发展在西方大致经历了古希腊—罗马的古典城市理论、罗马灭亡—19世纪中叶的传统城市理论、19世纪后期—20世纪中叶的近代城市理论,以及20世纪中叶以来的现代城市理论几个阶段,在中国大致经历了传统城市理论和现代城市理论两个阶段。而在每个城市理论发展时段,面对不同的城市问题和不同的时代特点,又涌现出不同的城市理论,如西方在19世纪中叶以来,面对工业革命的迅猛发展所产生的城市结构严重破坏、城市环境恶化,以及为缓解由城市过分集中所产生的弊病等一系列问题,众多的城市研究者先后提出了田园城市理论、有机疏散理论、生态城市理论、健康城市理论、智慧城市理论、数据化城市理论等。从这些不同时段所要解决不同城市问题的理论当中,人们可以清晰看出:这些城市理论的提出与演变实际上也就是一个自组织演变过程,也反映出城市演变的非他律性特征。

工业革命打破了原来城镇间的平衡,城市的急剧扩张给城市带来了不幸,不同阶层的人们都开始关注城市问题,探索问题解决的办法。众多的城市研究者针对当时社会出现的城市问题,从城市定位、城市规模、布局结构、人口密度、城市功能、城市绿化以及城市发展道路等城市未来发展要考虑的问题着手,提出了一系列独创性见解,形成各自的城市发展理论和观点。现选择部分城市理论加以分析,借以探寻其理论所揭示的城市演化的非他律性特征。

1) 有机疏散城市理论强调城市的"有机秩序"

为缓解城市过分集中所产生的弊病,美国著名建筑学家伊利尔·沙里宁提出了有机疏散理论。他认为城市如同细胞一样是有机的,其肌理如同细胞的肌理一样,如果城市发展过快或过慢都会打乱整个系统的有机秩序。因此,只有在遵循"有机秩序"这一大原则下的城市发展才是实现城市持续发展演变的正确途径。同时,他主张按照城市的内在发展规律,顺应城市机理,在可持续发展的基础上探求城市的更新与发展。城市作为一个有机体,发展到一定程度也就会像有机体一样,从"母体"中分离出更新的有机个体。正如沙里宁形容的"溅出的水滴"一样,这种城市的"分娩"是城市不断发展演化的内在要求,也是城市保持自身旺盛生命力的必然。从有机城市理论可以看出,城市的发展演化应该遵循城市内在的发展规律,通过城市空间内部组织和自组织作用机制的实现,通过其内在的自适应性,使城市协调有序地发展,而不是人为设置种种框架或干预。众所周知,生物有机体的发展演变是典型的自组织过程,它是在"遗传""变异"机制的作用下,对其自身的组织结构和运行模式进行不断的自我完善,从而不断提高自身对环境的适应能力的过程。而有机城市理论亦认为城市作为一个有机体,其发展演化要在遵循自身发展规律的条件下,与所依托的环境,包括生物与非生物的环境进行相互作用。此外,城市内部子系统之间也存在着非线性相互作用,在这些因素的共同作用下,最终将形成一个确定的发展方向,引导城市有序健康地向前发展。而这种发展,完全是城市自主的过程,是任何其他外力所不能完全控制和干涉的。凯文·林奇在其《城市形态》中指出:假如一个城市是一个有机体,那么它会有很多特点不同于机器模式。一个有机体是一个具有明确界限和明确尺寸的自治个体。它不会因为简单地扩大、增加或无限地添加局部而改变其尺寸,但它改变了尺寸时,会重新组织其形态,达到新的有序稳定态。并且,他还进一步认为(城市)整个有机体是动态的,而且是自我平衡的动态:无论受到任何外部力量的干扰,它的内部总能调整到一种有机的稳定状态。因此,这种有机体是自动调节的,也是自我组织的,它可以修复自己,生产出新的个体,完成出生、成长、成熟到死亡的循环过程①。

依据伊利尔·沙里宁提出的有机疏散理论,可以推出城市演变是自主演化发展的过程,期间任何外在的干扰,最终依然会被城市自身的内在因素通过涨落作用的发挥而调整为一种有机状态。这就是说,城市的演变不是外力主导的结果,其发展表现出非他律性的特征。

2)生态城市理论重视城市生态系统的动态平衡

生态城市理论则是一种新的城市理念和发展模式,强调的是人与自然、人与社会的协调。城市是一个自组织的生态系统,在一定的生态阈值范围内,城市系统具有自我调节和自我维持稳定的机制,其演化的目标在于整体功能的自我完善,而非局部的增长。城市生态系统是特定地域内的人口、资源、环境通过各种相生相克的关系建立起来的人类聚居地;是社会、经济、自然的复合体,优化的城市生态系统具有较强的协调性和自组织功能。生态城市的建设是一种可供选择的低熵可持续发展模式。城市的可持续发展要求城市在高速运转的同时,能够形成较强的自组织能力,维持城市生态系统的动态平衡。生态城市理论所提出的可持续发展作为一种全新的城市发展模式,是城市系统演化发展的理想目标。由于人在改造自然的实践中不能以纯粹自我规定的活动来实现自己的主观愿望,因此人与自然的和谐共生必然要求可持续发展,这是客观自然界运动的根本要求。为此,以人为主体的城市系统,其发展演化的过程必然不能按照人类纯粹的自我规定和想象去发展,从而带上外界他律性的色彩。生态城市理论揭示出的城市只能按照人、自然、城市和谐的可持续模式去发展演化,这是一种有机的发展观,也是达到城市健康发展的必然途径。而在这一发展途径和发展模式下,任何外力对城市发展的影响和干预只能顺应这个规律,人类干预力量的发挥也只能参与到这个进程中,而不能成为其主导力量。因此,我们有理由认为生态城市的发展和演化遵循的也是自组织的发展规律,显现出非他律性。

3)全球城市理论坚持城市的全球化进程不可阻挡

再如全球城市理论所揭示出来的城市发展演化模式,也是城市自组织演化的

---

① 凯文·林奇. 城市形态[M]. 林庆怡, 陈朝晖, 邓华, 译. 北京: 华夏出版社, 2001: 65.

重要表现之一。经济全球化和信息化进程不断增强全球各地区的经济、政治和文化联系,各种类型的产业部门都以前所未有的超地域的广泛联系而生存发展;而城市间各种要素流动的迅速增加,使得全球各城市的联系更加紧密。在这种情况下,单纯以城市为单元已经无法充分理解全球化时代的产业竞争与发展现象。同时,各种资源和生产要素在全球范围内自由流动的加剧,打破了国家界线,使城市在全球化中的作用越来越突出,由此涌现出了一些跨越国界的全球城市。从全球城市形成的过程来看,这种城市发展进程是任何人无法阻挡的,也是任何人事先无法规划设计的。全球化作为一种潮流,是社会发展的客观规律,人们只能顺应这种规律,加入到全球化的进程中,才能赢得发展的机遇。而联系越来越紧密的城市,最终演化成全球城市,亦是遵循了这种潮流。也就是说,全球城市的形成同样不是人为选择和干预的结果,不是也不可能是自封的,而是在全球化发展的过程中经各种力量相互作用自然形成的。

4)数字城市理论认为城市的数字化是一种必然趋势

从数字城市理论的出现过程来看,人们亦可以从中探寻出城市演化的某种非他律性的自组织表现特征。"数字城市"是从"数字地球"这一概念演化而来的,是"数字地球"理论在城市领域的应用。所谓"数字城市"是指在城市的生产、生活等活动中,利用数字技术、信息技术和网络技术,将城市的人口、资源、环境、经济和社会等要素数字化、网络化、智能化和可视化的全部过程。数字城市的本质是要将数字技术、信息技术和网络技术渗透到城市生产、生活的各个方面,通过运用这些技术手段,把城市的各类信息资源整合起来,再根据对这些信息处理、分析和预测的结果来管理城市,以促进城市的人流、物流、资金流和信息流的通畅和高效运转。建设"数字城市"既是城市发展不可逆转的趋势,又是加快城市现代化建设,增强城市综合竞争力的内在要求和必然选择。应对城市社会信息化,建立数字城市已经成为必然,亦如全球城市的出现一样是无法回避的。对数字城市来说,其建立的核心在于科学技术和信息的发达。随着信息技术、数字化技术革命及其成果在全球范围内的广泛使用,全球开始进入信息社会和知识经济时代。现代城市的社会经济活动也逐渐演变为远程活动,城市与城市之间、城市内部各部分彼此联系增强,城市的自组织现象表现出浓烈的信息化特征,建立低熵型的数字化城市是信息社会发展的必然趋势。

科学知识和信息是一种具有巨大潜力的负熵,以高科技、高信息化为基础的数字城市是高效率、低能耗的低熵社会。这与系统自组织演化最终形成的有序、低熵的发展结果相吻合。在城市发展道路和模式的选择上,不同的时段有着不同的介入影响因素,因此任何单一的因素是无法始终左右城市的演化进程,进而成为主导城市演化的决定力量。城市形成初期的军事、经济以及宗教等影响因素,在 21 世纪的今天,必然会与新融合的信息技术发生综合性的非线性作用,进而形成一个"合力",引导城市不断向前发展。在信息技术发展的初期,没有人预料到这一技术会这么深刻地影响人类社会的发展,会如此广泛地渗透在城市系统的各个方面,并与其他因素共同作用催生出具有无限前景的数字城市来。可以说,数字城市不是他组织的结果,而是自组织的产物,同样,数字城市的未来发展也不是可以预测和人为控制的,而是未决的,非他律的。

5) 山水城市理论突出城市的自然环境与人工环境协调共生

山水城市理论强调人与自然的共生共荣关系,主张城市发展要把握并顺应自然的运行规律。

山水城市是从生态的角度研究城市问题,它不仅要求把大自然还给城市,还要建造一个宜于居住、利于人的实践活动、有益健康成长、生态平衡、环境优美的具有自然属性的城市,反映了寻求城市与自然生态相融合的要求。源于堪舆理论的山水城市理论,核心是将山水作为自然因素上升到与城市人工环境并列的地位,形成自然环境与人工环境共生共荣的协调关系,体现了对城市系统演化自组织规律的尊重。山水城市理论认为,城市应按其本身的必然性去发展,不应对它强加干涉并迫使其改变自然的发展轨迹和进程,这样才能有效地生存发展,与自然的关系才能融洽和谐。其实,早在 2 500 多年前,中国的老子就以其独到的悟性论述了宇宙、社会、人生的最高运行规律——"寂兮寥兮,独立不改,周行而不殆""人法地、地法天、天法道、道法自然"。老子告诫人类:世界是按照某种运行规律自行运作、自行发展的世界。① 斗转星移、日落月升,大自然以无声的语言向人类昭示着自身的某种规律。作为自然-社会复合系统的城市,其健康发展也必须遵循自身的、非他律的运行演化规律。

21 世纪是城市的世纪,是全球城市化的世纪。城市如何发展演化亦成为关注的焦点。当人们回顾城市的演化史,就会发现自组织作为城市发展的"内在规律",像"无形的手"在冥冥中引导着一个城市的形成和发展演化。城市的演化发展必须要充分遵循这条内在规律。同时,城市发展的内在规律决定城市的外在形态,而城市的外在形态亦体现城市发展的内在规律。一切脱离城市发展演化内在机理的外在形态、一切形而上学的表面文章都将不是城市演化的最终结果,而只能

① 万勇. 自组织理论与现代城市发展[J]. 现代城市研究,2006(1).

是其暂时形态。

5.3　城市演变非他律性的实践证明

在城市发展演变的历史长河中产生和留下了无数灿若星河的伟大城市,这是历史的馈赠,也是珍贵的资料和遗存。它们在演变发展过程所蕴含的真理,是探索城市演变规律取之不尽、用之不竭的宝库。

5.3.1　意大利的锡耶那

在前文分析城市演变时,曾提到伊利尔·沙里宁对欧洲中世纪城市演变的看法。或许中世纪的城市形形色色,每座城市都有各自的外形和特征。然而我们可以根据某些一般的典型特征把城市分为若干类别,而这些典型在基本特征等方面又是彼此相似。因此并非毫无可能描绘和归纳中世纪欧洲城市的演变进程,我们将尝试做到这一点。或许这样的描绘和归纳过于简单,或许以下的述说不完全符合实际情况。

中世纪欧洲的城市最先多在意大利和荷兰及其附近为数不多的地方发展起来。我们将以这些最初和有代表性的城市为例展开分析。我们选取有代表性的锡耶那(siena)为例证,较为详尽地分析和探寻它们自组织演变的非他律性特点。

探讨城市发展演化的问题,人们通常从两大角度出发:一是从动态的城市历史发展角度,通过对不同阶段城市形态特征的分析,来探讨城市发展的趋势和一般演化规律;二是从静态的城市局部特征角度,以城市某个局部特征为主,揭示其演化的规律性特征。相比较而言,可以发现第一种动态纵向历史的分析法较为常见,但为了进一步突出城市在演化过程中所显现出的自组织特征,我们还将从静态的城市局部特征横向比较入手,通过对城市形态特征的比较分析来探寻城市演变的非他律规律。因此,本部分将从中世纪的这个典型城市的演变来探讨隐藏于其中的自组织规律,希望在揭开它的历史尘封后,会看到它艰难前行的非他律性历程。

1) 锡耶那的城市概貌

锡耶那位于意大利佛罗伦萨东南部大约 50 公里,建在阿尔西亚和阿尔瑟河河谷之间基安蒂山三座小山的交汇处,与著名的佛罗伦萨、比萨呈三角之势。这座中世纪的城镇,从它奠定今日面目之初起,就已习惯了为钟声和砖红色的建筑所罗织的生活图景,故素有红色的锡耶那之称。在锡耶那的城市中心有一个叫坎波的广场,被称为"世界上最美丽的"广场。广场被建筑所围合,空间较为封闭。除了一个入口之外,游客或居民都要穿过围合广场的建筑之后才能进入。广场的正面有市政厅,坎波广场像一枚展开着的折叠扇倾斜地摆放在市政厅前,与市政厅建筑一起构成了完美的外部空间。从高塔上俯瞰锡耶那,可以看见其迷人的城市地图。锡耶那向来被视为意大利最完美的中世纪城镇而饱受赞誉。锡耶那的完美主要得益于它具备一个乐队般完整紧凑的市区格局。

这是一个面积不大,由许多相似街区聚合而成的奇异平面,每一个街区神态相似又各不相同。"三条脊状的主要道路将城市的三个部分与坎波广场绑结在一起,街道由砖块铺砌,街道交汇处的坎波广场也是砖铺地面,进一步突出了它们的蜿蜒汇合"①。总体而言,锡耶那以自然山丘为天然背景,以广场为中心,建筑从广场向外扩散,城市布局如同蔓延的生命体般向外展开。城市中的街道不仅作为交通空间使用,而且还引人逗留。它们被商人所利用,并为集合提供场地。广场不是与街道隔离的独立空间,而是与汇入其中的街道紧密相连。街区和道路通过特殊的地形和广场空间被组织起来,显得紧凑、统一而美丽;而从局部而言,每一个街区都包含相似的居住建筑,建筑的立面通常与左邻右舍都产生照应,建筑作为孤立的个体而与周围环境毫无关联的情况是很少的。每一个广场如同街道的局部放大,包含着丰富的城市功能。锡耶那的城市建筑物密集并且具有高度的建筑统一性。淡红色调子的砖块与周围暗蓝灰色的丘陵相协调②。可以看出,无论是整体还是局部,这个中世纪的美丽城市都向我们透射着经济、得体、合理、和谐、美丽等观念。

2) 锡耶那自组织特征解析

中世纪的城市布局形式一般与它们的历史起源、地理特点和发展形式相关联,锡耶那就是在地形的基础上由乡镇长期发展聚合的产物。对此,刘易斯·芒福德在谈到中世纪的城市时指出,那些"从城堡周围的一个村子或一簇村子发展起来的城镇,常常更加符合地形,一代一代缓慢地改变着,它们的平面布置中常常保留着一些特点,这些特点不是人们有意选择的,而仅仅是过去历史上偶然形成的",并且还认为这种"布局形式的城镇常常被认为是唯一真正的中世纪的典型;有些历史学家甚至认为它的实际结构形态够不上称做规划"③。以坎波广场为中心的锡耶那,位于三座小山的交汇点以及三条大道的交叉点,这构成了"Y"字形的城市布局。三条主要道路将原本散落的乡镇以及它们之间的开放空间联系起来。之后,其中

---

① 斯皮罗·科斯托夫. 城市的形成——历史进程中的城市模式和城市定义[M]. 北京:中国建筑工业出版社, 2005.
② 綦伟琦. 城市设计与自组织的契合[D]. 上海:同济大学, 2006.
③ 刘易斯·芒福德. 城市发展史——起源、演变和前景[M]. 倪文彦, 宋俊岭, 译. 北京:中国建筑工业出版社, 2005:320.

的开放空间转化成为城市的公共中心,即坎波广场,这一过程花费了几个世纪①。可见锡耶那城市是由村镇聚合并吸收了原有聚居区的形态和道路系统基础上演化形成的。原有村镇之间的开放空间渐渐被填充,而保留下来的一部分开放空间最后成为锡耶那的公共广场。如果试图概括锡耶那及其所代表的中世纪城市的基本特征元素,那必然是街道、院落和广场。有学者甚至认为如果离开了广场,意大利的城市就不复存在了。这些广场与教堂、修道院、市政厅、居民区等相结合,构成城市的核心,而连接它们的则是街道。这些城市的基本元素也是其在演变过程体现自组织的留存精华。

街道与广场:虽然是两个元素,但似乎它们从出现就是紧密结合在一起的。与古典时期相比,中世纪城市的主导权转移到商人和行会手工业者的手中,城市广场逐渐变成了商人和手工业者的市场。正是这一转变,使城市广场的空间形态发生了巨大的变化,广场由较强的封闭形态,开始向城市街道和空间开放。随着城乡之间的商品交换趋于繁荣,城市主要街道的局部逐渐被改造成集市广场,广场其实就是街道空间的放大。坎波广场是多条道路的汇合点,所有的街道都通向坎波广场。这种与道路联系紧密的广场一方面成为交通的交汇点,另一方面成为公共活动的场地,使广场无论大小形状都成为人们乐于滞留的场所。城市广场空间的形成是各种力量长期作用、平衡的结果。由于广场空间的形成很大程度是商业交易活跃的结果,同时周围居民也因生活所需而努力占用公用土地,历经数百年的拉锯式冲突,终于达到生动活泼的平衡,就是今日中世纪城市所见的城市广场的不规则形状。正是城市空间和市民生活的密切结合,呈现一种有机的关系,从而具有非常罕见的内在质量。正如芒福德所说,这里城市的每一个居民,既是广场舞台上的演员,又是这个大舞台下的观众,他们不是旁观者,而是广场生活的参与者、创造者,可能正是这种广场生活所显现的社会活力,才激发、酝酿了后来的文艺复兴,促进了西方文明的繁荣。确实,"在人口和贸易量方面,中世纪西欧的城市同中国、印度或中东的城市相比是微不足道的。但由于拥有日益增长的自治权和政治力量,它们显得十分独特。恰恰因为它们再从头开始,而且处于政治上支离破碎的欧洲而不是坚如磐石的帝国的结构中,所以自治市的自由民从一开始就表现出自信和独立,这种自信和独立是欧亚大陆其他任何地区所没有的。"②

街区和院落:临街住宅及其围合的院落构成了这里最基本的生活空间。作为

---

① 斯皮罗·科斯托夫. 城市的形成——历史进程中的城市模式和城市定义[M]. 北京:中国建筑工业出版社, 2005.

② 斯塔夫里阿诺斯. 全球通史——1500 年以前的世界[M]. 吴象婴,等,译. 上海:上海社会科学出版社, 2002:464.

中世纪城市的样板,其街道窄窄的,街道两边都是石头或砖砌的建筑,一般都是 4~5 层高,所以大部分街道是名副其实的巷道。街道主要是步行人的交通线,至于车辆交通使用那是次要的。人们避免把街道建的像通风口那样又宽又直,这绝不是偶然的,而是要避免冬季寒风的侵袭。在街区的划分上,锡耶那的每一个街区都形似于一个拥挤细胞,几个行业或一组公共建筑群构成一个独立的自给自足的区,这些街区各有某种程度的自主权和自足能力,为了各自的需要自然地结合在一起,这只会使整个城市更加充实丰富,并能取长补短。在临街住宅建设上,除了教堂和某些市政厅以外,建筑物的大小尺度也倾向于合乎人体的尺度。这样的格局可以实现城市功能的分散化,防止了机构上的臃肿重叠和不必要的来往交通,使整个城市的尺度大小保持和谐统一。除此之外,锡耶那的临街居住区也有其特点,而这些特点也是古代城市流传下来的:街道两边各有连拱廊,商店沿拱廊开设。这些狭小的街道比毫无遮掩的街道更能抵御日晒雨淋。封闭性的狭小的街道、连拱廊与露天商店,是彼此协调、互为补充的。从街区的排布、功能以及院落建筑上看,可以看出它们彼此之间的配合是如此的自然、和谐。也正是如此的和谐一致促成了群落整体布局的美观,使得每个个体的细部得以弱化,才最终实现了城市整体的丰富和美丽。然而这一切并不是用多大程度的主观努力所能追求和达到的。

钟楼:锡耶那钟楼本身仅是一个独立体,无聚落的自组织特征可言。但是这里将钟楼作为自组织城镇特征的一例,不是要强调或置疑其个体的特殊性,而是要说明,自组织群落的整体性或和谐性,不会与某种个体形式的突出形成矛盾。相反的,钟楼作为聚落的制高点,是一种参与自组织的三维形式元素[①]。此外,没有一个城市能仅仅用二维空间(通过平面)来清晰说明,还必须通过三维空间(通过立体)甚至四维空间(通过时间),它的功能关系和美的关系才能充分地显示出来。这对锡耶那来说也是如此,因为它的活动不限于平面,还要考察它的向上发展。在锡耶那,如果说有一个往空中发展的主要的关键建筑物的话,那就是高达 103 米的钟楼。钟楼及其广场的存在占据城市的中心位置,以庞大的体积和超出一切的高度控制着城市整体布局,为城镇的发展提供了赖以参照的依据。城市的街道广场大多和它产生照应,城市的整体布局、结构秩序也因此而稳固。钟楼是一种自发产生的结构加固体,使城镇的整体结构具有凝聚力和向心力,是人类精神存在的外在表现,代表了锡耶那的人文精神。

自文艺复兴以来,锡耶那历经几个世纪发展,每个时代都为其增添独特的建筑风貌,每个时代也都会或多或少地为其带来新的风格,但在这些新建筑风貌和风格

---

① 綦伟琦. 城市设计与自组织的契合[D]. 上海:同济大学, 2006:71.

渗入锡耶那的同时,它仍然秉承了相互协调和错落有致的传统。从这个意义上说,我们不能仅仅将其视为一个变动不居的标本,它更应该也是一个不断演化的"生命体"。虽然经过数百年的变迁,锡耶那仍然没有整齐划一的街区和易于辨认的方位,但其所包含的高质量的文明和和谐统一的城市格局并不亚于现代城市。人类所一贯追求和崇拜的自然、和谐和功用,在锡耶那的今天依然存在,显示着强烈的时代特征。

锡耶那具有丰富优美的城市环境景观,其空间布局与建筑环境都充分利用自然的地势和自然景色,每一部分都是在一个非常好的地理位置之上发展起来,为各种力量提供了一个非常好的格局。此外,城市建筑设计具有宜人的尺度,塑造了亲切近人的环境。尽管它们有许许多多的形式,形状也常常不规则,有时是三角形,有时是多边形或椭圆形,有时又是曲线形。这些形状当初大多都是根据地势环境决定的,但是从整体上来看,它们却都具有一个普遍的统一协调的布局。(类似于白蚁筑巢的自组织行为)也许正是它们的变化和不规则,不仅是完美地,而且也是精巧熟练地把实际需要和高度的审美需要有机融合为一个整体。而所有的这一切,并非是人类或其他外界的力量所强加于城市本身。城市所具有的这一切形态,都是其自发的综合作用力的结果。正如城市形成那样,是自组织的。

在历史长河中,虽然不少城市建筑也遭受过战争的破坏和时间的洗涤,但是在经历过调整适应和重新建设后,又会像生命有机体一样,能够稳定地自我维持,保持相对独立性,通过自适应和自重组来不断改善或调整自身的形态格局,自我有序地向前进行着演化,期间没有任何他律性的作用对其起支配性作用。对于今天的人们,它们带来了同样的美好感受和远古遐想。作为建筑与城市的关注者,从它们的躯体上发现的最宝贵遗产就是隐藏在其面貌之后的韵律源泉——演化的非他律性,以及一脉相承的城市结构。它们的相同之处就在于这是一种自治的、共同的事业,属于城市的每一个分子。直到今日,为了体现对历史的尊重和敬仰,那里的人们仍以无比虔诚的态度对待他们的城市,使古城能够继续以自我而非他律的方式延续生命。

5.3.2　中国的宏村

1) 宏村概况

(1) 地理位置

宏村背倚青山,山前溪水环绕,山水之间是一块平地。村庄就建在这片平地之上。村庄内部,一条活水贯穿全村,赋予了村庄至今已几百年的生机与活力。

宏村,原名弘村,位于安徽省黄山市,距黟县县城 11 千米,地理坐标为东经

117°38′，北纬 30°11′，村落面积 19.11 公顷。宏村始建于南宋绍兴年间（1131—1162），距今约有 900 年的历史。宏村最早称为"弘村"，据《汪氏族谱》记载，当时因"扩而成太乙象，故而美曰弘村"，清乾隆年间因避讳更名为宏村，一直沿用至今。宏村背靠雷岗山，面朝南湖，山清水秀，享有"中国画里的乡村"的美称。

（2）人文情怀

宏村的先人把读书和做官、经商融为一体，"贾而好儒"是他们的一大特色。宏村的先人们在外经商成功后，比较重视在家乡投资办教育。明朝末年，宏村人就在南湖边建了六所私塾，称为"依湖六院"。清嘉庆年间（1814 年），宏村先民经四年时间的努力，将六所私塾合而为一，建成了保留至今的"南湖书院"。南湖书院选址于宏村风景最秀美的南湖北畔，坐北朝南，视野开阔，设计精巧，选材考究，可与他们的家族议事中心——位于村落中心的汪氏祠堂比肩。南湖书院由志道堂、文昌阁、会文阁、启蒙阁、望湖楼、祇园六部分组成。其中志道堂是讲学场所，文昌阁供奉孔子文位，会文阁供学生阅鉴四书五经，启蒙阁为读书场所，望湖楼为教学闲暇观景休息之地，祇园则为内苑。在这座书院里，他们教育孩子以社会上的一些优秀人物为榜样，诚实守信、勤奋努力、忠君爱民，他们为明清两朝培养了许多优秀人才，其中不乏经商奇才、政治精英。

宏村先民还十分重视对于古代中国人城市、建筑选址定基有重要影响的传统堪舆理论，十分尊重在这方面有理论造诣并有丰富选址定基实践经验的乡绅名流，并在他们的指导之下，认真规划建设自己的村落。明永乐年间（1403—1424），宏村 76 世祖汪思齐三次聘请堪舆先生来村勘察，堪舆先生经认真勘察认为宏村的地理堪舆形势乃一卧牛，建议按照"牛型村落"进行规划和建设。76 世祖妻子胡重本人也很熟悉堪舆理论，在丈夫以及族中高辈贤能、成功商人的支持、资助下，具体组织实施了宏村历史上第一次较大规模的规划建设。

首先，利用村中一天然泉水，扩掘成半月形的月塘，作为"牛胃"，取名月沼；然后，在村西西溪上横筑一座石坝，用石块砌成 60 多厘米宽 1 000 余米长的水圳，引西流之水入村庄，南转东出，绕着已建的少许民居，并贯穿月沼，成就"牛肠"。水圳上建有踏石，供饮水、浣衣、洗漱、防火、灌园之用。弯弯曲曲"牛肠"，穿街入院，长年活水不腐。然后，在西溪上架四座木桥，作为"牛脚"。从而形成"山为牛头，树为角，屋为牛身，桥为脚"的牛形村落。多年之后，后来的堪舆先生认为，根据牛有两个胃才能"反刍"的说法，从堪舆学角度来看，月塘作为"内阳水"，还需与一"外阳水"相合，这更有利于村庄社会生产。明万历年间（1573—1619），宏村先民根据当时的实际情况，同时也基于村庄自身发展的需要，又将村南百亩良田开掘成南湖，作为另一个"牛胃"。这样，历时 100 多年的宏村"牛形村落"设计与建造终于完成。宏村先民规划、建造的牛形村落和人工水系,是我国村落建筑史上的奇迹,是至今仍然活着的"古村落",是"建筑史上一大奇观"。

1999 年,原建设部、文物管理局等有关单位组成专家评委会对宏村进行实地考察,全面通过了《宏村保护与发展规划》。2000 年,宏村被联合国教科文组织列入了世界文化遗产名录。2001 年又被确定为安徽省爱国主义教育基地、国家级重点文物保护单位。2003 年被评为国家首批 12 个历史文化名村之一。

(3)建筑风格

宏村的建筑是典型的徽派建筑。徽派建筑是中国古代建筑重要流派之一,它的工艺特征和造型风格具有鲜明的地方特色。宏村总体布局坐北朝南,依山而建,巧借水势,自然天成;平面结构以水系为脉络,建筑顺势而建,自然生长,灵活多变;空间构造讲究韵律,追求和谐,造型丰富多彩;建筑材料以砖、木、石为基本组成,木构架为主。宏村建筑作为徽派建筑的代表,最具特色的是粉墙、青瓦、马头墙。

(4)水系分布

宏村的选址、布局,宏村延续几个世纪的生机与活力,甚至宏村动人心魄的美丽都和宏村的水、宏村的水系有着直接或间接的关系,宏村是一座典型的因水而兴,因水而闻名于世的中国古村落。村内外人工水系既有大自然的鬼斧神工、天造地设,更有人类因势而为、巧夺天工的规划设计,专家评价宏村是"人文景观、自然景观相得益彰,是世界上少有的古代有详细规划之村落",是"研究中国古代水利史的活教材"。

宏村的水系,始建于明永乐年间(1403—1424),至今已有 600 多年的历史。水系大致是按照牛的形象设计,引西溪水入村,建造"牛肠"水圳,让水从一家一户门前流过,方便村民有效用水。溪水流入村中的"牛胃"月沼后,经过过滤,再又绕屋穿户,流向村外被称为"牛肚"的南湖,再次过滤后,流入河流或用于灌溉。宏村先民在上游设置水闸,控制水的流量,同时,利用天然的地势落差,使水渠中水流始终保持流动性,这样就使流经宏村的水保持长年不绝,涝旱不会受太大的影响。如此水系,是经过宏村几代人的努力最终完成的。宏村水系设计完成之后,后代人精心呵护,不断修缮改造,才使其发挥作用至今。

宏村的水系主要由水圳、月沼和南湖三个部分组成。2016 年宏村镇被国家发改委、财政部以及住建部共同认定为第一批中国特色小镇。

①南湖

南湖位于宏村村落的南部首,现有的测量数据显示,南湖水面面积 20 247 平方米①,建于明万历丁未年(1607 年)。南湖历史上大修三次,1986 年重建中堤,造"画桥",终成弓箭形状。"画桥"为"箭",靠村落边的湖堤为"弦",靠湖对面的湖堤为"弓"。外围湖堤分上下层,上层宽 4 米,湖堤上有青藤盘绕的参天古树,还有婀娜多姿的青青垂柳,景色秀美宜人。

②月沼

月沼,老百姓称月塘,现有测量数据显示,月沼实际测绘面积 1 206.5 平方米,呈半圆形,月沼周长 137 米,水深 1.2 米②。月塘常年碧绿,塘面水平如镜,四周青石铺展,粉墙青瓦马头墙分列四旁,蓝天白云建筑倒影水中,静坐于月塘旁,眼观月塘景色随时光变换,是人生莫大的享受。笔者与当地居民交流得知,历史上月塘四周居住的是家族中辈分比较高的村民,同时也是人们的共享空间。

③水圳

水圳总长 1 200 多米,绕过户前屋后、长年活水不断。水圳分作大小水圳两个部分,村中分流,大圳向西,小圳向东流入月沼。大圳全长 716 米,分上、中、下三段,小圳由西向东流淌,全长 552 米(含连接大水圳的三条小水圳),但东西跨度直线距离仅有 240 米。③ 水圳九曲十弯,穿堂过屋,赋予村庄以动感,绘就了"浣汲未防溪路远,家家门前有清泉"的美丽画卷。

为方便村民浣衣洗涤、浇花灌园,水圳沿途建有无数个小渠踏石,在自来水体系建成之前,村民饮用、浣洗都在"牛肠"里完成,为了确保饮用水的卫生,汪氏祖先曾立下规矩,每天早上 8 点之前,"牛肠"里的水为饮用之水,过了 8 点之后,村民才能在这里洗涤。

宏村水系,不仅丰富了村落景观,赋予村落以灵气,还具有饮用、洗涤、灌溉、防火,改善村落气温和湿度等实用功能。

2)宏村沿革

宏村的兴盛与衰落,宏村的发展与演变与其独特的自然地理环境以及徽商、徽文化密切相关。

(1)宏村的自发形成

宏村始建于南宋绍兴(1131—1162)末年,距今已经有 850 多年的历史。在此之前,这里还是荒山野岭,"幽谷茂林,蹊径茅塞",主要有西晋"永嘉南渡"避难而来的北方士族戴氏后人在此居住。

---

① 汪森强. 水脉宏村——追寻宏村人居环境的文明足迹[M]. 南京:江苏美术出版社,2004:45.
② 汪森强. 水脉宏村——追寻宏村人居环境的文明足迹[M]. 南京:江苏美术出版社,2004:40.
③ 汪森强. 水脉宏村——追寻宏村人居环境的文明足迹[M]. 南京:江苏美术出版社,2004:38-39.

宏村不是自觉设计建造的,而是在多种因素的共同作用之下自发形成的。据考证,建造宏村的汪氏一族是汉末龙骧将军汪文和的后人,最初居住在黄山东南麓的歙县唐模村。因为遭火焚,不得已才举族迁往今天宏村近处的奇墅村。迁居奇墅村后,汪氏 61 世祖汪仁雅认为奇墅村地势散漫,山洪来时易被冲淹,火灾发生时又难以扑灭,"后必再迁,不足以长居。"但是,前往哪里不是很清楚。南宋绍兴年间(1131 年)又蒙战乱,全村房屋再被"一焚而尽",不得已汪氏 66 世祖汪彦济遵祖训,带领全族朔流而上,买下戴氏产业,在雷岗山阳面建了十三间房居住,这便是宏村之始。由于当时的环境恶劣,天灾不断,战祸绵延,100 多年来宏村的发展极为缓慢。据村志记载,现在的西溪河是沿着雷岗山脚自西向东从现在的村中流过,狭小的山地环境严重束缚了汪氏一族的兴旺发达。汪氏祖先们也在不断盘算着如何才能改变这种不是十分有利的地理环境。[①]

谁也没有预料到,1276 年 5 月会发生一件彻底改变宏村命运的大事件:一场特大的雷雨引起山洪暴发,使原来村旁的山溪改道,在村西交汇形成今天的西溪,并向村南方向流去,雷岗山脚居然呈现出一大片空地,此时的村庄背靠雷岗,前有西溪环绕,自然形成了"背山面水"的堪舆格局。这才为宏村的后裔依照堪舆学说规划设计自己的村庄奠定了自然基础。我们可以想象,如果没有这场特大雷雨,今天的宏村是不可能得以成形的。同时,据史料分析,这场特大雷雨发生之后的 100 多年,也没有人去尝试规划设计今天面貌的宏村。在 100 多年之后,汪氏祖先中有在外经商成功的,积累了一定的财富,有在外做官的,丰富了自己的见识,加之文化教育事业发展到了一定的程度,各种因素的集聚,这才有了如此面貌宏村的规划设计及其实施。可见,宏村的形成主要不是他组织的结果,而是各种因素共同作用的自组织产物。人在其中的作用只是择善而从、顺势而为。

(2)宏村的非他律演化

宏村"堪舆格局"形成之后,并不是一般人所设想的那样,汪氏家族因此而逐渐兴旺起来,宏村也逐渐演变成了一个以汪姓为主,夹杂其他姓氏的聚族而居的大村落。事实上,宏村汪氏家族的兴旺主要是相对稳定的社会环境、优越的地理位置、汪氏家族重视教育的传统以及徽商的崛起等多种因素综合作用的结果。

宏村的水系不是一蹴而就的。水系的设计是宏村最重要的人工设计,其月沼的构思、水圳的布局,确实达到了相当高的组织水平,并为宏村几百年的繁荣奠定了坚实的基础。但是,宏村水系并非停留在当初设计的水平之上,而是随着经济的发展、人口的增长、社会的进步、自然的变迁,在不断地扩建、完善。不只是修建了

---

① 汪双武. 中国皖南古村落——宏村[M]. 北京:中国文联出版社,2001:9-10.

南湖,延伸了水系,而且对月沼和已建成的水圳也不停地在改建、修缮。可以说,今天我们所见到的宏村水系与当年胡重娘所规划设计的宏村水系已经大不相同,而且没有人能够将导致宏村水系几百年变迁的因素说得清楚。

宏村的建筑和空间布局也经历了超越个人意志的非他律性演变。根据笔者采访当地的文人雅士以及查阅相关历史文献,可以肯定以下几点:一是宏村最初的建筑因为资金、技术等原因既简陋又数量有限,宏村的建筑形式的丰富以及数量的扩充,是居住在宏村的居民以及各种原因迁入宏村的新居民为了改善自己的居住条件或安定下来逐步设计建设而成的,绝对不是那几个先知先觉能够预先决定的;二是宏村的空间布局或结构的演变不是哪一代的某几个大师所能确定的,而是居住在村落的居民们为了使自己及其家人生活的更好更方便,不停地修建自己的房屋,改造自己居住环境而逐步形成的。

另外,宏村人的生活生产方式、思维的方式方法以及世界观、人生观、价值观等观念世界也是随着历史的变迁不断地演变,这些演变也不是宏村历史上那几个重要人物可以事前确定、完全影响的。

(3)宏村的衰落

汪氏后人继续贯彻了前人创意性的规划,新扩建的房屋基本上是围绕着前人筑就的月沼和水圳来建造。随着时光的流逝,宏村的房屋建筑终成规模,至明万历年间,宏村楼舍高低错落,人口繁衍,"烟火千家,森然一大都会矣"。但是清朝中后期,宏村随着徽商的衰落而渐渐衰落。考察其原因主要有三点:一是清末咸丰同治年间,徽州十年战乱的打击;二是1840年鸦片战争后,徽商经营的手工业品敌不过外商机器生产的商品,同时道光取消了盐业专卖制度,给经济主体是盐业的徽商带来巨大损失;三是徽商受传统观念的束缚,极少把资本投入到扩大再生产中去,而有的商帮能够紧跟时代步伐,如洞庭商人近代适时进入买办业、金融业,并兴办丝绸、绵纱等实业,开辟出新天地。而徽商却未能与时俱进,仍然在传统行业中艰难地坚守,直至被历史所淘汰。可见,创造力的减弱或衰退是宏村衰落的根本原因。

改革开放以来,特别是宏村被联合国教科文组织列入了世界文化遗产名录以来,宏村人民正在调整自己因循守旧、消极无为的人生态度以及靠天吃饭的惯性思维,重拾昔日开拓创新的精神,借助国家重视旅游、国内外游客看重宏村独特堪舆村庄格局良好契机,积极配合相关政府企事业单位保护好祖先留下来的宝贵财富,并在此基础之上,积极寻求新的发展创新之路。

第6章 自组织城市发展的根本动力

通过前两章的分析,我们知道城市有序结构的形成和发展并非来自系统外的特定干预,而是在作为城市主体的、具有主观能动性的人的参与下,在城市系统内、外环境变化的随机影响,特别是城市系统内部的社会、政治、经济、文化、生态、科技、教育等因素错综复杂影响的过程中产生的,总之,城市有其自身的形成演变规律。前面两章我们尝试着证明了城市自身的形成演变规律就是所谓的自组织规律。在明确了城市的自组织规律之后,有一个问题必须要回答,这就是在影响城市自组织演变发展的众多因素之中哪一个因素是最重要的? 或者说城市自组织演变发展的根本动力是什么? 本章将对此问题,即城市自组织发展的根本动力进一步加以假设并论证。

城市从产生到现在,已经有几千年的历史。在此期间,城市无论是在外观形态还是在功能属性上都已经发生了许多极为深刻的变化。城市由低级向高级、由古代向现代发展的主要动力是智慧人类的日复一日、年复一年,不知疲惫、永无休止的创造性活动。本章将努力揭示出人类是如何发挥其创造性来推动城市自组织发展的。

6.1 创造是城市发展的根本动力假设

城市是自然—经济—社会复合系统,但它首先是社会系统,而社会系统的主体是人,没有人的城市充其量只是个城市废墟。人是城市中活的灵魂,是城市中最具有活力,最具有创造性的组成部分。可以肯定地说,人类是城市的主宰,城市中其他的一切系统都离不开人类的创造性活动。城市虽自产生之日起就遵循着其自身独特的发生、发展、演化规律,但这规律从来就受到人类创造性活动的制约和影响,而且人类的创造性活动本身就是城市发展自组织规律的重要组成之一。离开了人类的创造性活动就无法理解城市的自组织发展。城市是人们生产与生活高度集中的场所,也是进行创造的最佳舞台。人类迄今为止所拥有的巨大物质财富和精神财富主要是在城市中创造出来的。所以我们说,城市是人类进行物质、精神创造的载体。城市离不开人类的创造性活动。城市是人类文明进步的成果,城市产生于人类不断改造自然界的过程中。在自然的进化过程中,促使人类社会最终从自然界分离出来成为社会系统有序化开端的标志是劳动,整个所谓的世界历史不外是人通过人的劳动而诞生的过程。马克思曾指出:"物质劳动和精神劳动的最大一次分工,就是城市和乡村的分离。"①城市的产生和发展离不来人类的劳动,而人类的劳动过程则必然少不了创造性的发挥,创造性是人类劳动区别于动物本能活动的最本质的特点。在谈到人类生产活动对城市起源的影响时,芒福德也指出,新石器时代人类对自然生命及其演化所作的巨大贡献也源于他们惊人的创造性能力:他们不是单纯对自然界生长的东西进行简单的取样和试验,而是进行有鉴别的拣选和培育,而且达到了如此高的水平,以致后世人类所种植的全部重要作物,所养殖的全部重要家畜,竟没有一种超出了新石器时代人类社区中的栽培和养殖范围②。人类对野生动植物的驯化、对自身的驯化以及人类对自然的驯化改造正是后来形成城市的一个重要组成部分,而且是先于城市而进行的。人类作为城市的主体,其所从事的自主的、能动的活动,本质上是一种创造性活动,并且是人类所特有的。对此,马克思说:"动物只是按照它所属的那个物种的尺度和需要来进行塑造,而人则懂得按照任何物种的尺度来进行生产,并且随时随地都能用内在固有的尺度来衡量对象。"③这种特有的创造性活动是人类自身的本质力量的对象化和外部世界与人的关系的融合的过程,是主体的非重复性的活动。毫无疑问,探寻城市自组织发展的根本动力就该从人类特有的创造性活动出发,寻找两者之间的内在联系。

基于上述分析,我们认为可以做出如下假设:城市自组织发展的根本动力来自人类自身的需要以及为满足这些需要而产生的人类所特有的创造性活动,或者说,人类通过自己所特有的创造性活动来满足自己生存发展的需要是自组织城市产生、发展和演化的内在条件和根本动力。

6.2　创造是城市发展根本动力假设的理论论证

6.2.1　城市演变与人类发展的内在同一性

城市既非人造系统,也非自然系统,而是人造系统与自然系统的综合体。从人造系统的角度来说,人类为了生存和发展创造了城市。而城市在成为人类文明的载体后,就不断推动着社会的进步。但在城市产生后,是先有人的发展,还是先有

---

① 马克思.德意志意识形态[M]//马克思恩格斯全集:第3卷.北京:人民出版社,1960:56.
② 刘易斯·芒福德.城市发展史——起源,演变和前景[M].倪文彦,宋俊岭,译.北京:中国建筑工业出版社,2005:11.
③ 马克思.1844年经济学——哲学手稿[M].北京:人民出版社,1979:50-51.

城市的发展？马克思认为："环境的改变和人的改变是一致的"，"人本身是自然界的产物，是在一定的自然坏境中并且和这个环境一起发展起来的。"①人类是在社会实践活动中借助于创造性思维的发挥，通过对客体的能动改造，既改变了环境，又改变了人自身，在活动中产生了新的思想、新的能力，从而导致人类主体自身素质的不断提高。可以说，城市的发展与人类的发展是同一过程的两个侧面。正如格迪斯(P. Geddes)所强调的："城市的演变和人的演变必须共同进步。"②城市的发展演变过程就好似人类生存、发展的社会化过程，其本质特征是人与自然环境、人与社会关系以及人类创造性思维的互动与整合的过程。为此，芒福德在其论述中认为城市实质上就是人类的化身。城市从无到有，从简单到复杂，从低级到高级的发展历史，反映着人类社会、人类自身的同样发展过程。作为指导城市规划纲领性文件的《马丘比丘宪章》特别强调了人与人之间的相互关系对于城市发展以及城市规划的重要性，并将理解和贯彻这一关系视为城市规划的基本任务。宪章指出："我们深信人的相互作用与交往是城市存在的基本依据。"即使从形式上看，城市形成与发展的核心因素也在于人口的集聚协作。人类向某个地域的集聚绝不是一个过程的终结，而是新的社会形成与变迁过程的开始。因此城市数量增多、城市规模扩大等只不过是城市发展的外在形式。而由此带来的市民素质的提高、经济活动的繁荣和文化生活的丰富多彩才是城市发展的内容。因此，城市的高度发展就是人类自主意识的提高，群体关系的协调，人类创造性的发挥以及人类个性不断解放的过程。城市是内在于人的发展之中，而不是外在于人的。因此，应该从人的存在出发，从人的创造性活动出发去理解和探寻城市自组织发展的根本动力源泉。城市是以人为主体，以人化的自然环境为基础，通过人口的集聚、分工、协作以及人类创造性的发挥，进行生产和交往活动。其中个体运用群体的智慧和力量，在前人和他人的基础上，形成和发展丰富多彩的个性，进行新的创造活动，达到时、空、质的统一，从而推动城市自组织发展。

　　与一般自然系统自组织发展有所不同，城市在自组织发展的过程中有着人类的参与。人的实践活动具有目的性、能动性等特点，除了对自身的活动不断调节外，还能对周边的环境进行调解、规定和限制。既以自己的行动无意识地影响着城市系统的运行，也以自己的行动有意识地能动地作用于城市系统并总是试图对其进行组织。但从系统论的角度看，人在城市系统中的创造活动不是外力而是系统的组成部分，仍属于系统内的动力作用之一，符合自组织理论的基本要求。普里戈金在其城市化自组织模型中也将人类产生的"个人的计划和要求"看作一种系统

---

① 马克思恩格斯全集：第 1 卷[M]. 北京：人民出版社，1995：6.
② 金经元. 近现代西方人本主义城市规划思想家[M]. 北京：中国城市出版社，1998.

内部的作用因素。其次,作为城市系统的一部分,人的意识也不是完全独立的、理性的,人的认识还具有局限性,始终不可能摆脱城市系统以及其子系统对人的作用和影响。因而人对城市系统发展的宏观干预应该理解为城市系统的一种内部涨落,而这种内部涨落在一定条件下可能得以放大,从而导致整个城市结构的改变;也可能被系统内部的相互作用消化,显示不出人们所希望得到的效果。因而作为城市的一部分,人类仅仅是参与了城市的发展[1]。但是,城市自组织发展的根本动力却与人类的创造性活动有着密切的联系。人类通过自己的创造性活动凭借城市发展这一阶梯步步提高自己、丰富自己,甚至达到了超越想象的境地。同时,城市又为改造人类、提高人类生存发展能力提供了活动场所,人性在城市中得以充分发挥。人类与城市之间的这种相互作用是在人类的创造性活动基础上加以展开的,城市发展与人类的关系是如此密切以至可以认为城市演变与人类发展具有内在同一性。

6.2.2 人是城市中创造性活动的主体

长久以来,国外学者大都以发达的市场机制和成熟的城市形态为基础,分别从政治、经济、社会等视角对城市自组织发展的动力机制进行了深入的研究。这些分析在一定程度上解释了城市发展的动力所在,但缺乏系统性、全面性,特别是对城市自组织发展的根本动力机制研究不足。城市发展的动力机制就是推动城市诞生和发展所必需的动力的产生机理,以及维持和改善这种作用机理的各种经济关系、组织制度等所构成的总和。历史地考察城市发展就可发现,在不同的历史时期,推动城市发展的主要动力是不同的,从而对城市的发展和影响也是不同的,因而城市发展的速度、数量、规模也迥然有异。受不同历史时期社会生产力的影响,一般说来城市发展经历了三次大的变革。第一次发生在奴隶社会末期,小农经济的诞生和奴隶对乡村小农经济的追求引起了奴隶城市的崩溃和封建城市的出现。城市开始成为手工业集中地和商品集散地,开始成为马克思所说的"真正的城市"。第二次城市革命开始于18世纪中叶,工业革命为资本主义城市发展提供了前所未有的动力。第三次城市革命大致发端于20世纪70年代,以计算机的广泛应用以及信息或知识经济的诞生为标志。第三次城市革命的直接结果是:信息和知识经济取代工业时代的"物质经济";知识资本将取代物质资本在生产力三要素中起决定作用;城市发展以人为中心,并进入数字化、个性化、分散化发展时代[2]。

城市是人类文明的结果,是人类社会历史进程的重要标志。在其漫长的发展

---

① 张勇强. 城市空间发展自组织与城市规划[M]. 南京:东南大学出版社, 2006: 29.
② 张润君. 我国城市可持续发展的动力研究[D]. 南京:南京航空航天大学, 2005.

历程中,对城市演变发展产生影响的政治、经济、社会、文化、军事等活动会随着时代变迁而此消彼长。这些活动都是以人类为主体展开的活动,是人类为了满足自身发展的需要而进行的各种创造性活动。正是人类特有的创造性活动推动着新的城市结构、形态的孕育、产生和发展。在马克思看来,主体发展的动力只能来自人自身,它的核心是人的需要以及为满足这些需要而产生的人的创造性活动。由此可见:人作为城市的主体,城市的自组织发展演变主要源于人类自身的实际需要,人类通过特有的创造性活动来满足人类需要是自组织城市产生、发展和演化的根本动力。人类社会领域中社会发展的规律是不同于自然界的自然规律的。自然规律的载体只是自然物质,可以与人类的活动无关,也就是说没有人类的活动照样会发生作用;而社会规律则不然,其作用的发挥既不存在于人类的活动之前,也不存在于人类的活动之后,而是存在于人类的活动之中,并且是通过人类的活动而得以存在和表现出来。城市作为一个以人为主体,以自然环境为依托,以经济活动为基础,社会联系极为密切的有机社会系统,其发展规律显然与人类的各种活动有着密切的联系。此外,不但城市的发展根源于人的各种活动,城市问题实际上也是城市中人的问题。城市问题的产生,不是由人先天的生物本性产生的,而是由人在后天的活动行为方式所产生的。因此,要想找到解决城市问题的办法,也必须从人自身来寻找,改变人类的活动方式。这就迫使人们必须重新回过头来审视和检点自己的行为。在前文的论述中,我们已经知道城市与人类实践活动的关系是如此密切以至必须要把两者结合起来进行分析研究。因为"'历史'并不是把人当作达到自己目的的工具来利用的某种特殊人格,历史不过是追求着自己目的的人的实践活动而已。"①所以,研究城市自组织发展的根本动力还须深入分析构成城市系统的更基本要素——人类的创造性活动。

　　创造性是人类实践活动的灵魂,是人的自我发展的最高体现。人对外界的依赖与掌握,并不是把其中的事物简单现成地拿出来,而是要在适合人类需要的基础上,创造出能够满足人的生存和发展需要的新对象。所以人作为城市主体所进行的自我、能动的活动,本质上都是一种创造性的活动。创造性活动的本质就是道前人所未道,做前人所未做;自组织现象的本质是自发产生出前所未有的事物。二者有着惊人的一致性。解释人类社会,特别是城市的自组织演化,离开了人类特有的能够产生出前所未有的对象物的创造活动是不可想象的。由于创造是人类区别于地球上所有存在物的主要特点,因此它是属于人类特有且普遍存在的一种能力。马克思十分明确地表明:人的实践活动和动物的本能活动是有着本质区别的。动

---

① 马克思恩格斯全集:第2卷[M].北京:人民出版社,1957:118-119.

物的活动只是遵循着一个尺度,即它所属的那个物种的尺度,是一种自然本能,而人的生产、活动则不受自身物种的限制,可以按照任何一个物种的尺度来进行。①人类之所以能够按照任何一种物种的尺度来进行活动,最根本的原因在于人类具有创造性,而这种创造性也只能为人类所特有。马斯洛的心理学说也认为,自我实现的人是能够充分地发挥和发展自己创造能力的人。马克思所说的人的全面、自由发展,也是以人的创造性得到充分发挥为前提的。对于一个国家、民族、群体或个人而言,问题不在于是否具备了创造能力,而在于是否发展或发挥了创造能力。创造作为人类的本质特征,它包含着对现实的否定,或者说是对现实存在的否定。的确,创造对于任何物的存在来说是具有否定的意义,但对于人自身而言却又具有规定的意义。因为创造只是人所具有的一种活动,创造的主体也只能是人。离开了人,也就没所谓创造。同时,也只有参与创造,人才能成为人。人就是在不断地创造对象物的过程中,改造自然、创造自我,从而推动城市和整个社会的发展。如果说,古猿变成人以后,人在体质上基本没有什么变化的话,人在实践上的变化则是很大的,而且变化越来越快②。之所以人的实践活动可以发生很大变化,就在于人类通过生产实践,意识到自己是活动的主体,自然对象被看成完全可以按照人类的需要来加以利用。而在各种实践活动中,都离不开人类所特有的创造性能力的发挥。换句话说,人是在不断创造的活动中来改造自然、创造自我的,推动城市进步。人们坚信人类社会,特别是城市的未来从根本上讲是不可预测与控制的,是未决的,正如提出广义进化论的欧文·拉兹洛(Ervin Laszlo 1932—　)所说的:"进化从来不是命运,永远是机遇。进化的进程是合乎逻辑的,是可以理解的,但不是预先决定了的。因而就不是可预见的。"③人们坚信人类社会,特别是城市的未来不是也不可能是自然界凭借自然之力"自然"产生的,必然是由人民"创造"出来的。因此,从某种意义上说,人类特有的创造性活动才是城市生存、自组织发展的根本动力。

6.2.3 创造性活动推动着城市的自组织演化

根据自组织理论,城市自组织的形成或演化必须具备以下几个基本条件,即城市系统具有开放性、远离平衡态、非线性作用以及城市系统存在涨落。在城市自组织形成或演化的过程中,人类的创造活动在上述几个方面表现出了独特的作用:

1)决定城市系统的开放性

城市系统的开放与否,固然与系统内外的客观条件有关,但对其开放性起决定

① 马克思. 1844 年经济学哲学手稿[M]. 北京: 人民出版社, 1979: 50-51.
② 黄楠森,等. 人学理论与历史[M]. 北京: 北京出版社, 2004: 533.
③ 欧文·拉兹洛. 进化——广义综合理论[M]. 北京: 社会科学文献出版社, 1988.

作用的还是系统中的人。如果城市系统中的人执行的是"闭关自锁"的政策，那么城市仍然是封闭的；而反过来，只要城市系统中的人具有开放的思想和开拓精神，就会积极主动地去创造新的渠道，创造尽可能好的开放条件。"改革开放""设立特区""海南自由港""2019 中国国际进口博览会"等皆是人类开展创造性活动、扩大城市开放度的现实例证。因此，人可以通过自己的创造活动决定城市系统的开放程度。

2）对城市输入的选择性

耗散结构理论揭示了自组织形成中系统内外物质、能量的交换在城市自组织演化中的重要作用。任何自组织系统的形成和演化都要受到这种交换的制约，对输入的选择就是城市自组织演化的外在条件和保证。城市对于系统的输入并不是被动地加以承受，而是具有一定的主动选择性。由于人的创造性活动的作用，可以避开或抵制某些不利输入的作用，可以主动地接受有利的输入。

3）造成城市系统的非平衡

城市只有处于非平衡的不稳定状态，才有可能在负熵的作用下自发地变动而形成有序化结构。对于城市的自组织进程来说，城市非平衡状态的造成固然与外部环境对系统的控制和选择有关，但相当的作用来自系统中的人。人的需求、进取心引发人的各种行为，特别是人与人之间的竞争机制是造成城市非平衡的重要因素。

4）通过一系列的创造活动有意识地造成有利涨落

涨落是自组织系统的固有活动，由涨落到产生巨涨落，是使系统失稳、旧组织破坏，从而形成新的有序结构的动力条件。在城市系统中，人的创造性活动可以造成有利于某种相变的涨落，并且也可以促使这种涨落扩展为巨涨落。当然，引起涨落的因素远不止人类的创造性活动，城市中太多的因素可以引起涨落了。

5）人是负熵之源

在城市自组织发展的过程中，除了人在上述几个方面所表现出来的作用外，人的作用还体现在"人是负熵之源"。

根据普里戈金的耗散结构理论，对于一个与外部环境不存在任何交换的"孤立系统"而言，熵（S）的唯一变化取决于系统本身由于不可逆过程引起的熵的增加，即"熵产生"（d_iS）。由于这一项永远为正值，因此"孤立系统"只能走向无序。然而对于一个与外部环境存在某种交换的开放系统,熵的变化则可以由两部分构成: 一是上述系统本身由于不可逆产生的熵的增加,即 d_iS;另一部分是系统与外部环境发生交换产生的"熵流"(d_eS)。因此,整个系统的熵的改变(dS)可以表示为两部分之和: $dS = d_eS + d_iS$[①]。如前所说,"熵产生"总是大于零的,因此它不是使系统有序化的因素,使系统走向有序的根本因素是进入系统的"负熵流"。当在"熵产生"的绝对值大于"负熵流"时,系统总熵大于零,系统还会有走向混乱无序,任何有序的状态都将被破坏。但是,当"负熵流"的绝对值大于"熵产生"时,即输入系统的"负熵流"或者向外部环境输出的熵大于系统内部产生的熵时,系统的总熵便小于零。这就意味着系统的总熵随着时间推移逐步减少,系统可以由无序走向有序,由低序走向高序。由此可以看到,对于一个与外部环境持续进行大量物质和能量交换的开放系统来说,完全有可能通过从外部环境获得的负熵流来抵消系统内部的熵的产生,使系统演化指向由无序到有序的进化方向。所以,按照耗散结构理论,系统出现有序化的根源在于外部环境向系统提供负熵。

当我们考察城市系统的自组织时,就会发现情况与此有所不同。这在于城市系统内部的人的因素也可以是负熵之源。也就是说,以人为主体的城市自组织系统的总熵变为了三者之和,即系统内部的"熵产生"、外部环境输入系统的"熵流",以及城市系统内的人所提供的负熵。也就是说,社会系统特别是城市得到的负熵,既来自系统外部环境,也来自系统内部的人。

人之所以能成为系统内部负熵之源,主要表现在以下两方面:一方面,人是一种从事创造性活动的"类存在物",其各种活动皆体现一定的目的性,就是使自己所居住的世界"秩序化"进而满足人类的生存和发展需要。人类总是首先肯定和维持已经为人们创造出来的各种人类社会和文化的秩序,使之达到符合人类自身利益,继而有效地处理自己所碰到的各种新事物,并把它纳入秩序化的世界中去。所以,使世界和人类周围的事物有序化是人类目的性活动的一种必然要求,也可以说是人的一种"本能"。另一方面,人与客观世界其他的万事万物不同的一个根本之点,在于人的"创造性"。即人的生产活动则不受自身物种的限制,可以按照任何一个物种的尺度来进行。人具有创造性的思维,进行着创造性的活动。人类进步的历史就是一部创造的历史。人类为了自己的生存和发展,为了满足自己不断增长的需要,认识客观世界,改造客观世界,创造精神财富和物质财富。人接受外部世界的信息,但并不像无生命的自然物或低等生物那样是简单的刺激—反应,而是通过自己创造性的思维加工,创造着新的信息,并通过自己改造客观世界

---

① 胡皓,楼慧心. 自组织理论与社会发展研究[M]. 上海:上海科技教育出版社,2002: 44.

的活动,把这种新的信息化为自然状态下不能产生的新事物①。城市系统中的人就是在进行着这种创造性活动。因此,人使周围世界、周围事物秩序化的"本能"以及人的创造性活动,是使周围世界和自身所处的城市系统有序化的根本动力和源泉,人是城市自组织发展演变的负熵之源。也正因如此,在把握城市自组织发展的根本动力时,就应该既注意城市系统的开放性,不断地从外界吸取负熵,同时也应该注意到城市内部人的主动性和创造性,从两方面着手来推动城市不断地从低级有序向高级有序发展。人类通过特有的创造性活动为城市引入负熵,成为城市的自组织发展的根本动力。

　　需要指出的是,人类特有的创造活动是城市自组织发展根本动力的观点存在一些特殊的难点,即城市系统的主体是具有自觉意识的人,有意识的人总是试图控制城市的发展方向,总是试图对城市的发展进行外部组织和干预,这无疑为论证这一观点增加了很大的难度。人们总希望能够按照自己的意愿来组织、安排城市的发展,人为地构建城市环境、结构、布局以及主导未来城市的发展走向。人这种主动的、有意识的干预活动,对城市系统演化发展起到了相当大的外部组织作用。可以说,城市系统的演化发展不仅仅是人类创造活动的结果,而且也融入了人类基于以往发展经验有意识的干预控制。但是如果从城市总体的发展过程来看,这一切人类有意识的干预似乎都进行得不那么顺利。城市总会以其独特的、令人意想不到的方式对人的主观行为做出回应,将人类的一些有意识活动置于一旁。究其原因,首先,有人参与城市复杂系统中的组织作用发生在城市系统内部,因此人的意识作用不应看成"外力",仍属于城市系统内的动力学作用之一,这符合自组织理论的基本要求。人对城市系统发展的宏观干预应该理解为城市系统的一种内部涨落,而这种内部涨落只能在一定条件下才可能得以放大从而导致整个城市结构和发展方向的改变。而在另一些条件下,这种内部涨落则在城市系统内部的其他因素作用下消化、平息或转变,从而无法显示出人们所希望得到的图景。其次,在城市这样一个复杂系统中,人的意识也不是完全独立的、理性的,它也会受到城市系统中其他因素的影响,而表现出一定的非理性,例如在有人参与的经济活动中,市场中的购买行为就往往不是从理性的需求出发,而是受到市场的影响。即使是个体有理性的意识活动,当从人类群体这个宏观的角度看时,也经常会表现为非理性的集体无意识。也可以说,市场活动中的这些现象就是城市复杂系统中一种典型的自组织作用机制。城市系统是有人参与系统的自组织现象表现最为典型的领域,人们已经从中发现了大量的自组织规律。以城市空间的发展为例,城市空间发

① 杜云波. 从社会系统看自组织[J]. 江汉论坛, 1988(8): 13-18.

展作为城市物质形态的空间蔓延,是城市主体——个人、企业、政府等物质构建活动的宏观体现。城市个体在构建城市物质的同时,将其全部的社会经济特性同化于其中。城市空间的竞争与协同源于微观建设主体的选择行为,归根结底是人类的创造活动在推动着城市空间的演化发展。微观主体依据利益最大化原则做出城市发展的选择是一种有限理性行为,并且彼此之间相互竞争协同而最终得到的结果可能是无理性的。因而城市空间发展就是城市空间从一个平衡空间结构到非平衡再到另一个平衡结构这样一个不断反复的自组织过程,而期间推动这个自组织过程发展的根本动力则来自人类的各种创造性活动。社会的行政管理、科研、教育、文化娱乐以及生产和交换等活动,大都是人类在城市所从事的创造性活动,这也就是城市总是在不断改变自己的面貌的主要原因。城市作为复杂的社会系统,虽然是由有目地进行创造活动的人组成,但又有其不以人的意志为转移的客观规律,这也与历史唯物主义的基本观点相吻合。城市已经逐渐成为人类实践活动的主要舞台,人类在城市里开展的创造性活动,决定了城市的自组织发展。[①]

　　总之,城市作为一个庞大复杂的开放系统,有着自身内在的群体动态结构,由此决定了推动城市自组织发展的动力绝不是一维的、单值的,而是各个序列、层次和要素在相互作用中的协奏和共鸣,是来自各层次、各子系统上的力量在相互作用中汇成的整体效应。但在这个整体效应中,决定城市系统自组织发展趋向的根本力量是人类特有的创造活动。正是这一强大的、系统内在的创造性活动,在推动着以人为主体的城市从低级有序向高级有序螺旋上升。城市的进步需要创造性的发挥,需要系统的努力和高度的自组织。这是群体的系统行为,是多学科、多层面、多领域的人类实践活动的创造整合。城市在自组织发展的进程中,上演的每台戏剧都离不开人类特有的创造活动,城市发展的终极目标就是为人们自由自觉的创造提供永不谢幕的舞台。

6.3　创造是城市发展的根本动力的实践证明

　　作为人类在城市中的活动,创造并非仅仅是无中生有,它还包括着对已有城市要素或建筑要素的加工、改造和重组。新的城市内容或形式、新的城市结构或功能的生成等都是人对城市系统中一些因素的非重复性的创造活动,同时也是人将城市对象内在化、观念化的过程。因此,创造作为人类最富有成果的表现,是推动文明、社会进步甚至城市自组织发展的根本力量。对于一个城市的发展来说,问题不在于是否具有外在的多元化力量,而在于是否发展或发挥了居住于其内的人的创

---

① 何跃,高策.创造性活动与城市自组织发展关系研究[J].科学技术哲学研究,2011(5):97-102.

造性。城市之所以会如此绚丽多彩自组织性地向前发展,归根结底得益于人类特有的创造活动。正如亚里士多德所言:人民聚集到城市是为了生活,期望在城市中生活得更美好。城市活动的开展就是城市活动的主体——人类借助特有的创新能力,在物理世界的城市、主观思维世界的城市以及作为客观知识的城市中,创造合目的和合规律的对象物世界的过程。波普尔在 20 世纪提出了著名的"三个世界"理论,这一理论认为我们所面对的世界由以下三个世界组成:世界 1,包括物理实体或物理状态的世界;世界 2,包括意识状态、非意识状态在内的精神的、思维的或心理的世界;世界 3,包含知识和艺术作品如科学理论、政治法律道德以及语言、故事、诗歌、神话、雕像等,也就是人类精神产物的世界,波普尔称之为思想内容的、客观知识的世界。所谓客观知识主要是由说出、写出、印出的各种陈述组成,它更多地体现在像图书馆里许许多多文献材料中的知识存在。波普尔与一般哲学家都不同的是,他认为,可以承认第三世界的实在性或者可以说是自主性,同时又承认第三世界起初是人类实践活动的产物。也就是第三世界是人造的,但同时又是超人类的,即它超越于它的创造者。此外,三个世界之间还存在着彼此的相互作用。为此,我们将人类在城市中的创造活动也分为作为物理世界的人的创造活动、作为主观思维的人的创造活动以及作为客观知识的人的创造活动,揭示以人的创造活动为核心的这三个方面在城市自组织发展中内在统一的规律及其相互作用的机制,进而阐明人类凭借其特有的创造活动推动着城市的自组织发展,从而获得对城市发展的充分认识。

6.3.1　人类创造了物理世界城市

根据波普尔"三个世界"理论的划分,作为物理世界的世界 1 反映在城市中,就应该是作为物理世界的城市,即物理城市。物理城市就是经过人们长期的建设活动所形成的城市格局、城市的公共建筑、街区、公园、住居等物质环境;是人们现实中的不以人的意志为转移的客观存在。在城市中主要表现为具体的城市建筑物、城市基础设施、城市建筑材料以及其他城市物质现象。从物理城市的角度看,人类的各种创造或创新性的活动多是在此领域展开,这也是人类创造活动最丰富的领域所在。从城市形成的那一刻起,人类在城市中就不停地加以创造。首先从任何一个城市所不可缺少的建筑材料说起,建筑材料在人类历史上曾扮演了积极的角色,创造了人类的历史和文化。然而从人类对建筑材料的不断取舍使用上,我们可以清晰地寻找到人类不断进行创造的足迹。古代原始居民最主要的城市建筑材料是黏土,垒墙、盖房、铺路,都使用黏土掺上切碎的麦秸制作的土砖。原始的城市建筑物都是用这种泥砖修建而成。然而随着年代的久远和出于城防坚固的需要,人们发现黏土作为一种建筑材料已经不能满足人们的实际需要。为此,人们开始了对建筑材料的再次选择。在人们的日常生活中,人们发现经过烈火煅烧后的黏土更加结实耐用,并且外观形态较之于黏土更加美观。于是,在不断的试验后,人们学会了用经过烈火煅烧的砖石作为城市建筑的新型材料。如此,在人类持续不断地努力之下,人们先后创造了水泥、钢筋、混凝土等建筑材料。此后,随着人口的增加,建筑规模的增大,建筑材料被大宗生产,传统建材的生产也暴露了一些问题,严重危及人居环境。传统的建筑材料,不但消耗大量的资源、能源,还严重危害环境。炼铁要开山采矿,破坏自然景观,易造成水土流失和河床改道。另外,高密实性混凝土使城市空间透气性差,雨天雨水四溢,而地下水却得不到补给。城市气温普遍较郊区高,有人称之为"灰色的热岛"或"混凝土森林"。在此条件下,人们又开始创造新的绿色环保建筑材料。所谓绿色建材,即绿色建筑材料,是指具有生态型、环保型、健康型等属性的建筑材料。首先,它是生态环境材料可再生资源,人们立足于可持续发展的角度,对其进行设计,使其在原料采集、生产、加工使用以及废弃的整个过程中,做到零污染。其次,绿色建材的"绿",还应表现在其具有消化和利用工业废物、净化环境的功能上。从土坯到绿色建材的出现,离不开人类创造性的发挥。由此可以看出,物理城市的具体形态与建筑材料的清洁生产以及建筑材料的绿色化都与人类的创造活动密切相关。

当然,物理世界的城市的领域是广泛的,它除了包括不可缺少的城市建筑材料外,还包括其他具体的物质形态,甚至也可以包括某种城市分子运动等物质现象。在城市建造具体的选址上,人类的创造性也体现得淋漓尽致。城市建设初期,人们对城市的选址多选在自然条件较好、战略地位重要的陆地表面地域,然而随着人类实践活动能力的扩大,人类又开始在海洋、地底等区域建设城市,随着未来人类创造力的突破,人类还可能会在外太空上建设新型的城市。时代的发展已经告诉我们,我们应该重新审视自己的创造行为,更多地关注我们的创造能力。放眼物理城市,随处可见人类的创造活动的结果、痕迹。

6.3.2　人类创造了主观思维城市

世界2,就是人的精神活动的世界,也就是人脑的思维能力。在主观思维的城市领域,城市管理者与城市居住者对城市的情感、态度,城市建筑师的立意、构思、创作激情与才思以及建筑使用者与欣赏者的建筑审美、建筑情感等都是世界2。人类通过自己的大脑也就是世界2来思考、观察和研究世界1,以便人类能更好地适应和改造自然,这就是世界2与世界1的相互作用。当然,世界2也与世界3相互作用。然而,不管三个世界之间的作用如何,都离不开人类的创造性思维的发挥,离不开人类创造性活动的展开。

波普尔认为,"三个世界"之间存在着先后关系,即先有世界1,世界2是从世界 1 中产生出来的,而世界 3 则是由世界 2 中产生出来的。这在城市建筑创作中亦然。通过建筑师的创造性思维的发挥,以世界 1 为"原型"启发世界 2,世界 2 在"原型"的启发之下,首先在大脑中形成主观思维城市,进而创作出匠心独具的建筑作品或理论。建筑作品或理论属于世界 3 城市的领域。世界 2 和世界 3 之间也会发生相互作用:一方面,世界 3 是世界 2 的产物。以城市中的建筑为例,建筑理论、建筑绘画、建筑方案、建筑设计图等都是城市建筑师创造性思维的产物。另一方面,世界 3 对世界 2 也起反馈作用,许多建筑以它独有的魅力感动着国内外游客,促使他们在自己的大脑中形成主观思维建筑,说明这些建筑能感动人、感染人,这就是世界 3 对世界 2 所起的作用。此外,世界 3 领域的城市理论也可以通过世界 2 影响城市的规划、建设与管理,影响城市的变迁和发展。波普尔认为,世界 3客观知识世界,是人创造性活动的产物,这个产物对我们的影响和物质环境对我们的影响一样大,甚至更大。在主观思维的城市领域,其中很大一部分人类的创造性活动就体现在:充分发挥城市建筑师的创造性想象力,构造系统的主观思维城市,并促使其向世界 3 转化。城市建设实践的过程,很大程度就是使世界 2 中的城市观念、想法和情感需求向世界 3 中的城市领域转化的过程。对城市的情感、想法以及某种思维观念是世界 2,是客观城市在头脑中概括和间接的反映,创造性思维是其中的一种高级思维形态。它要求重新组织概念,改造已有模式,以产生某种新的、过去不存在或未被发现的东西——世界 3。创造性思维与一般思维活动不同的重要之处在于"创造性想象"。创造性想象是人脑抛弃已有的表象而创造新形象的过程,并将过去经验中已经形成的那些暂时联系进行再组合、建构的过程。这一过程就是"联想"的过程。在联想中,除了现存的建筑及其他环境要素起着直接的"迁移"作用外,世界 1 将给人们的创造性想象——"世界 2"以启发,从而使人们能创作出风格别具的建筑作品——世界 3。在人类改造城市的过程中,这种创造性迁移和联想一直持续进行着,从而推动着城市向前发展。如人类受世界 1 中现实形象的启发,通过直觉的触发,可以变为城市建筑师取之不尽、用之不竭的创作"原型"。聪明的人类从研究这些动植物的构造或功能或动作上得到了很多启发,从而创造出许多杰出的城市建筑。典型的如英国园艺师约瑟芬·帕克斯腾从王莲叶脉径向和环向互为交错的特征中联想到建筑的构造,为此他模仿王莲叶脉结构的构造,设计并参与了 1851 年英国世博会建筑场馆的竞标,一举中的。这座以钢铁和玻璃为建材,由叶片联想而成的"水晶宫",被尊为功能主义建筑的典范。此外,人们还通过对动物头盖骨、薄壳的仿生,创造了薄壳结构建筑。一个人握住一个鸡蛋使劲地捏,可是无论怎样用力,也不能把鸡蛋捏碎。薄薄的鸡蛋壳怎么这样坚固呢? 人们怀着极大的兴趣研究了这个问题,终于发现薄薄的蛋壳之所以能承受这么大的压力,是因为它能够把受到的压力均匀地分散到蛋壳的各个部分。为此,人们根据这种"薄壳结构"的特点,设计出许多既轻便又省料的建筑物。除此之外,人们也会受到自然环境的启发,从而产生创造思维。但需指出的是,"原型"并非都能构成"启发",这涉及创造性思维的广泛素质,如知识、态度和认知策略等,其中也涉及"创作灵感"这类问题。有人提出:随着科学进步和各种技术的广泛应用,会不会冲淡、削弱人们进行创造性思维的价值,其实这是不会的。因为人们的创造性发挥既需要理性的、定量的科学手段,又需要感性的经验的创作技巧。未来的计算机对创造活动只能"辅助",不能主持;它是人脑的延续,而不是人脑的替身。须知,计算机作为世界1要发挥作用必须有世界2——人们创造性思维的介入。无论科学怎样向前发展,人类的美学和艺术创作特性是永远不会消失的。而艺术创作之所以至今未被机器所代替,是因为它很难在严格的逻辑程序的编码中诞生出来。机器也不可能产生作为"人"的创作态度和激情。对建筑创作来说,起决定作用的是人的创造性思维,即"世界2",而不是物。

建筑创作所产生的实用的物质功能和审美的精神功能,都是由人来掌握、操纵,最终还要为人所使用,为人所感受。人们掌握了使用者的心理机制,所创作的建筑就能从"悦目"走向"悦心、悦意",进入"悦志、悦神"的更高的艺术境界。但是,这一切的取得离不开人类创造性活动的展开。

原本没有主观思维城市,主观思维城市是人类自己创造出来的。在一定意义上可以说,物理世界城市和客观知识城市都是主观思维城市的对象化产物。人类首先是创造了主观思维城市,然后再创造了物理世界城市和客观知识城市,人类在创造物理世界城市和客观知识城市的过程中又不断地丰富和完善着主观思维城市,不断地推动人类去创造新的主观思维城市。

6.3.3 人类创造了客观知识城市

在波普尔看来,所谓世界3就是思想内容的、客观知识的世界,包含知识和艺术作品,如科学理论、政治法律道德条文以及城市规划图、建筑设计方案等。它更多地体现在像图书馆里许许多多文献材料中的对象化知识。世界3反映在城市中,就是所谓的客观知识的城市。城市理论、城市文化、建筑理论及设计原理、设计规范、建筑设计图等则是城市领域的"世界3"。相对于世界1和世界2领域中的城市来说,人类在世界3这个城市领域也同样在不停地发挥着创造性思维,进行着各种各样的创造活动。以城市理论的研究来说,城市理论的层出不穷和更新无不反映出人类的创造智慧。城市理论是人们通过对城市系统的研究形成一种关于城市本质和规律的概念、原理体系,是人们对城市思维和认识的一种结晶;并在认识的基础上再试图依赖城市理论所揭露的信息来达到掌握城市发展的规律和解决城市发展所遇到的问题,从而完善城市系统。从广义上说,城市理论是指研究城市的理论,它涉及的范围很广,包括理想城市理论(学者们针对现实中城市存在的某些弊端而提出的理想的未来城市模型,例如田园城市、生态城市等)、城市规划理论、城市建设理论、城市管理理论和经营城市理论等等,涉及城市生产、生活的方方面面。人们对城市的不断认识和实践,既是人的本质力量的显现,同时也是人类创造能力的证明。由于人类是具有好奇心的动物,因此人们总是不满足于停留在某种既定的秩序和规定上,包括已有的知识水平和智力水平,人们总是期望通过自己的活动进行生产、再生产,创造、再创造新的知识和新的理论,以此来充实和壮大自己,引导和推动人类对城市的改造。此外,在对城市进行研究的过程中,人们还发现,城市系统的发展演化是一个与人类进化相伴随的长期过程,新陈代谢是必然的,这又促使人们认识到,对城市进行不断的持续研究是十分必要的,因此也就决定了城市理论的层出不穷,决定了城市理论永无休止的更新完善,决定了城市理论创新的必然性。所谓城市理论创新,就是指人们在改造和认识城市的实践活动中,对不断出现的新情况、新问题重新做出新的理性分析和理论解答,对城市的本质、规律和发展的趋势作新的揭示和预见,同时也对城市的历史经验和现实作新的理性升华。

从人们对城市理论进行不断创新的过程和结果来看,从最初的田园城市理论到有机城市理论,再到相继出现的生态城市理论、可持续发展城市理论、数字城市理论、全球城市理论、健康城市理论、新马克思主义城市理论、地方城市理论、学习型城市理论、智慧城市理论等。尽管城市理论永远只能是一种处在不断转化为现实城市的过程之中,但它对于我们全面认识和改造城市具有十分重要的指导意义。人类之所以具有自我反思和自我超越的能力,其根本也许在于人是具有意识,总是创造并依靠理论来规范生活、指导行动、推动实践。科学的城市理论总能随着实践的发展,通过人类创造性活动的开展来揭示城市的一般规律、体现时代发展的最新要求和未来发展的客观趋势。城市理论的创新,是人们围绕着城市、城市理论展开的创造性思维的结果,它将在一定程度上引导城市规划设计与建设管理实践的创新。但是,必须指出的是,无论是在继承中国传统城市理论还是借鉴外来有益城市理论基础上的创新,都只是人们从事理论创新获得的"流"而不是"源"。那么繁荣和发展城市理论的源泉是什么? 是也只能是人民群众规划设计与建设管理城市的创造性实践活动。歌德有句名言:"理论是灰色的,生活之树长青。"理论的最终生命力还是根植于现实的实践土壤之中。由此看来,作为客观知识的城市也是离不开人类创造活动的开展。从根本上说,无论是城市理论创新,还是城市制度创新都源于人类伟大的创造活动。

总之,创造就意味着造就、产生新颖的原来没有的文化成分。但若只有重复性的趋同活动,城市也就会停滞不前。唯有不断地创造,才能推动城市自组织向前发展。而这对城市来说,就要积极发展创新文化、培育创新理念,同时鼓励技术创新,最大限度地发挥人的创造性,从而以健康的理念、意识和思维方式去指导城市的发展。须知,一个民族的真正伟力根植于它的创造、创新精神,这是人类社会迄今所能找到的对社会进步和发展的原因所做出的一个最有效的解释。在许多哲学家看来,人类社会的一切进步都可以归结为人类原始性的创造冲动,都可以从创造中得到解释。所以,创造一向被视为是人类本质的最高体现,是社会发展的永恒动力①。作为人类社会系统之一的城市系统,其发展的根本动力显然离不开人类的创造力的发挥。因此,是人类特有的创造活动在改变着人的主观世界,同时也在通过人类的智慧改变着客观世界,使这个世界变得更加进步,更加美好。

人类特有的创造活动是城市自组织发展的根本动力是本章的核心所在,也是自组织城市理论探索的主旨所在。在这里,我们以"城市本体论"为基础,试图通过对人类在物理世界的城市、主观思维的城市中以及人类在客观知识的城市中的创造实践活动三个方面进行探讨。在此基础上,从人类区别于动物本能的实践活动出发,对城市自组织发展的根本动力进行理论分析,进而实现理论与实践分析的统一。

前面三章通过理论假设和假设论证分析了城市自组织规律对城市发展的重要作用,从历史上众多城市形成和演变的研究中找到城市自组织发展的一般性规律,最后又对人类特有的创造性活动是城市自组织发展的根本动力进行论证。三个假设的叠加和重合已经为我们显示了一条明确的轨迹:城市的发展有其不可更改的自组织规律,人类应该尊重这种规律,在指导城市未来演变和建设的过程中,要实现与城市自组织规律的契合。自组织城市理论给我们的直观启示,主要集中在四个方面:一是用科学的发展观指导城市的发展,即要树立自组织的城市发展观,不再坚持主要基于主观想像的城市规模控制论等他组织的城市发展观。二是尊重城市演变的规律,不要人为武断地冻结城市发展的自然进程,让城市自主地进行演变。更重要的是要借此延续历史的发展模式、改变人们对城市的态度,影响人们的城市行为。三是在城市改造的过程中,不应该全盘改造或否定已有的个性各异的建筑风格来迎合当时流行的一套,而是妥善地保护有价值的旧建筑,积极创造出新的建筑形式,把新、旧建筑融合、贯通,从而打破刻板单一的城市布局。四是人类作为城市系统中一个必不可少的构成要素,作为城市活动的主体,要充分发挥自己的

---

① 李怀. 从创造与创新的理论分野谈起[N]. 人民日报, 2000-08-11.

创造性想像力,不断推动城市自组织性地向前发展。

　　未来,人类将如何继续从事显现、设定、建构、生产和创造人类的城市,存在着无限的可能,这一切将如何展开我们无法确切地予以说明。但是,在梳理和扬弃原有城市理论及认识论的基础上,人类可择善而从,把对城市与城市发展的研究视野拓展至城市内在的隐性秩序和规律中,从整体和系统的角度探寻自组织城市的发展,遵循城市发展的根本动力,也即我们唯一可以肯定的——人类创造性的实践活动,剖析城市的发展脉络,展望城市的美好未来。

第7章 自组织城市案例分析

在文献分析和实地考察的基础之上,经过认真的分析研究,慎重地提出了自组织城市观的三个核心观点:城市形成的自发性、城市演化的非他律性,以及创造是城市自组织的根本动力。前面三章分别就上述三个核心观点进行了分析论证,并希望形成一种新的城市发展观,以改变人们对城市发展的传统观念。为了进一步验证上述核心观点,笔者又先后实地考察了宏村、磁器口、阆中、重庆、威尼斯、佛罗伦萨、塞勒姆等历史悠久的村落、城镇、城市,获得了非常有益且鲜活的资料。考察归来之后,又认真查阅了相关文献资料。经过认真分析研究,笔者认为这些资料可以用来验证自组织城市观的核心观点。本章将阆中、威尼斯的相关资料分析整理成文,以供读者评判。

7.1 阆中形成演变的自组织分析[①]

7.1.1 阆中的历史沿革及现状

阆中地处四川省东北部、嘉陵江中游,被嘉陵江呈“U”字形环绕,背靠绵绵山脉。古城历史悠久,是一个融山、水、城于一体的城市。据记载,阆中在商朝属巴方,在周朝属巴子国。战国中期,巴子屡为楚子侵逼,约在公元前 330 年迁都阆中。秦惠文王更元十一年(公元前 314 年)置巴郡和阆中县。此后,除隋朝初因避文帝之父杨忠讳外,阆中县名 2 300 多年一直沿用至今。自公元前 330 年巴子国迁都阆中以来,在漫长的历史岁月中不断发展壮大。从时空演化和城市功能变迁的角度来看,除了没有出现时间上的断裂以外,阆中不仅在城市基址、布局上出现了空间转移,而且其功能也出现了不曾间断过的互动变迁(政治—军事—政治、经济—工商业、旅游),遵循了一个规模上由小到大、功能上从低到高、结构上由简单到复杂的演化过程。首先,源于空间地域上独特的自然、交通和军事地理优势,从巴国时代到三国时期,阆中逐步完成了从区域政治中心向军事重镇功能的演化。“形势雄

---

① 何跃,马素伟.城市自组织演化及其根本动力研究——以古城阆中为例[J].城市发展研究,2011
(4):6-10.

西北,江山扼阆州"。对此,前人还称阆中"前控六路之师,后据西蜀之粟,左通荆襄之财,右出秦陇之马"①。进退自如,攻守兼宜,阆中自古就是川北交通枢纽和军事战略要地。其次,背山面水的亚热带湿润季风气候,也使得阆中的棉花、油菜等粮食经济作物久负盛名。此外,阆中还坐拥丝盐之利,这些因素作用下使得阆中成为川、甘、陕、鄂的商品集散地,并长期成为该地区的贸易中转站,使阆中在中国西部地区至少在三国时期就已经成为重要的商贸城市,手工业和商业繁荣发达。至清顺治时,阆中更一度升格为四川的临时省会。

近现代,随着水运的衰落以及铁路、公路的开通,川北主要交通西移,阆中逐渐被边缘化。20 世纪 80 年代以来,随着嘉陵江公路大桥的建成以及现代交通网络的发展,阆中城市建设逐渐发展,步入快速发展轨道。2000 年起,政府加大对阆中的保护和开发工作,也由此揭开了城市发展的新篇章。

7.1.2　阆中形成的自发性分析

同任何事物一样,阆中并非古来有之。纵观人类社会发展历史,人类居民点形式大致经历了原始群、原始村落、原始集市、以农业为主的乡村以及以手工业、商业为主的城市等阶段②。阆中也不例外。由于条件限制,人们无法再现阆中这一形成历程。我们只能从历史文献和阆中遗址的考察中寻求零星的提示,借助先进理论的指导和人类特有的想象力来还原这一伟大的历史。阆中既为巴国别都,理应有城,惜现今无可考证。但《华阳国志校注》记载:"阆中县本巴国别都,秦置县。"故可推断巴都、秦城应在同一地点,即同在今蟠龙山至玉台山麓临嘉陵江的台地上。现今可指认的城为汉城,遗址在城北郊原王家嘴一带。此后,江水啮城致使城址不断南移。直至唐玄宗以后,城址才基本稳定下来。众所周知,任何城市的形成、建设及其发展与自然地理条件有着密切的联系,正如《管子·乘马》所说:"凡立国都,非于大山之下,必于广川之上。高勿近旱而水用足,下勿近水而沟防省,因天材,就地利。"《齐民要术》则进一步指出:"顺天时,量地利,则用力少而成功多。"与此同时,城市起源的"地利说"也揭示了城市形成与地理环境的内在联系:城市的兴起不是水路交通等地利原因,就是因地势险要,是兵家必争之地或者该地区自然资源丰富。可以说,地形、气候、水文、资源等各种地理要素不但是城市存在和发展的物质基础,更是城市形成过程中重要的引导条件。自然地理因素直接影响了城市形成以及后续空间扩展的方向、速度甚至是城市功能定位,阆中的形成亦不例外。因此在结合历史的基础上,我们尝试着从自然地理因素视角来探寻阆中自组

---

① 何一明,范英. 阆苑仙境——历史文化名城阆中[M].成都:巴蜀书社,2005:25.
② 顾朝林,等. 中国城市地理[M].北京:商务印书馆,2004:10.

织形成过程。

　　1) 自然地理区位优势对城市形成的支撑、限制和导向作用

　　从区位和地形看,阆中自古为"巴蜀要冲",其东北以巴山作屏障,西北毗连剑门雄关,巴蜀通中原的米仓大道和金牛大道在此交汇。山围四面,水绕三方,形成山水紧密契合的形胜之地,向来是古代川北的门户、进出四川的要道。险要的地形、便捷的交通、富饶的物产和宜人的亚热带湿润季风气候成为人们选址定居的上选。天然的自然地理区位优势首先构成阆中形成和发轫的"生长点"①。众所周知,自然地理条件和资源分布状况决定了城市形成的先期条件。古代城市得以形成、生存与延续的基础往往取决于城市的自然资源要素与所处的地理交通区位优势,"靠山吃山,靠水吃水"正是其形象说明。在此,自然地理区位优势及自然资源对阆中的形成起到一种支撑、限制作用。而人们将此地选作阆中的城址后便根据其自然地理环境拉开了建设、发展的序幕,而城市形成和发展所需要的人口、资金、技术等各类要素也源源不断向此汇聚。在后续的陆续建设中,人们以传统的"堪舆理论"为指导开始城市整体布局的建设和施工。然而阆中整个形成建设过程因地制宜,审慎周密地考察分析利用自然环境条件,因"其自然之性","假以人工裁成","务全其自然之性,以期无违环保之妙尔"②。由此可见,在阆中形成的历史过程中,自然的地形一定层面上对阆中起到了支撑、限制和导向的作用。自然资源和地形环境对于城市形成与发展而言,是"有此未必然,无此必不然的因素"③。阆中地理位置、城市选址、空间布局与建筑环境充分利用自然的地势和自然景色,每一部分都是在一个适宜的地理位置上发展起来的。在后期的建设中,后人遵循着沿资源递减方向和区位择优规律,不断地对其进行自觉不自觉的自我调整和完善。即使在经受战争的破坏和时间的洗涤后,阆中仍像生命有机体一样,稳定地自我维持,保持相对独立性,通过自适应和自重组来不断改善或调整自身的形态格局④。城市的形成与发展通常是从一个或多个分叉点(生长点)开始,最初的分叉点(生长点)往往符合最佳区位原则,如军事要地、地理中心、交通枢纽、自然资源地、商业

---

① 城市形成过程中通常有两个重要的影响因素:一是基地,二是位置。当城市初生时,有利的基地往往是诱因,是城市发轫的生长点,进而生长点带动周围区域的发展,得到新的平衡,此后又孕育新的生长点。

② 范为. 古阆中城风水探析[J]. 城市规划, 1991(3): 42-47.

③ 张勇强. 城市空间发展自组织与城市规划[M]. 南京:东南大学出版社, 2006: 81.

④ 马素伟. 基于自组织视角的城市演化实证研究——以阆中古城为例[J]. 中国名城, 2010(7): 40-46.

中心、边缘地带等。在这些分叉点上陆续开始城市形态的演化①。故可知天然的自然地理区位优势往往既是城市的发源地也是城市中心地。为此,深刻揭示出城市中心地的形成过程对探讨阆中起源问题有着直接帮助。从上述分析来看,建城初期,在没有任何总体规划设计的前提下,人们根据其所处的地理交通要道和得天独厚的堪舆地貌开始在此大兴土木。而阆中这些地点的选择和出现并不是事先注定的——没有任何基于人类官方的设计或必然性,而是在自然环境的导引之下自发形成的。自发形成的中心地,随着包括经济功能等在内的完善和复杂化,又不断地引入其他因素,如政治、宗教、社会、军事、文化等,使得人口不断地往阆中中心地汇集,进而形成阆中的最初形态。由此可见,城市生长点和中心地的自发形成与人口的自发性集聚,使得城市的形成也成为一个自发性的过程。由此可见,阆中古城的形成具有自发性的自组织特征。

2)人类朴素的堪舆实践认知形成城市的"基核"对城市形成的"诱发"和引导作用

中国的传统堪舆理论从一种"非理性"的角度引导人们将城市看成自然的一部分,不仅强调城市对最佳环境的选择,而且也强调城市的建设要考虑城市各部分功能的需要,在地址选择、城市布局、建筑形态、道路系统等方面都有满足城市政治、经济、文化等各方的需求②。阆中古城是堪舆景观中难得一见的例子。阆中古城在形成的过程中正是对"天、地、人"统一的理想追求"诱发"和引导了城市的形成。在阆中营建和形成的进程中,人们依据堪舆格局,在城市中心建有"中天楼",以应堪舆"天心十道"。城内街巷,以中天楼为中心,以十字大街为主干,分东西展开。各街巷取向无论东西南北,多与远山朝对,或为蟠龙山,或为伞盖山,或为塔山、锦屏山等。街的取名也大多由此来强调堪舆主题。如屏江街(锦屏街)、蟠龙街、笔向街等③。与此同时,在阆中"十字街"式的骨架基础上形成了各具特色的文化和功能区域,如以华光楼为中心形成的商贸区;位于西街张飞庙西侧的城西官署区;以贡院考棚为中心的科举文化区;位于油坊街、皮房街、机房街周边的传统工业区;以笔向街、白花庵街、屏江街为主体的古民居历史街区以及原南门城外的码头和船舶停靠区、城东的民间宗教活动区等。虽然早期阆中的规模非常小,但城内有官署衙门、街道、文教场所、寺庙、街市等公共建筑,由此开始形成初具形态的真正完整功能意义的城市。早期阆中虽建有城池,但由于地处"四面环山、三门环水"

---

① 王富强. 形态完整——城市设计的意义[M]. 北京:中国建筑工业出版社,2005:176.

② 李小波,文绍琼. 四川阆中风水意象解构及其规划意义[J]. 规划师,2005(8):84-87.

③ 范为. 古阆中城风水探析[J]. 城市规划,1991(3):42-47.

的自然形态,致使阆中整体建筑在堪舆格局的引导下依山就势并不完全按照平原区域整齐划一的形制建设城市。阆中形成过程中这种自组织作用十分强烈,后期的修补建设仅仅是围绕这些自然的功能分区而展开。即使因江水侵蚀而导致城址不断搬迁的进程中,阆中的基本建设格局依然仅仅围绕各自的功能需要以及与自然的和谐而依山就势进行布局,城市空间结构的自组织作用贯彻始终。

从阆中上述的形成过程不难看出:"基核"是阆中形成发展的关键所在。它是空间上的发展中心,也是主导城市经济、政治、文化发展方向的物质基础。在阆中形成初期,人们朴素的堪舆认知对城市的形成和建设起到一种诱导和导向作用。当阆中根据堪舆格局确定某地或某区域为某种功能区后,即形成阆中的建设核心。随后便是居民的自发建设活动,而在这一过程中,整个城市对街道、民房建筑的建设并没有统一规划,仅有的原则也许就是居民依据"人之居处,宜以山河大地为主"的法则围绕这个核进行自主建设。由此也可说明,阆中初始形成以自组织作用为主,具有自发性的典型特性。

毋庸质疑,最早的城市是自组织形成的。城市最早是人们自发形成的交易集散地,这些集散地一般坐落在交通便利的地方,人们为了保护交易活动,后续修建了城墙,设立了管理机构等,形成了城市的雏形①。从许多古老城镇的发展历程中,都可以看到如此的发展脉络。阆中古城亦不例外——阆中形成具有自发性,任何人为和外力的干预并不意味着阆中一定会处于外力他组织控制之中。理论和实践两个图景的叠加和重合为我们展现了一条明确的轨迹:阆中古城的形成具有自发性,任何外力在城市形成的过程中是无法长久着力的。

7.1.3　阆中演化的非他律性解析

正如城市不是从来就有的,城市也没有永恒不变的,具有2 300多年历史的阆中古城亦不例外。阆中自形成至今,无论是在外观形态、城市性质、空间布局还是在功能属性上都已发生深刻变化。可以想象,自阆中形成后,为了居住、交易、生产、生活便利等需要而陆续建造了住房,设置了手工作坊和商贸区,修建了公共设施,成立了具有教化和管理职能的贡院和府衙机构等。在此基础上,阆中最终形成了较为稳定的各类功能区划范围和建筑所在地。初期形成的城市布局为后来城市的建设提供了保障和参照。演化伊始,传统的堪舆观念为阆中的整体建设和布局奠定了基调,后期的演化则陆续受到政府的政策、居民的自发建设意愿、时代变迁力量等各种综合力量的影响。阆中遗址的变迁过程就充分体现了这种影响。如前文所述,阆中尤其是府衙机构的遗址曾不断发生变迁。从现今无法考证的巴国别

---

① 黎明. 论自组织理论审视下的城市规划与管理[J]. 系统科学学报, 2009(3): 86-89.

都到秦城,再至今天可指认的城北郊原王家嘴一带的汉城。此后,江水啮城使城址一度南移。据明嘉靖《保宁府志》和清咸丰《阆中县志》记载,汉城在唐代曾三次迁徙:一次是贞观十一年(637年)徙城东;第二次是咸亨二年(671年)徙盘龙山侧;第三次是武后载初元年(689年)徙县治于张仪城①。这三次有记载的迁徙的主要是官衙机构,迁徙的主要原因是自然环境发生变化,不得已而为之。或许,在古城阆中2 000多年的演化史上,在某些特定历史阶段,基于自觉规划设计意识的人类他组织力量曾经发挥过主要作用,对阆中的面貌产生过重要影响。但是,当我们放眼大尺度的阆中历史,会发现这些在特定历史阶段发挥主要作用的他组织力量,不外乎产生三种结果:一是顺应了阆中自组织演化的规律,确实构成了阆中演变的决定力量,对阆中的演变发挥了积极作用;二是基本顺应了阆中自组织演化的规律,成了推动阆中演变的建设性力量或"合力"之一,也对阆中演变发挥了正面作用;三是违背了阆中自组织演化的规律,成了推动阆中演变的破坏性力量,对阆中演变不仅无益,反而有害。上述前两种结果,因其顺应或基本顺应了阆中自组织演化的规律,对阆中演变构成了正面影响并留下了痕迹,而第三种情况,因其违背了阆中自组织演化的规律,对阆中演变构成了负面影响并很快成为过眼云烟。正反两种情况都说明,阆中演化的自组织性或非他律性,基于自觉规划设计意识的人类他组织力量只有在自觉不自觉顺应了阆中演化的自组织性或非他律性规律的时候,才能发挥实质性的作用。

新中国成立后,在国家计划经济时代,政府带领人民开始了城市建设的新阶段。各类党政办公机构、学校、邮电、银行等公共建筑陆续建成。从这一时期的整体建设来看,因城市建设用地的国有性质以及各类建设资金、原料的政府投资和划拨,单位和个人几乎没有能力自行建设,阆中建设呈现出较强的他组织色彩,其演化发展也处于一种相对可控、可调的状态之下。20世纪80年代起,阆中伴随着国家的改革开放,又逐渐从计划经济时代走出来,开始了城市规划建设新的探索,城市面貌又开始发生基于市场需要的变更。1985年、1993年,阆中先后两次的总体规划先后提出了"保护古城,建立新区"的发展思路,但此间的城市建设仍以在原古城区内进行为主。此格局一直持续到2003年。2003年阆中进行了第三版总体规划的调整,将嘉陵江南岸的七里片区定位为未来城市中心区,阆中的城市总体布局形态才算发生真正改变:由静态的"倚江单蹄"演变成了动态的"跨江双蹄",由原来的封闭聚合状变成了今天的沿江组团状②。阆中的城市性质及其功能定位也在不断地发生改变。由最初的政治、军事重镇发展为区域的经济枢纽,进而发展到

---

① 刘先澄,毛明文,等.古城阆中[M].北京:中国旅游出版社,2003:21.
② 张晓夏,王静.阆中城市形象演变分析[J].山西建筑,2007(28):52-53.

今天的以轻纺、商贸、旅游为主的山水文化旅游城市。目前,阆中正逐渐形成三大功能区:一是主要以旅游、接待和居住为主的老城片区;二是以行政、商贸、文体娱乐、工业及货运仓储等为主的七里片区;三是主要承担风景旅游、居住、仓储等综合功能的江南片区①。发展重心和城市功能的转移成功地引导了城市快速发展的强劲势头。

改革开放以来,阆中各类公共建设尤其政府机构的选择和布局看似完全由外来投资、政府决策来决定,实际上阆中的建设布局依然在遵循堪舆格局的基础上,根据经济、生产和生活的各类功能需要展开,是各种综合作用力的结果。在改革开放尤其是实行土地有偿使用以来,政府可调控的范围越来越小,城市建设和演化更多的是遵循市场价值规律。阆中演化发展的自组织非他律性作用越来越强化。任何的外力干扰和对阆中的他律性控制只能作为城市自组织演化的影响因子之一,而不是最终的决定力量。对阆中所进行的各种他律性规划、建设、管理活动,只是城市最终发展走向的作用力之一,并且这个作用力也是在和其他因素的协同作用形成的"合力"才最终决定了阆中的演变方向。这种"合力"的形成是超越了他律者的意志,即非他律性的。尤其在改革开放后,阆中市场经济的力量已经使城市的自组织能力逐渐增强,任何外力都必须通过自组织方能发挥作用,他律性的作用力更是难以独自作用于阆中的发展。

阆中在历史长河中缓慢而又执著地发生着变化,而且大多数情况下也不如大规模的建设和改造那样令人瞩目。阆中今天的城市风貌及其整体形态也只是在积累到了一定的程度以后才显示出来的。由于是进行自组织非他律演变,演变的内容也就不会只局限于单一的局部,而是在一定层次和一定范围之内的综合性、整体性的改变,但演变的同时也保留了原有的大多数的特征,变化后的部分在适应发展的同时也延续了历史。总体来看,阆中古城是在一种"修修补补的渐进"模式下,经过长时期缓慢发展演化而成的,导致这种演变的决定性因素是隐藏的秩序和规律,这种秩序和规律作用于城市的规模大小、区位选择、发展时序以及发展的方式之中。

总而言之,阆中演变的进程中并不是一开始外界就通过指令性的形式预先规定个发展目标和方向,其演变完全是城市自身从具体需要出发,在各种力量的综合作用之下,经过不断地修正以适应需要,从而最终能形成一个和谐有序的真实城市。

---

① 马素伟. 基于自组织视角的城市演化实证研究——以阆中古城为例[J]. 中国名城, 2010(7): 40-46.

7.1.4　创造活动是阆中发展的根本动力

城市形成的自发性和城市演化的非他律性造就了阆中延续至今的生机与活力,造就了阆中的百态千姿,保留了阆中震撼人心的原生态魅力。我们要问的问题是:究竟是什么力量决定了城市形成的自发性和城市演化的非他律性? 上帝的意志使然? 理智的人们不可能同意。基于自觉规划、建设意志的他组织干预使然? 不符合古城阆中千年演变的历史和现实。城市系统内部各种要素长期相互作用的结果? 又很难解释古城阆中快速变化的历史事实。究竟是什么力量呢? 我们的观点是:人类特有的创造性活动。

城市作为开放的复杂巨系统[①],其内在结构决定了城市自组织发展的动力无法是单向的、一维的。在众多的动力系统之中,我们认为人类的创造性活动才是城市自组织发展的根本动力,这与城市自组织的创新本性亦相吻合。复杂的城市系统在自组织内在规律下发展出原来没有的特性、结构和功能,尤其是高度的秩序化和有机性。城市发展的本质也就是在继承的基础上进行创新。因此,自组织一定意义上就是在创新的过程中实现有序。自组织意味着创新,自组织的实质就是创新[②]。城市在自组织的催生下不断地试错、调整和学习,这与人类所特有的创造性特征相一致。

城市是以人为主体的并内在于人的发展之中。在城市建筑及其所能代表转化自然成为城市的现实生活形式的人类创作中,城市是人类最佳的"人类创作"[③]。而这种创作最根本动力则来自人类特有的创造性。对此,德国学者斯宾格勒也指出"人类所有伟大的文化都是由城市产生的。第二类优秀人类,是擅长建造城市的动物"[④]。在城市寻求秩序的进程中,人们尽情发挥着他们的创造才能,发挥着他们的想象力和个性,从而使得城市能够在人类创造性活动的推动下通过自组织演化达到与自然环境的适应,而这种适应意味着创造、意味着生命力的提升(I.L. Mcharg,1969)。作为城市生活的参与者,人一方面联系着过去和未来,另一方面也通过自身的生活将自身融入城市的演化发展中。在阆中演化的过程中,源于自然地形的限制和土地的紧张,居住、生活空间的挤压让阆中居民不得不充分发挥自己的想象力和创造力来珍惜每一块土地和每一处空间,很多空间都被重复综合使用着,临街铺面的形式及其重重叠叠的民居院落群正是阆中人们创造性智慧的展现。正是人类强大而又无限的创造性的发挥推动着以人为主体的阆中古城从低级有序

① 周干峙. 城市及其区域——一个典型的开放的复杂巨系统[J]. 城市规划, 2002(2): 7-8, 18.
② 吴彤. 自组织方法论研究[M]. 北京:清华大学出版社, 2001: 19.
③ Aldo Rossi. 城市建筑[M]. 施植明,译. 台湾:尚林出版社, 1996.
④ 帕克,等. 城市社会学——芝加哥学派城市研究文集[M]. 宋峻岭,译. 北京:华夏出版社, 1987: 2.

向高级有序螺旋上升。也正是人类创造性的发挥,使得阆中能够得以恢复往日的生机与活力,进而在城市发展和保护之间寻求新的平衡。今天,阆中正致力于恢复周边环境的活力,意使阆中优秀的民居、宗教、科举、三国等各类传统文化通过人们的使用和交流得以鲜活地延续,这也是塑造具有活力的阆中的最终目标。须知,阆中古城在千年的演化中最终呈现在我们面前的,不仅是那些浸透着历史气息的建筑和大大小小的街道,更多的是多样性的人类实践活动。正是各种各样的人在城市中的不同活动,才会让城市变得如此丰富多彩和激动人心。为此,我们知道源于人类创造性冲动背后的"人类的意志和人类的愿望才是城市产生的动因"①。

总之,阆中的自然演化折射出不同历史阶段城市自组织演化的两大特质,即城市形成的自发性和城市演化的非他律性,这说明自组织作为城市演化发展的内在规律,一直在不断推动着城市的演化发展。而作为建筑与城市的建造者,我们应当从其自组织演化历程中认识到:作为城市发展的内在规律,人类特有的创造性活动是阆中自组织发展的根本动力。在自组织演化规律的引导下,城市不但是人类的一种眷念、一种寄托,更"应该是一个完整的场所,让人想象着从那里出发或退回;简言之,让人创造自己"②。未来,人类将如何继续从事显现、设定、建构、生产和创造人类的城市,存在着无限的可能,这一切将如何展开我们无法确切说明。但是可以肯定:是"道前人所未道,做前人所未做"的创造性实践活动成就了城市的自组织,成就了城市的日新月异。

7.2 威尼斯形成演变的自组织分析

7.2.1 威尼斯概况

威尼斯的起源没有确切的历史及文献记载。但据历史学家引用可靠的证据,可以追溯到遥远的古罗马时代。这片海滩沼泽小岛原本荒无人烟,大约在公元前1000 年,一支可能是印度日耳曼族后裔的 Venetti 人,从西亚经过巴尔干半岛的漫长路途,迁移到意大利的北部地区。这些人在海岸线一带落户,小心翼翼地开始建立起自己的村落和贸易航线。这些异族文化的移民想必是一群勤劳而又极为灵活、有生意头脑的人,他们很快在该地区发展出一些繁荣的小城镇,在古罗马帝国向北扩展时,此地已被作为一个行省,成为威尼提亚(Venetia)。公元 3 世纪后,罗马实力衰落,不能保护这里的平安,北方的日耳曼游牧部落南下侵袭、骚扰。公元402 年,北方的哥特族又打到了附近,于是居民都纷纷逃难,大群的居民迁移到这

---

① 斯皮罗·科斯托夫. 城市的形成——历史进程中的城市模式和城市意义[M]. 单皓,译. 北京:中国建筑工业出版社, 2005: 53.

② 罗兰·巴尔特. 符号帝国[M]. 孙乃修,译. 北京:商务印书馆, 1999: 45.

片海湾的滩岛群上。由于北方的蛮族虽勇猛善于骑射,但是对海湾沼泽地区却还是深有惧心,所以这里还较为平安。当时的海湾有大大小小将近一百个小岛,而且在外围还有较大的岛,如今威尼斯东北 10 公里的托切洛岛(Torcello)和长条形的丽都岛(Lido)等,都逐渐开始住上了居民。在这些海上突起的岛滩上,威尼斯人奇迹般地建造起了自己世外桃园般的一个城市。在这个滩涂小岛的中央,有一片面积稍大的威尼斯本岛,也就是里亚托大桥(Rialto)的位置,慢慢成为居民区的中心地之一。人们在海对面的伊斯特拉半岛(Istria)砍伐树木,大量运来此地,在滩涂地上打下了无数木桩子,建造最初的桥梁、房屋和道路,从而将各个分散的滩涂岛连接成一片。整个水上的威尼斯城都是造在数百万密集排列的树桩和桩头上的。据说当初为了建造水上的威尼斯,几乎砍光了海对面的伊斯特拉半岛上的树木。威尼斯在公元 6 世纪和 7 世纪,还接受了多次移民潮,岛上的人口日益增加,他们利用当地生产的海盐,经常交易和造船,进行海上运输。威尼斯靠其优越的海上位置和商人的精明头脑使得当地经济得到了大规模的发展,一时之间,大教堂、广场等,相继先后在各个大小岛上出现,呈现出繁荣的景象。

　　素有"亚得里亚海明珠"之称的威尼斯(Venice)四周环海,位于意大利东北部亚得里亚海滨的威纳托省(Veneto)。从地图上看,威尼斯仿佛一颗镶嵌在美妙长靴靴腰上的水晶,在亚得里亚海的波涛中熠熠生辉。

　　威尼斯形成于公元 5 世纪,发展到 10 世纪已经成为当时最主要的航运枢纽。总体而论,威尼斯是非凡的人类建筑范本。威尼斯的主要建筑建于离岸 4 公里的海边浅水滩上,平均水深 1.5 米,由铁路、公路桥与陆地相连。威尼斯城市面积不到 7.8 平方公里,由 118 个小岛组成,有 177 条运河像蛛网一样密布其间,有大运河呈 S 形贯穿整个城市,这些小岛和运河由大约 350 座桥相连成一体,以舟相通,有"水上之都"之称,整个城市仅靠一条长堤与意大利大陆半岛连接。威尼斯市内没有汽车,也没有交通指挥灯,船是市内唯一的交通工具,水道相当于陆地城市的马路。古老的圣马可广场是城市活动中心,广场周围耸立着大教堂、钟楼等拜占庭和文艺复兴时期的建筑物。

　　威尼斯是一个极具魅力的水上城市。威尼斯建在不可思议的水上,其风情总离不开"水",威尼斯因水成街,因水成市,因水形成了自己独特的空间魅力。水街相依,水巷和街巷是威尼斯城市整个空间系统的骨架,是人们生活、交流的主要载体。因为城市是建立在水面的礁石上,非礁石部分由树桩支撑,全城由一条运河贯穿统领,所以建筑的式样为适应水的形态作了调整。早期兴起的罗曼式建筑既保持了古罗马的雄风,又具有了清新秀丽的水城特色,建筑布局以水展开,形成了由中央运河和两百多条小河及上千条水系分割的小块建筑群。它们之间以桥相连。

这一时期形成了威尼斯水城的雏形——建筑与水的融合。威尼斯这一主题初步形成之后,便开始了围绕这一主题展开的漫长发展演化过程。在其漫长的演化中,出现了一大批豪华雄伟的建筑。据相关史料记载,威尼斯水道沿岸的 7 座教堂和近200 栋宫殿、豪宅,多半建于 14 至 16 世纪,有拜占庭风格、巴洛克风格、哥特风格、东方风格等,所有的建筑地基都淹没在水中,看起来就像水中升起的一座艺术长廊。非常有意思的是世界各地风格迥异的建筑居然能够在威尼斯有机地融为一体,你可以在这里找到几乎所有的建筑风格,却又无法确定任何一座单纯的建筑风格。威尼斯发扬了相得益彰的水城建筑文化,水上的建筑成为威尼斯城的主题,并以之震撼了无数的世人。即使是威尼斯普通的民宅也是那么含蓄雅致、玲珑剔透,高低错落之间透露出一股灵气,令人遐思、着迷。

威尼斯城市空间的格局可以归为建筑与自然要素自组织结合的产物。这些大大小小的水道和城市建筑也同样形成了美丽的城市地图,其中以城镇与水的和谐对话为灵魂。总体来看,威尼斯不同于欧洲和东方的其他城市,它没有城墙等的阻挡,也没有地势的起伏,是一种在平原上无限伸展的聚落形式,具有形态上高度自然与仿生的美丽形态。由于特殊的地理环境,河道作为主要的交通纽带联系着城市内部及城市外部的流通,从而构成了威尼斯因水成市,因水成街的亲水性居住环境。在上千年的演化中,威尼斯人挖掘自然资源,整合起来,凝聚成一点,在不断地锻造自己的城市,使它无限地增值和拓展,这个过程远远还没有结束。纵观威尼斯城市的发展史,沿着它的水城的发展足迹,从城市的自组织视角来分析它的演变,我们就会发现当一个城市遵循自然的规律维系城市的历史时,它都有一个共同的本质:城市演化的非他律性。

7.2.2 威尼斯形成的自发性解析

威尼斯,诞生于北亚得里亚海沿岸岛屿的泥沙中,由一群陆地上的异乡人,将无数荒芜的滩岛湿地加固,打下了数以百万计的树桩,用几百座小桥和几百里长的小道链接成一座石头城市的历程,本身就是一种传奇。这座罕见的水上之都的历史,记载着地中海轰轰烈烈的风云变换。昔日从海上滚滚而来的威尼斯财富,造起了海市蜃楼般的迷幻美景城市。威尼斯作为城市中的佼佼者,其壮观的大运河、庭院走廊和大理石拱桥让这座城市变成了历史学家雅各布·布克哈特所说的"世界的珠宝盒"。同样重要的是,威尼斯同时也预示了一个现代城市的终极形式,其伟大之处主要源于城市的经济力量。威尼斯的富足不是通过帝国政府或凭借其神圣的中心的位置取得的。它的财富就像腓尼基的财富一样,几乎都是凭借精明的经商之道获得的。

从威尼斯城市的形成来看,威尼斯出自平民百姓,没有宗教或帝国领袖式的人物带领威尼斯建立起来和走向繁荣。从其发家史中看不到什么圣贤或英雄式的人物。传说中的威尼斯第一任总督也是在威尼斯城建立后的几个世纪才由人们经推选产生。而其最初的居民也是在野蛮民族的袭击中,无意间逃亡到威尼斯地区这片沼泽密布的岛屿中。从这一小部分流亡者开始,加上后期的多次移民,威尼斯人培育了自己的城市文化,建立起了自己的城市。从这座城市诞生起,可能源于其居民是外来的个性,使得这座城市更加突出其与众不同的兼容并蓄的特点。就在多数欧洲城市由于对外来者不能容忍并施加暴力而显得晦涩无光时,威尼斯却成为外国人"相对安全的天堂"。来自德国的商人、希腊的基督教徒以及其他外来者云集威尼斯的大街小巷,同时也把他们的商品、理念和技术源源不断地带到这座城市。威尼斯每一个岛屿教区逐渐成为一个社区,他们面朝大海,背靠河口,练就了各种生存技能,成为渔猎、贸易和航海等方面的专家,也造就了威尼斯的辉煌。当回顾威尼斯源起这段时光时,我们可以明显地发现,威尼斯完全是由一群逃难到此的人们建立起来的,威尼斯的建立没有受到任何明显外界行政性命令的干预,从而染上规划控制的色彩。威尼斯城市最初的建立是由一批批互相不认识的人群来完成,而繁荣则完全凭借人们辛勤的劳动,依靠对外的经济活动实现的。人们最初的目标并不是要创建一个宏伟的城市,只是为了满足实际的生存需要,一个伟大繁荣的威尼斯的出现可能完全出乎于这些外来异乡人的意料。整个城市的布局也完全是在先后的不断建设中陆续完成的。试问如此情况下的威尼斯又如何会有一个建筑师或领袖人物来对其进行全面而持久的规划,对其加以掌控和干涉。在漫长的历史中,人们也许在对威尼斯进行不断改进和控制,试图用某种方式来控制城市的发展。然而,就如同人类始终难以摆脱的各种病毒一波未平一波又起的威胁一样,人类对威尼斯城市形成和发展的操控也未能达到人们期望的程度。这座城市似乎总是以一种令人意想不到的独特方式来回应人类的宏观干预,向着不可预测的方向发展着。这些历史与现实都在给人们以启示:城市是一个复杂的系统,不能用简单的线性思维来观察认识城市。

在城市这个开放的复杂巨系统中,有许许多多独立的因素在进行着非线性相互作用。这些无穷的相互作用使每一个系统作为一个整体产生了自发性的自组织,并具有自我调节的能力。并且这种自组织的自我调节的复杂系统都具有自身的区别于其他的内在动力。从现实的城市形成和发展史来看,城市得以形成和繁荣的动力大致主要有两种。一种以罗马为代表,凭借行政权力对腹地征收、掠夺以聚集财富,是行政性繁荣,城市形成和发展依靠的主要是行政性外界干涉力量;而另一种则是以威尼斯为代表,凭借对世界商路的掌控,通过交易创造价值,是市场性的繁荣,城市形成和发展依靠的主要是城市经济演化的内在自组织力量。罗马式的繁荣来自垄断性的行政权力,像办批文、上项目、跑官、找关系等,舍此别无它法,但很难给周围的地区带来辐射与拉动;威尼斯式的繁荣,源自市场,有助于周边的地区的价值实现,必将对周边地区产生直接的影响①。

回顾城市的历史,我们也许会发现,现代城市中所呈现出的秩序性也并没有比以前的城市有质的改变。但是从人类认识的层面看,同古代人相比,现代人对自然与社会的认识操控能力都取得了极大提高,人类科学技术的发展甚至一度使人们自以为能够控制与改造自然与社会的各种事物了。然而现代人类在建设和规划一个城市的发展时,一切人为干预城市形成发展的活动都似乎进行得并不那么顺利。更何况同现代人相比对自然与社会的认识操控能力都相去甚远的古人。值得欣慰的是,古时未沾染人类太多规划和设计等干预色彩的城市与村落在形成的过程中还是给我们呈现出某种很强的秩序性和内在有机美。由此不难看出,威尼斯与其他城市的形成一样,也是一个自发的自主过程,唯一存在的差异之处也许仅在促进因素上的不同而已。威尼斯的形成,与一般所看到的行政规划性城市显然不同。在威尼斯这个复杂的城市巨系统中,还有许多不为人知的因素在不断改变着这种自组织与自协调,甚至一个从未被人注意过的偶然事件就可能改变整个城市的发展。而这些因素似乎是游离于城市自身秩序性之外的元素,这些元素在不可预测中推动着城市有序地向前发展,城市本身也在秩序的建立与颠覆的周而复始过程中生长。

7.2.3　威尼斯演化的非他律性分析

对中世纪的城市来说,红色的锡耶那、黑与白的热那亚、五彩缤纷的佛罗伦萨等都是那么地美丽与超然,尤其是佛罗伦萨,更是由于它辉煌的艺术和充满生命力的文化生活,显得高于欧洲的其他城市,但是金色的威尼斯却更加吸引了人们的注意。没有城市能比威尼斯更清楚地表示出中世纪城市结构布局的理想组成部分。此外,除了前文分析过的锡耶那之外,也没有一个城市比威尼斯更能在自身演化发展中更好地显现出一个新的城市布局结构和演化所遵循的规律。这种城市布局结构即使经过上千年的变迁也依然有望胜过从新石器时代以来一直保存至今的有城墙的城市。因此相对于欧洲城市以及东方城市而言,其发展演化的规律更为明显,形式和功能更为复杂,自组织的参与元素和过程也更丰富。下面选取最具代表性的几例来加以说明:

水巷与街道:世界上依水而建的城市不计其数,但因水而闻名世界的却只有威尼斯。水巷与街道历来是探讨水城威尼斯空间格局形态的首要元素,威尼斯的全

---

① 李津逵. 中国:加速城市化的考验[M]. 北京:中国建筑工业出版社,2008:59-60.

部建筑和空间就是依傍着水巷与街道生长起来的。其中水巷的作用更为显著。与一般陆地城市所不同的是,城市内大大小小的水巷也就是它的街道,水巷起到了双重的作用。由中央运河和两百多条小河以及上千个水系构成的网络格局成为威尼斯整体空间的一种特有结构。令人惊叹的是,这一交通形态是同遍布于全市的古典建筑和水道相融合的,是那么自然、流畅。即使经历了近千年的演变,其形态和功能依然保存得那么完好。

水巷和街道主次结合的网络结构不但是威尼斯的交通结构,也是其他生产和生活赖以展开的基础;在更高的层面上,城市经济、文化的发展也基于这种结构,于是这种以水为载体形成网状的结构成为威尼斯兼具物质和精神内涵的载体,也成为威尼斯人文精神的自发依据。可以说,用最美的建筑来衬托这种自然之美,是威尼斯人的一种创造和与生俱来的精神品质。

邻里与功能区:在威尼斯的城市布局中,按照邻里和功能区来组织城市生活的做法,影响深远,一直影响到现代这个时代。城市通常被划分为教区,每个区各有一个或者几个教堂,有各自的市场、供水设施等,教区相当于现在的邻里单位,邻里单位的范围常常和教区范围相一致。威尼斯原来被分成 6 个邻里,每个邻里内各有全城 6 个同业公会中的一个。运河成了这些邻里的边界,也是连接各处的交通线。在住宅格局上,以往一些上层阶级如议员常常住在他们各自所代表的教区里,这样防止了上层阶级住宅过分集中在一起而导致对边远地区城市混乱的容忍。更与其他中世纪著名城市不同的是,威尼斯的城市功能区是非常明确。功能分区在威尼斯比较容易建立,因为这个城市中心周围有着数目较少但面积较大的岛屿,威尼斯把这个表面上看起来似乎是劣势变成了优势。威尼斯以城市功能区为基础,用交通线把这些功能区分割开来。它承认邻里的完整性,并把上班路程缩短到最低限度。威尼斯的邻里和功能分区,不但没有破坏城市的统一,反而使市中心区避免了过度的拥挤,即使经历了产业革命以及现代城市更新作用的叠加,其特征保持至今依然清晰。邻里和功能分区这些建筑与设施都是出于一定时期人们的需要和意愿,从实际情况出发设计建造的,因此在数量和分布密度上具有一定的规律。以此来对照现今城市设计中不顾地理和实际生活需要,肆意规划住宅和功能区的现象,城市自发形成的分区观念尤其值得借鉴。

广场与教堂:圣马可广场是全威尼斯最大的广场,由新、旧行政官邸及连接的两座大楼,位于东侧的拿破仑翼大楼和东面的圣马可教堂所围成的长方形广场。圣马可广场原是古代拜占庭教堂前的一块绿地,到了 12 世纪,一个摆满小摊的广场才逐渐形成。广场周围的一些建筑记载了一系列连续不断的发展:1176 年改建圣马可教堂,1180 年建立老的钟楼,1300 年开始建设总督府,1520 年建起了旧市政大厦。后来在老的面包房旧址上,建起了公共图书馆。直到 1805 年,广场最后一笔才完成,这样整个广场混然一体,完美无缺①。圣马可广场的形式和内容都是历史上积累起来的产物,同时还加上了历史环境、功能和时间的影响。这是有机物的演化产物,而不是某个人类天才在几个月之内在绘画板上能够生产出来的。

总之,威尼斯的水巷与街道、邻里和功能分区以及广场与教堂都不是来源于人类的某个规划与设计,也不是仅仅根据一个时代的需要而武断地排除一切生长发展、再适应和改变的可能的结果。它是一系列改变的连续,是在复杂状态中脱颖而出的统一。这种群体行为和意识形成城市空间的自组织性表现得极为明显,他们通过共同参与的营建活动延续着传统的文化和经验。

除了在城市经济近乎耗尽的那一段凄惨时期外,威尼斯的美丽和光荣从未被忘却或贬低过。威尼斯树立的这个城市布局结构从未被别的城市所接受,更不用说模仿。即使人们认识到了威尼斯城市布局结构和其演化所遵循的原则的非凡之处,人们也可能只认为这是自然的巧合罢了,而不会想到这是一系列适应当时自然地理环境的大胆改革所取得的成果。这个成果虽然是以这个城市的自然地理特点为基础,但是却有遵循的共同规律以及普遍的推广意义:那就是在自然的基础上,从需要出发,遵循城市自主的演化规律,不要过多地干预或试图控制城市的形态和发展。威尼斯在整体上实现了与自然的完美结合,空间上实现了有机延续,形体环境上达到协调一致,最终构成令人满意的空间秩序,追寻其自组织的根源,正是来自威尼斯人对城市非他律性演化这一规律的自觉不自觉的遵循和把握。

---

① 刘易斯·芒福德. 城市发展史——起源、演变和前景[M]. 倪文彦,宋俊岭,译. 北京:中国建筑工业出版社,2005:342.

第8章 自组织城市本体论

本章尝试回答何谓城市？何谓城市的本质或本来面目？

8.1 狭义世界 1,2,3 理论与广义世界 1,2,3 理论

狭义世界 1,2,3 理论与广义世界 1,2,3 理论是两种不同的本体理论。狭义世界 1,2,3 主要是基于二元思维模式来认识世界，广义世界 1,2,3 则主要运用广义超元论思维模式（Generalized Transcendent Theory）来建构世界。它们的差异不只体现在思维角度与思维路径的选择上，更体现在作为认识主体的人类对认识对象——对象性世界（现实世界或"有"）及其与人类关系的定位上。

8.1.1 狭义世界 1,2,3 理论

狭义世界 1,2,3 理论即卡尔·波普尔（1902—1994）的世界 1,2,3 理论，它萌芽于波普尔 1945 年的《开放社会及其敌人》，后在 1972 年出版的《客观知识》论文集中被系统论述。它打破了西方传统的一元论与二元论模式，力图呈现给我们一个多元的世界。波普尔通过"世界 1,2,3"理论将世界分为物理世界、主观思维世界和客观知识世界，在波普尔看来，无限丰富的宇宙现象都可归于三个不同的层次或"三个世界"。他认为，"世界至少包括三个在本体论上泾渭分明的世界；或者如我所说，存在着三个世界。第一个世界是物理世界或物理状态的世界；第二个世界是精神状态的世界；第三个世界是概念的世界，即客观意义上的观念世界——它是可能的思想客体的世界：自在的理论及其逻辑关系、自在的论据、自在的问题情境等的世界。①"其中"世界 3"是波普尔"世界 1,2,3"理论的核心。

1）世界 1——物理世界

在波普尔看来，世界 1 是指物理世界或物理状态的世界，包括一切自然物、人的肉体和人工物。具体来说，世界 1 包含三个部分：一是无机界，如宇宙的物质和能量；二是生物界，如所有生命现象的结构和活动人脑；三是人工物，是指人类创造

---

① 卡尔·波普尔. 客观知识[M]. 舒伟光，等，译. 上海：上海译文出版社，1987:164.

或创作的工具的物质基质、书本的物质基质、艺术作品的物质基质和音乐的物质基质等,它也是世界 1 的基本组成部分。人工物属于世界 1 还是世界 3,尚存在争论。

星团和星云展示的只是宇宙中极其微小的部分,但它是茫茫宇宙的一个缩影,其中无数大大小小、发光与不发光的星星以及它包含的所有物质与能量就是我们所说的无机界。

随着细胞结构的发现,分子生物学的发展,特别是发现了 RNA(核糖核酸)、DNA(脱氧核糖核酸)和氨基酸、蛋白质,意识人类对生命现象结构的研究由表及里,基本破译了包括人类在内所有有机物的生存发育密码。

物理世界的生命现象极为丰富,动物、植物、微生物,种类繁多。比如海豚、茉莉花等,都呈现出特定的生命结构和生命现象,是万千种动植物中的一种,同时这些宏观生命结构又都由最基本的微观形态——细胞组成,世界中还有借助于特殊仪器才能看到的细菌等。所有这些宏观或微观形态的生命结构和生命现象都是生物界的组成单元。

人工物的种类与数量也非常繁多,充斥着人类生活的每个领域和角落。美国的自由女神像坐落于纽约市曼哈顿以西的自由岛上,她手持火炬,矗立在纽约港入口处,日夜守望着这座大都会,迎来了自 19 世纪末以来到美国定居的千百万移民。它不仅是纽约的地理坐标,也是整个美国的象征。位于挪威奥斯陆的一个普通雕塑,它与自由女神像拥有相同的物质基质——铜。同一种基质可以表现为不同的形式或物质形态,物理世界所关注的不是铜被雕成了自由女神,还是被运往挪威制成了一个普通雕像,也不关注人类通过这些雕塑要表达什么,这些雕塑有多大的价值,只关注它们的物质基质——铜,只关注这个基质是铜而不是其他,只关注雕像呈现的结构形态,而不关注它是何种结构与形态。这里的铜是人工物的物质基质的一种,是物理世界的一部分。

2)世界 2——主观思维世界

主观思维世界是人的意识状态或精神状态世界,如人的心理素质、主观经验、思想观点等,也被波普尔称为世界 2,具体包括人的主观认识、知觉经验、思维经验、情绪经验、意识的经验、记忆经验、梦的经验、逻辑思维、形象思维、创造性想象等。

世界 2 以活着的人脑为载体。一般情况下,是隐蔽的,像一个"黑箱子",他人难以通过感官来直接感知和把握,但是他人可以借助相关载体间接感知和把握。主观思维世界可以也必然要通过各种载体以各种方式表现出来。比如人类借助表情、着装,甚至是眼神表现世界 2。通过着装我们可以把握一个人的审美价值及对美的认知,恋人之间的"眉目传情"也能传达出恋人的思维和意识状态,眼神是一种行为符号,这种符号可以被接收和感受。再者人类通过语言、文字、符号、图画、音乐等表现世界2。当今的人们不可能与早已作古的孔子进行语言的交流,但是人们可以通过孔子的文字来解读孔子的思想,甚至可以根据描述孔子生活场景的史料对孔子在某些情景下的心理活动和思维做出推测。

我们无从知道波普尔如何在大脑中建构起他的思想体系,也不知道他在建构这样一个思想体系的过程中,对各种事物做出了何种反映,他究竟如何进行着一些特定的思维活动,又如何在意识中进行着思维的创新从而创造了他的世界1,2,3理论,这些都无法进行直接的观察和把握。但是,波普尔借助语言和文字,向人类呈现了他的思维活动过程,我们可以通过《波普尔思想自述》《科学知识进化论》《客观知识》等来全面解读与把握属于波普尔的主观思维世界。

在特殊情况下,我们也可以直接感知和把握世界2。这就是在人与人的各种形式的沟通交流活动中,处于沟通交流活动中的意识个体可以彼此直接感知和把握自己与对方的世界2,并由此证明以人脑为载体的主观思维世界的现实存在。所有的教学活动之所以会取得效果,皆源于教育者与受教育者彼此主观思维世界的有效相互作用。

波普尔认为,世界2的主要功能之一是把握世界3客体。"我们大家全是这样做的,因为人的生活中一个必不可少的部分就是学习语言,而这本质上意味着学习把握(如弗莱格所称为的)客观的思想内容"[1]。我们现在所作的一系列分析,其实也不过是我们的主观思维活动,是我们通过主观思维世界作用和把握世界1与世界3,并通过文字这一符号将我们的主观思维世界呈现与固定,使之客体化和具体化。其中世界1是世界2存在与发展的必要条件,世界3体现着世界2的存在与意义,三个世界之间呈现一种递进而互动的关系,世界2在其中扮演着中介者的角色,是世界2赋予了世界1与世界3以意义。

3)世界3——客观知识世界

波普尔最感兴趣的是世界3,他用了很大篇幅来说明和阐述他的世界3理论。正如他说的,"语言的世界,推测、理论和论据的世界,简言之,客观知识的世界,是这些人类创造的世界中的一个最重要的世界……[2]",世界3是人类精神活动的产物,即思想内容的世界或客观意义上的观念的世界,或可能的思想客体世界,它包括客观知识和客观的艺术作品,构成这个世界的要素很广泛,有科学问题、科学理

---

① 卡尔·波普尔. 客观知识[M]. 舒伟光,等,译. 上海:上海译文出版社, 1987:166.
② 卡尔·波普尔. 客观知识[M]. 舒伟光,等,译. 上海:上海译文出版社, 1987:126.

论、理论的逻辑关系、自在的论据和问题境况、批判性讨论、故事、解释性神话、工具等。总之,世界3是人类智力活动的产物,是人类在世界2的基础上构建的一种精神客体。

以城市建筑为例,建筑物于世界中的客观存在本身属于世界1,它可触、可感,可以用形下学语言来描述、言说,但它所反映的建筑师的立意构思等则属于世界2,不能被直接感知和把握,建筑落成后所体现的建筑文化以及建筑图、建筑技术等则属于世界3,世界2中的立意构思可以通过世界1和世界3反映出来。可见,世界1、世界2、世界3实际上是密不可分的。

波普尔认为,世界3的对象虽然是人造的,是人的意识的产物,但它们是客观的,也是自主的,即具有不以人的主观意识为转移的相对独立性;这种自主性主要表现在它对世界2以及通过世界2对世界1有反馈作用。根据他的突现进化论,世界3正是随世界1和世界2之后出现的另一种实体。一经产生,它便以独立自在的身份与前两个世界一起构成一个统一的实在世界。波普尔认为,即使世界2这个联络世界1和世界3的中介毁灭,世界3也依然存在。而且一旦被人发现,它便具有反馈的生命力。他用这样两个"思想实验"①来证明世界3的自主性与反馈性。

实验1:我们所有的机器和工具都毁坏了,我们所有的主观学问,包括关于机器和工具的主观知识以及如何使用它们的知识也毁坏了。但是图书馆以及我们从图书馆中学到的能力却保存了下来。显然,经过一段时间的努力,我们将重建这个世界。

实验2:如前,机器和工具毁坏了,我们的主观学问,包括关于机器和工具的主观知识以及如何使用它们的知识也毁坏了。但这一次,所有的图书馆也毁坏了,因此我们从书本中学习的能力也没有用了,那么,我们的文明在几千年内将难以重现。

如果你想到这两个实验,第三世界的实在性、意义和自主程度(以及它对世界1、世界2的作用)也许会使你更清楚一些。尽管这个实验并不十分严谨完美,波普尔所谓的主观学问以及如何使用知识的能力完全毁灭的现象不会出现,但从一定程度上,它仍然说明了客观知识世界的存在是相对独立的,它独立于物理世界,也独立于主观思维世界,它通过世界2可以作用于世界1。

从广义上讲,波普尔对世界3有一个本体论的承诺,即在世界1中蕴藏着几乎是无限的各种各样的真理,世界3只是人类在不断探索、发现和认识真理过程中生

① 卡尔·波普尔.科学知识进化论[M].纪树立,编译.北京:三联书店,2002:311.

成的自然科学和人文社会科学等客观知识体系。因此,客观知识具有显性的"实体"和隐性的"虚体"两种形态。尽管构成客观知识的一系列猜想、假说、理论最终都可能被证伪,但客观知识正是在这种被证伪的过程中由简单向复杂,由低级向高级不断丰富和进化的①。在这里,波普尔在无意或不自觉中呈现了客观知识世界的自组织性,人类所从事的一系列建构性或解构性的创造性活动证实、证伪、再证实着客观知识世界,如此循环往复。意识人类的创造性思维,特别是人类的创造性活动推动着客观知识世界由简单到复杂,由低级到高级的螺旋上升发展,尽管在波普尔看来,客观知识世界大部分都是人类实践活动的非计划产物,但他无法否认这一切必然产生于人类实践活动的过程之中。人类的创造性活动是人类社会自组织发展的根本动力——这也是自组织城市理论的核心特征。

波普尔特别关注世界 3 的存在和发展问题。他认为,世界 3 是"人造的,同时又明显是超人类的。它超越了它的创造者",世界 3 的"大部分都是人类实践活动的非计划产物"②。由此,他认为,客观知识可以通过以下四方面的属性立体地呈现出来。

(1)实在性

波普尔认为世界 3 的实在性首先在于它在世界中的物质化或具体化。例如,建筑材料(尤指天然),建筑基地的自然环境,绘制建筑图的笔、墨、纸张等可视为世界 1,建筑师的立意、构思、创作激情与才思以及建筑使用者与欣赏者的建筑审美、建筑情感效应等就是世界 2,建筑文化、建筑理论及设计原理、设计规范、建筑设计图及落成的建筑物则是建筑领域的世界 3,波普尔关于世界 3 实在性的决定性论据是三个世界之间的相互作用。波普尔说道:"这三个世界形成这样的关系:前两个世界能相互作用,后两个世界能相互作用。……第一世界和第三世界不能相互作用,除非通过第二世界即主观经验或个人经验世界的干预"③。他认为,世界 1 和世界 3 之间以世界 2 为中介发生的作用是最主要的。他说物理世界中的力与力之间等彼此不断地相互作用,从而物质实体之间产生相互作用,这就证明世界 1 是实在的。世界 2 由于存在于我们的大脑中,直接与我们的肉体(世界 1)发生作用,所以也是实在的。那么,世界 3 是否也是实在的呢? 波普尔对于这个问题的回答是肯定的:"第三世界并非虚构,而是'现实地'存在着,只要我们考虑到它通过第

---

① 尧新瑜,刘融斌. 解读波普尔客观知识理论的本质与特性[J]. 东华理工学院学报(社会科学版),2006(1):55-59.

② 卡尔·波普尔. 客观知识[M]. 舒伟光,等,译. 上海:上海译文出版社,1987:369.

③ 卡尔·波普尔. 客观知识[M]. 舒伟光,等,译. 上海:上海译文出版社,1987:165.

二世界对第一世界所产生的巨大作用就能清楚这一点"①。他举例说,由于技术专家的介入,数学理论和科学理论组成的第三世界,即世界 3 确实能对世界 1 产生巨大影响,因为技术专家能通过应用上述那些理论的某些成果而引起世界 1 的变化。可见,世界 3 并非虚构,而是实在的。

（2）客观性

波普尔认为世界 3 与世界 1 和世界 2 一样,亦是客观存在的,具有客观性的特征。世界 3 不同于世界 2 之处,只在于它的思想内容是抽象的客体,而不是具体的;世界 3 客体处在彼此之间的逻辑关系中,而不是世界 2 那样联系着大脑的过程。世界 3 客体之所以是客观的,首先是因为它同任何人自称自己知道无关;它同任何人的信仰也完全无关,同他的赞成、坚持或行动的意向无关。其次是世界 3 客体可以通过世界 2 的批判而得到发展、改进,这种批判可能是来自抱有合作态度的,也可能来自同原有观念毫无联系的人们。不仅如此,世界 3 客体还可以引人们去想、去做,"在思维中我们会从其他已有的第三世界理论得到很大帮助。"②这便是世界 3 客观性的论据。

（3）自主性

世界 3 的自主性和世界 3 的客观性是紧密相连的。波普尔认为,世界 3 理论中最关键的一个论点便是世界 3 的自主性。他说:"自主性观念是我的第三世界理论的核心。尽管第三世界是人类的产物,人类的创造物,但是他也像其他动物的产物一样,反过来又创造它自己的自主性领域。"③不过,世界 3 的自主性只是"部分的"。这主要表现在:世界 3 一旦存在,就开始有自己的生命和历史,它客观上有迄今没有预想到的事实,以及没有预想到的问题。人们诚然可以发现它们,但总存在着未被发现和预见到的事实和问题。波普尔举例说,自然数列是人类的作品,但是它同时也创造了自己自主的问题。如奇数、偶数、素数等许许多多的问题就是我们创造活动产生的预料之外而又不可避免的结果。这就足以证明:"尽管第三世界是我们创造的,但它基本上是自主的"④。这种意识人类参与其中的、有意无意的创造性活动及其产物,也即我们所坚持的世界 3 的自组织性。

（4）能动性,波普尔称其为"反馈作用"

关于世界 3 的能动性问题,波普尔作了深刻、透彻的阐述,虽然他并没有使用

---

① 卡尔·波普尔.客观知识[M].舒伟光,等,译.上海:上海译文出版社,1987:170.
② 卡尔·波普尔.客观知识[M].舒伟光,等,译.上海:上海译文出版社,1987:171.
③ 卡尔·波普尔.客观知识[M].舒伟光,等,译.上海:上海译文出版社,1987:126.
④ 卡尔·波普尔.客观知识[M].舒伟光,等,译.上海:上海译文出版社,1987:127.

"能动性"一词。世界 3 的能动性和前面三个基本特性是相互联系,相互渗透,而不是截然分开的。波普尔提出:"研究第三世界的客观主义认识论会有助于很好地阐明主观意识的第二世界,尤其有助于阐明科学家的主观思想过程。"①此其一。第二是,已有的世界 3 对象或成员,可以引导人们思考,从而产生其他的世界 3 对象。第三是,如前所述,世界 3 通过世界 2 和世界 1 发生间接联系,通过这种联系,对世界 1 产生巨大的影响。这一点极为重要。以作为世界 3 重要载体的"语言"这个意识人类最重要的创造为例来说明这个问题。所有的"语言"都共同具有两种一般功能——自我表述和发出信号,然而唯有人类语言具有许多其他功能,其中最重要的是描述功能和论证功能。正因为有了人类语言的描述功能,才出现了"可调节性真理观念",即描述符合于事实的观念。正因为有了论证功能,我们才能很好地阐明世界 2,才能将科学家珍贵的思想过程阐述清楚,才能有批判讨论的对象,有关理性批判的问题和标准才能发展。波普尔写到:"我们几乎所有的主观知识(世界 2 的知识)都依赖于世界 3,就是说(至少实际上)依赖于用语言表述的理论。"②否则,我们所谓的推测性理论,未解决的问题,问题境况和论据组成的客观知识,都将是美妙的幻想而已。当然,这些功能的发展是我们造成的,尽管它们是我们活动的预想之外的结果。

正如上文所说,波普尔的"世界 3"理论力图打破传统的一元论和二元论模式,呈现给我们一个多元的世界,而且波普尔本人也常常自称是秉承柏拉图思想传统的多元论者,并反复论及世界 3 与世界 1 和世界 2 一样具有本体论地位,但就其建构世界 1,2,3 理论所遵循的思维模式和世界 3 与世界 1、世界 2 的历史关系而论,他与西方几乎所有的思想家——包括那些自称多元论者和一元论者一样,本质上也是二元论者。对于这一点,波普尔本人也是明确承认了的。他在晚年写道:"我始终是一个笛卡儿派的二元论者","'心是什么? 非物! 物是什么? 决非心!' 在我看来不仅中肯而且完全恰当。"③

8.1.2　广义世界 1,2,3 理论

广义世界 1,2,3 理论是对波普尔世界 1,2,3 理论的扬弃。广义世界 1,2,3 理论的方法论根据是广义超元论。广义超元论超越了单元论、二元论、狭义超元论和波普尔所谓的多元论,是一种整合型思维模式,由无执的二元论、无执的单元论和无执的狭义超元论组成。以广义超元论为其方法论依据,方可建构起广义世界 1,2,3 理论。在一定意义上可以说,广义世界 1,2,3 理论即广义超元论,广义超元论

① 卡尔·波普尔.客观知识[M].舒伟光,等,译.上海:上海译文出版社,1987:120.
② 卡尔·波普尔.客观知识[M].舒伟光,等,译.上海:上海译文出版社,1987:179.
③ 卡尔·波普尔.思想自述[M].赵月瑟,译.上海:上海译文出版社,1988:264.

即广义世界1,2,3理论。广义世界1,2,3理论认为,可以被我们如此这般指称和描述言说的世界,或者说对于意识人类有意义的世界,是且只能是意识人类如此这般显现、设定、生产、建构和创造的,可以被我们如此这般指称和描述言说的人类也不过是人类自己如此这般显现、设定、生产、建构和创造的世界的一部分,人类生活在自己显现、设定、生产、建构和创造的世界之中,这个有人介入其中的世界才是对人有意义的世界,而人类创造性的生产、建构等活动是世界得以存在和发展的根本动力、主要原因。基于此,广义世界1,2,3理论将世界划分为三个层面:形下学世界、形上学世界和超形上学世界。前两个世界属于意识人类显现、设定、生产、建构和创造的对象性世界(人定的世界或人类的世界或意义世界),对于人类有现实意义,人类可以指称和描述言说它们;后一个世界则是意识人类为区别于对象性世界而设定出来的非对象性世界(非人定的世界或非人类的世界或非意义世界),对于人类没有现实意义,只具有非现实意义即人类不能指称和描述言说它,或者说,人类不可能将它作为对象予以思考言说,予以实践验证的,即所谓的"动念即乖,开口便错,拟议皆非""言语道断,心行处灭""一落言诠,便成荒谬"。广义世界1,2,3理论或广义超元论设定非对象性的超形上学世界的目的,是为了帮助人们清晰明确地意识到对象性世界的实践性、属人性本质,不执著、沉迷于对象性世界。

1)形下学世界——现象世界

形下学世界是可以被科学共同体或大众共同感知或觉知的现象世界。因此可以被明确地指示出来,或者即使它不可被直接感知,但可以被想象性或唯象性描述言说,也就是可以被形下学描述言说。它由四个单元组成:自然界、人工界、观念世界和意识世界。

(1)自然界,即自然物世界

它包括有机界和无机界两个部分,它们都是可以由人类直接或间接感知,并给予形下学描述言说。人类不但可以对自然界进行描述言说,还能感知并对它们之间的关系进行描述言说。无机界包括地球上所有的物体,包围在地球表面的空气层,如对流层、平流层、电离层和扩散层,还有太阳系内的恒星、行星、卫星、彗星等。有机界包括人在内的动植物种群、生物群落、生态系统、生物圈等。自然界可以是人类依靠感官直接感觉到的,也可以是依赖一定的物质和技术手段才能感觉到的。以射线为例,尽管人类不能直接看到或感知到射线在自然界中的存在,但可以借助于各种工具拓展人类知觉界限来予以感知利用。

(2)人工界,即人工物质世界

它是指被人类发明、设计、生产,可以被完整感知和形下学描述言说的对象性人工物世界,包含所有迄今为止已经被意识人类发明、设计、生产出来的物质性世界。如各种物质性的、基质性的建筑、村落、城市、雕塑、武器、计算机、仪器设备、通信设施、供电供气管道等器物。当然,因为人工物质世界是物质性世界,其构成材料必须依赖于或取材于自然界,因此,从一定程度上来讲,不存在纯粹的人工物质世界,只有自然物或准人工物世界。

(3) 观念世界

组成观念世界的观念物原本不像自然界和人工物质世界那样可以被如此直接地感知,它们原本是非物质化和非客体化的,但意识人类借助声音、文字、图像、人工物等符号工具、建筑材料等将其客体化、对象化,从而使其在打上人类意识烙印之后可以被感知和描述言说,如我们所说的精神性的、观念性的建筑、村落、城市、概念、范畴、理论、规范、条例、规章、音像制品、书法绘画、诗歌散文小说等。以法律条文为例,法律源于人们共同遵守的非文字性的道德或秩序,但当这些隐性的道德和秩序被文字描述并固定下来之后,它们就成为了观念物,并成为可以被意识人类觉知的观念世界的一部分。

(4) 意识世界

意识世界本身是不能被直接感知和描述言说的,但意识世界多通过人类的个体、群体或组织行为表现出来,并自觉被置于人类所建构的秩序和规则下。如经济行为、法律行为、道德行为、军事行为、科技行为、以口语为媒介的人与人之间的思想交流,以及在规则、规范约束下的各种有意识的游戏或竞赛活动,等等。它实质上是一种主观世界,而且必须以意识人类大脑所支配的现实行为或者意识人类的大脑为载体,最大特点在于其主动性、能动性、创新性、创造性,人类社会就是一个最庞大的意识世界。

尽管形下学世界可以划分为上述四个层面,但其界限并不是完全分明或一成不变的,它们需要彼此借助才能完整地呈现或被描述言说,它们作为现象世界的四个表现侧面既有独立存在的依据,又彼此依赖和不间断地相互转换。

但无论如何,自然界、人工界、观念世界和意识世界都是一种对象性世界,是人类生活于其中的世界,这个世界的内容和范围不是固定不变的,而是随着人类的显现、设定、生产、建构等一系列创造性活动不断发展变化的。一般而言,自然界和人工界有宏观和微观两个范畴,人们把尺度范围在 10^{-5} 厘米以上的物质客体及其现象的综合称为宏观世界,它们是容易观察的物质层次;感官所不能直接感觉到的微小的物体和现象的总体叫作"微观世界",它的尺度在 10^{-5} 厘米以下,是基本粒子的世界。宏观世界和微观世界普遍存在于自然界和人工界,人类可以通过物质手段对宏、微观世界的时空区域加以变革。随着意识人类创造性活动的不断深入,科学技术飞速发展,人类借助于一系列精密科学仪器、借助于意识人类特有的并不断丰富的实践认识活动扩大了现象世界的范围。人类通过对宇宙的观测,发现了一个具有高密度、高温度、高压、大质量、大尺度、大时标等特征的世界,在总结现代天文学发展的基础上,人类提出了一个新概念来指称这个世界——宇观世界,这个世界可以被观测,但目前人类尚无法用物质手段对其时空区域加以变革,如黑洞、脉冲星、类星体、微波背景辐射等都属于宇观世界。与此同时,渺观世界和胀观世界也随着人类创造性活动的深入渐入人类视野。现有科学理论有描述微观世界的量子力学、分子生物学等理论,描述宏观世界的牛顿力学、电磁学理论、板块构造理论等理论,描述宇观世界的广义相对论、宇宙学等理论,对于渺观世界和胀观宇宙目前还没有严格的科学理论,人类正在尝试为他们所设定的渺观世界和胀观宇宙创立科学理论。

在这里,我们发现,现象世界在人类的显现、设定、建构、生产等创造性活动中发生了近乎质的改变,现象世界的内容和范围正在以指数形式扩大和增长,随着人类探索研究的深入,也将会有渺观以下的新层次和胀观以上的新层次被显现和设定出来。在从事显现、设定、建构、生产和创造无限丰富的宇宙及其相关理论的过程中,人类的观念世界和意识世界也正在以指数形式扩张,一系列原本不存在的概念、理论、行为等随着人类的创造性活动呈现和诞生,作为对象性世界存在的形下世界正在被无限丰富着。我们看到,意识人类的创造性活动决定和推动着对象性现象世界的存在与发展,抽离了人类意识和意识人类创造性活动的世界将是黑暗的、寂静的,是对意识人类毫无意义的,诚如马克思所说的"被抽象地孤立地理解的,被固定为与人分离的自然界,对人来说也就是无",这也正是广义超元论所要坚持的核心思想之一。

2)形上学世界——本体世界

这里所说的"形上学",不是指与辩证法对应的"形而上学",而是特指与研究现象世界的"形下学"对应的研究本体世界的"形上学",也就是说,拙著所说的"形上学"是专门研究与现象世界对应的本体世界的学说[①]。所谓"形上学世界",就是古今中外的哲学家、宗教学家们因为实现了"终极关怀的觉醒"才意识到并一直关注的本体世界。多数哲学家、宗教学家认为本体世界是不依意识个体的意志为转移的客观实在,它是现象世界的形上学本原或根据,是不能够被感知的对象性世界。可以被人们觉知的形下学世界(现象世界)和因人类觉醒才意识到的形上学

---

① 何跃,柯路红.泛系的广义超元论诠释[J].系统辩证学学报,1997(5):31-36.

世界(本体世界)都是人类如此这般显现、设定、建构、创造出来的对象性世界,只是对人类有意义,只能被人类所理解。它们之间的区别只在于前者可以或可能被感知,被形下学指称和描述言说,而后者不能被感知,被形下学指称和描述言说,只能被直觉、证悟,被形上学指称和描述言说。前者可以或可能被觉知,后者只能被直觉、证悟和信仰。

在物理学界,尽管物理学早已从古希腊的自然哲学中分化出来,并经历了大大小小若干次的物理学革命,但是"世界的本原是粒子、场还是弦?"①这个问题让人们看到,关于万物的"本原"是什么这种根本性问题还是让物理学家们挥之不去,甚至无所适从。必须指出的是,物理学家们关于"本原"的提问方式是一种形下学的或科学式的提问方式,他们试图追究的是现象世界的基本构成要素,或者说现象世界的现象世界根据。而哲学家、宗教学家关于"本原"的提问方式是形上学的或哲学式的提问方式,他们要追究的是现象世界背后的原因,或者说现象世界的本体世界根据。

多数哲学家认为,本体世界不能被形下学指称和描述言说,但仍可以被直觉、证悟,被指称和形上学描述言说。古今中外的哲学家们也建构了众多的本体概念来予以描述言说。如东方思想家提出的"本根""乾道""佛性""真如""法性""良知""本心""元气""无"(王弼)"心""性""命""理""诚""仁"等,又如西方思想家设定的"存在""理念""太一""自然""上帝""意志""物自体""先验自我""绝对精神"等。而何谓"本心",何谓"元气",何谓"先验自我",何谓"绝对精神",我们无从在现象世界中寻找,也无从在现象世界中验证其存在或不存在。如"上帝"是什么? 显然,它不是与形下学意义上的客体对应的形下学意义上的主体,否则就没有必要,也不应该将它命名为"上帝"②,仅凭经验理性和常识无从理解、把握上帝。本体世界是不能被感知或推论、被形下学描述言说的,基于一系列概念、判断、推理所构筑的本体理论也是不可被验证或证伪的,因此形上学理论无是非对错可言。

但是,本体世界是实现了"终极关怀觉醒"方意识到并如此这般设定,建构出来的对象性世界,是能够被直觉、证悟和指称出来,也可以被形上学描述言说。它既是东方思想家用"本根"(庄子)"乾道""无"(王弼)"佛性""真如""法性""良知""本心""元气""心""性""命""理""诚""仁"等概念指称的对象性世界,也是西方思想家用"存在""理念""太一""自然""上帝""意志""物自体""先验自我""绝对精神"等本体论概念所描述的仅对人类有意义的现实世界。所以,本体世界

---

① Steven Weinberg. The Quantum Theory of Fields (Volume III) [M]. Cambridge: Cambridge University Press, 2000.

② 何跃,柯路红. 泛系的广义超元论诠释[J]. 系统辩证学学报, 1997(5): 31-36.

的问题不能用解决现象世界问题的方式方法来解决,二元论和单元论在解决本体世界问题的过程中显然已经陷入困境,这就要突破单元论和二元论的思维模式,开辟出超元的整合型的思维模式,看到现象世界是多,而本体世界是一,我们不应该把史上众多的描述言说本体世界的形上学理论看成彼此对立的理论,而应该把它们看成从不同的角度描述言说同一对象性世界而设定、建构、创造出来的同一个理论——本体论或形上学。

　　广义超元论认识到众多形上学理论乃至形下学理论不过都是意识人类在特定的实践认识阶段如此这般显现、设定、建构和创造的结果。它们不存在绝对的对立,也不应该被简单否定,而应该是随着人类实践认识活动,特别是人类创造性活动的不断发展与深入,对所有已经显现、设定、建构、创造出来的现象、事物、理论等进行修改、完善抑或扬弃。因此,广义超元论强调并坚持"择善而从、创新创造",不将所有的理论、学说,包括形上学(本体论)绝对化,在比较已有理论学说的基础之上,选择或创造一种相对合理的说法。依照已有的形上学或本体论,我们认为关于本体世界比较合理的说法是:本体世界是一个无声无色无味、无形相、无组成的,是圆满无缺、寂静、唯一、不动的,是至大无外、至小无内的,是无始无终、无是无非、无来无往、无善无恶的,是融现象世界全部属性于其中的人定的或仅对人类有意义的对象性世界①。其实,上述意义上的本体世界已经失去独立存在的任何意义。我们的看法是:本原、本体、本体世界、"形而上者"(形上学世界)等是约定俗成且延续千年的说法,不能也没有必要取消这些形上学概念,但是必须赋予它们新的含义,它们所指称的不是一个与现象世界对应且独立存在的另一个世界,而是意识人类显现、设定、建构、创造的对象性世界的另一个表现侧面,它与现象世界"虽有分,而实不二"(类似于粒子物理学设定的基本粒子的波粒二象性之波动性与粒子性的关系),实际上,它们所指称的就是具有超越性、对象性、能动性、现实性、历史性、开放性、无限性的活泼泼的人类实践活动本身,即所谓的形上学人类意识,或本体性主观实在。(天文学至今仍然在使用"恒星"一词,但是大家都明白"恒星"不是恒定不动的,它从来就是运动着的。同样,我们仍然在使用"本体世界"或"形上学世界"概念,但是它所指称的已经不是类似于"梵""道""上帝""物自体""绝对理念"等概念的指称——抽象的、先验的、绝对的形上学存在,而是活泼泼的、现实的、社会性的人类实践活动。)

　　3)超形上学世界——"空""无"

　　没有人类意识的觉知(对"器"的自觉)、觉醒(对"道"的自觉)、觉悟(对"空"

---

① 何跃. 人类的世界[M]. 重庆:西南师范大学出版社,1995:55.

的自觉),就不可能有人类特有的主观见之于客观的感性的、现实的、能动的、社会性实践创造活动的产生;没有人类的社会性实践活动,就不可能有所谓的形下学世界、形上学世界和超形上学世界。形下学世界是意识人类在觉知的基础上如此这般显现、设定、建构、生产和创造出来的现象世界,形上学世界是意识人类在觉醒的基础上如此这般设定、建构出来的本体世界,而超形上学世界则是意识人类在觉悟的基础上如此这般设定出来的没有指称、不能被思议言说的超现象-本体世界(即非对象性世界)。

广义超元论打通了无执的单元论、无执的二元论和无执的狭义超元论,要求人们在认识和分析世界时,既不执著于本体,也不执著于现象;既不执著于本体与现象之间的关系,也不执著于超形上学世界本身。因为,对于超形上学世界,所有的正面指称和描述言说都用不上力,甚至连负面的指称和描述言说也使不上劲。我们要看到人类及人类生存于其中的现实世界(即对人类有意义的世界),不过是意识人类如此这般显现、设定、建构、生产、创造或赋予其意义的对象性世界,人类所特有的创造性活动显现、设定、建构或生产了对象性世界,也从根本上推动着对象性世界的发展。

超形上学世界是"空""无",是不能被人类言及和思考的非对象性世界或非人类的世界。但不能说超形上学世界就是虚无或非存在,就如同我们不可以说"无无"(庄子)、"无"(马克思、海德格尔)、"空"(空宗)、"无一物"(禅宗)是虚无或非存在一样。但是我们可以说,超形上学世界或"无无""无""空""无一物"原本不存在。为什么呢? 因为无论是超形上学世界或非人类的世界,还是"无无""无""空""无一物",都是人类在自觉意识到自己是一种"类存在物",并试图超越"类存在物"的局限性时,自觉设定出来的"超形上学"范畴①,这种超形上学范畴是专门用来"指称"不能被指称和描述言说的非对象性存在物的,超形上学范畴及其所"指称"的非对象性存在物,在被设定出来之前,是未被人"意识"到的,是连负面的或解构性的理性活动也用不上力的。也可以说,超形上学世界或非人类的世界或非对象性世界或"无无""无""空""无一物"这些意识人类建构的概念、范畴具有特殊性,它们没有指称。因此,超形上学世界对人来说是没有任何现实意义(笔者认为,在这一意义上理解马克思所说的"非对象性的存在物是非存在物"②,或者说,"被抽象地孤立地理解的,被固定为与人分离的自然界,对人来说也是无"之"无"才是恰当的。③)

① 傅伟勋. 从西方哲学到禅佛教[M]. 北京:三联书店, 2005:386.
② 马克思. 1844 年经济学哲学手稿[M]. 北京:人民出版社,2000.
③ 何跃. 人类的世界与非人类的世界[J]. 探索, 1998(1): 78-81.

人类之所以在从事显现、设定、建构和生产、创造世界的活动中会堕落和迷狂，正是由于人类没有意识到对于人类有现实意义的世界是一个对象性世界，是打上了人类意识烙印、被人类实践活动永恒改变着的人类的世界，是一个不究竟的永恒变化着的世界，是与非对象性世界（即非人类的世界）不二的世界，他们往往沉迷于对象性世界而误入歧途、痴迷不悟。

执著于本体世界的人们认为在现象世界之外存在着使现象世界如此这般存在与变化的最终原因。唯物主义本体论的执著者认为世界万物的本原或始基是物质，如早期的唯物主义思想家认为这种本原性物质是具有具体形状的物质体，如气、水、土、原子等，这些观点因为混淆了科学意义上物质体和哲学意义上的物质，终于被否定。现代唯物主义思想家认为这种本原性物质是非物质体的形上学物质（爱因斯坦所言的上帝意义上的"自然"、康德的"物自体"等），形上学物质是不可以被感知和形下学描述言说的对象性存在。客观唯心主义本体论的执著者认为世界本原是客观精神，客观精神是现象世界存在发展的根本原因，如所谓的"第一推动者""理念世界""上帝""造物主""绝对精神"等。主观唯心主义本体论的执著者认为世界万物本原是主观精神，主观精神是现象世界如此这般存在发展的最终原因，如"绝对自我""生命意志""真我""本心""先验自我""形上学我"等。中性本体论的执著者认为世界万物之本原是亦心亦物、非心非物的东西，东方思想家一般持这一观点，并称之为"道""本根""乾道""无""真如""性""体""实相""法性""理"等①。

执著于现象世界，就是不承认或不讨论本体世界，只关注现象世界，并以现象世界的某种或某几种现象为论说现象世界的最终依据。执著于某一事件的执著者认为现象世界发生的某种事件是现象世界存在发展的始因，如宇宙大爆炸学说认为，发生在约150亿年前的一次大爆炸是我们这个宇宙存在和发展的始因。执著于相互作用的执著者认为，相互作用是现象世界存在变化的最终原因，如牛顿所谓的万有引力，爱因斯坦所谓的融引力、电磁力、强力和弱力于一体的统一场。执著于某种或某些观念的执著者认为，存在着关于现象世界的某种或某些最基本的观念，由这些最基本的观念出发，可以一步步地认识、理解整个现象世界，如系统哲学认为由系统这一最基本的观念为基点，可以描述言说整个现象世界。执著于世界本质属性的执著者认为，抽象出现象世界最一般特征或本质属性是彻底理解现象世界的需要，只有把握了这些最一般特征或本质属性才可能真正理解现象世界，如根据世界无时无刻不在变化着的观测事实抽象出运动这一最一般的特性，并得出

---

① 何跃. 人类的世界[M]. 重庆：西南师范大学出版社，1995：63-64.

运动是现象世界的根本属性；又或由现象世界生灭灭生不断的现象抽象出现象世界虚幻不实的属性，并认为虚幻不实是现象世界的本质属性，进而认为现象世界即虚无世界①。

执著于本体世界与现象世界的关系，就是认识到了本体世界与现象世界分别是对象性世界的两个表现侧面，但是却执著于两者如何互相反映和再现的关系。因为但凡从事了设定、建构、指称和描述言说本体世界与现象世界相互关系的活动，这种被建构起的关系都打上了建构者形上思维的烙印，而任何建构以及对建构的证明活动都在有意无意地对其他形上学理论进行否定，并论证所建构理论的绝对性。正如我们前文所说，形上学理论无是非对错，各种理论也并不互相对立，它们都是从不同的角度描述言说同一对象性世界而设定、建构、创造出来的同一个理论。执著于本体世界与现象世界的某种关系，就是执著于是非对错，执著于形上学世界，就难以理解对象性世界的实践性、属人性本质，难以领悟对象性世界的本来面貌——"空空""无一物"，难以理解原本没有对象性世界。

执著于超形上学世界本身，就是认为现象世界和本体世界都不是"最高实在"，"最高实在"是"非有、非无、非亦有亦无、非非有非无"的"空空""无一物"世界。执著于名相的执著者往往被困于"空空""无一物""绝言绝虑""非思量""一亦不立""桶底脱落，究竟解脱""凡有言说，皆非实义"等名相化了的词语不能自悟。执著于顽空的执著者误将"非思量"或"不思议""绝言绝虑""无念"等表示"动念即乖，开口不得，拟议皆非"的超形上学"空空"境界的语词理解为念断意绝的顽空，沉迷于什么都不想的死寂状态不能自悟。执著于抵达超形上学境界途径的执著者坚持认为存在着抵达超形上学境界的现实途径，以为一旦寻找到了这些途径，便可径直抵达超形上学境界。执著于超形上学境界者坚持认为超形上学境界与现象世界、本体世界一样，都是现实存在着的世界，是可以被指称和描述言说的对象性世界，是可以对之直接启用意识的最高实在②。

我们认为，设定出这一类超形上学范畴，并用它们来"指称"超越对象性"人类的世界"的非对象性"人类的世界"（即"非人类的世界"），是防止人类堕落、迷狂、自我毁灭的"佳剂良方"，是绝对必要的。"智慧的"人类常常自以为是，常常自觉不自觉地陶醉或沉浸于自己给自己设计的各种各样的，甚至是美妙绝伦的"类陷阱"之中；"智慧的"人类时时刻刻都存在着执著于自己的"类"特性，被自己所显现、设定、建构、生产和创造的"人类的世界"所异化的极大危险性；最令人忧虑的是，这些"智慧的"人类还会十分巧妙地借助于各种传媒和一些自以为是的"智者"

① 何跃. 人类的世界[M]. 重庆：西南师范大学出版社，1995：64-65.
② 何跃. 人类的世界[M]. 重庆：西南师范大学出版社，1995：65.

"学人""专家"向全人类散布他们自己设定、建构、创造的"伟大思想",致使许许多多尚未形成自己独立思想的年轻人深受其害,并在不知不觉之中走上堕落、迷狂和自我毁灭之路①。

"空""无"或"非人类的世界"是人类的世界的"本来面目",是人类为了超越"类"的局限性,谨防沉迷于对象性人类的世界而特别设定出来的非现实世界或非"类世界"。关于这一世界,不仅正面的或建构性的显现、设定、建构、生产和创造活动用不上力,而且,所有正面的或建构性的指称和描述言说活动也完全使不上劲,只有负面的或解构性的指称和描述言说活动才能确证这一非对象性存在的存在性。为了确保这一世界被人类意识时时刻刻地"意识"到,或"牢记",为了避免人类意识不能清晰地意识到对象性世界的实践性、属人性本质,进而沉迷于对象性的人类的世界而不能自拔,就必须在坚持"应有所住而生其心"("人定为要")的基础之上,积极倡导并坚持基于"守住"非对象性的人类的世界(即非人类的世界)目的的"应无所住而生其心"("无住为本")。也就是我们所倡导的"无住为本,人定为要,择善而从,创新创造",我们所认定的"原本无一法,万法唯心造,人觉(觉知、觉醒、觉悟)而法("器""道""空")显,人圆(圆满)则法寂(寂静)",我们所坚持的"执著伴随苦难,无为可达逍遥,创造铸就辉煌,放下方能成佛"。

因此,我们提出,人类要努力描述言说的世界都是意识人类显现、设定、建构、生产和创造出来的对象性世界,所谓"最高实在"什么都不是、什么也没有,它不是可以指称的现实世界或人类的世界或对象性世界,而是不可能被指称和描述言说的非现实世界或非人类的世界或非对象性世界,只要意识人类可以予以形下学或形上学的指称和描述言说(前者如自然科学所言及的"水""黑体辐射"等,后者如王弼所说的"无"、朱熹所执著的"理"、王阳明所坚守的"心"),它就不再是所谓的"最高实在",这个人类无法描述言说和指称的世界即"空""无",即非对象性的超形上学世界。

形下学世界和形上学世界可以被指称和描述言说,是对意识人类有实际意义的、对象性的人类的世界;超形上学世界不可以被指称和描述言说,是对意识人类没有实际意义的、非对象性的人类的世界(即非人类的世界)。形下学世界和形上学世界原本不存在,它是意识人类显现、设定、建构、生产、创造出来的对象性世界;超形上学世界原本也不存在,它是意识人类为了实现究竟解脱(即不执著于对象性的人类的世界)而设定出来的依赖于自己和对象性世界而存在的非对象性存在,是意识人类不能启动意识的、"什么都不是"的"空空"境界,它是世界的本来面目,与

①② 何跃. 人类的世界与非人类的世界[J]. 探索,1998(1):78-81.

对象性世界"虽有分,而实不二"。因此,超形上学世界也不可能外在于意识人类和人类的世界而存在,离开了意识人类,离开了意识人类活泼泼的实践活动,超形上学世界无从确证,也就失去了作为可以被指称和描述言说的对象性存在的另一面的不可以被指称和描述言说的非对象性存在的任何意义。

广义超元论所开创的认识世界或解释世界的新思维是无执或离执的,因此,我们不能执著于世界的"什么都不是"或世界的"空""无",不能执著于"应无所住而生其心"(《金刚经》)或"前念不生即心,后念不灭即佛"(《六祖坛经》)或"无住为本",要充分认识到人类的世界与非人类的世界的一体两面性,认识到人类意识与人类的世界的一体两面性,认识到人类仍要生活于自己所显现、设定、生产、建构和创造的世界中,坚持"应有所住而生其心"或"人定为要",根据现有的实践和认识水平,综合运用无执的二元论、单元论和狭义超元论来修改、完善已被显现、设定、生产、创造出的人类的世界(即"择善而从"),并继续通过意识人类自发性的创造活动去从事显现、设定、生产、建构、创造新的人类的世界(即"创新创造")。

8.1.3　两者的比较

综上所述,狭义世界1,2,3理论与广义世界1,2,3理论的差异主要体现在以下几个方面:

1)思维模式的差异

尽管波普尔的"世界3"带有身心二元论的影子,又带着柏拉图的理念和黑格尔绝对精神的微笑,而且波普尔在晚年也承认自己是一个二元论者,但他毕竟开创了一个可以称为多元论的思维模式,将世界划分为物理世界、观念世界和客观知识世界三个层面,是对史上原有思维模式和认识方法的一种突破。广义世界1,2,3理论打通了二元论、单元论和狭义超元论的思维模式,对此进行整合,开拓出了广义超元的思维模式,将世界划分为对象性的形下学世界、形上学世界和非对象性的超形上学世界,认为世界是一体多面的,是对"元世界"观的一种扬弃,将人类视界拓展至波普尔世界以外更深更广的层次。

2)本体论的差异

波普尔是一个实在论者,他基于人类觉知能力假定世界是一个觉知可及的实在世界并将其划分为世界1、世界2、世界3。广义世界1,2,3理论认为对象性世界是一个现实世界,这一现实世界既包含了世界1,2,3理论所认定的可以被推论出或觉知到,被指称和形下学描述言说的现象世界或形下学世界,也包含了不能被推论出或觉知到,只能被直觉、证悟或觉醒可及,被指称和形上学描述言说的本体世界或形上学世界。

3)"创世者"的差异

狭义世界1,2,3理论隐含着一个前提,即在潜意识中认为,在世界1、世界2和世界3之外存在着一个超越于实在世界之上的先验主体或"创世者",这一先验主体或"创世者"如此这般地设定、建构了世界1、世界2和世界3,但这一先验主体与牛顿的第一推动者一样,一旦设定、建构出实在世界之后,便与之完全断绝了关系,即先验主体与世界1,2,3是彼此割裂、二元对立的关系。广义世界1,2,3理论认为这一先验主体或"创世者"并非是外在于人类的世界的绝对主体,而是与人类的世界始终保持着"虽有分,而实不二"关系的人类意识或意识人类,确切地说是意识人类所独有的显现、设定、建构、生产、创造等历史的、现实的、感性的、社会性实践活动。

4)如何理解"意识人类"的差异

狭义世界1,2,3理论的伟大贡献之一在于把人以及人的实践活动成果纳入实在世界来进行考虑,这与广义世界1,2,3理论有着很大的一致性。但广义世界1,2,3理论在把人与人的实践活动成果纳入现实世界后,并没有停留在世界1,2,3所谓的世界作为认识客体是与人对立的一种现象性存在,也没有停留于人类意识的意义就是认识和发现世界1,创造和形成世界3,再作为桥梁中介实现世界1和世界3的相互作用,而是把人及人类意识作为一体多面世界的一个面,强调现实世界是意识人类如此这般显现、设定、建构、生产、创造出来的,与人类意识"虽有分,而实不二"的对象性世界。广义世界1,2,3理论承认意识人类是与人类的世界这个客体相对而存在的主体,但归根结底,意识人类仍处于其所建构的对象性世界中,意识人类在显现、设定、建构、生产、创造世界的同时,也显现、设定、建构、生产、创造了自己,抽去了意识人类或人类意识,有意义的人类的世界便不存在,意识人类也失去了存在的意义。总之,意识人类或人类意识必须作为这个对象性世界中的一面与人类的世界共同存在。必须说明的是,人类意识或人类实践活动既有形上学的一面,也有形下学的一面。作为形上学的人类意识或人类实践是形下学人类的世界的本体论根据,作为形下学的人类意识或人类实践是形下学人类的世界的有机组成部分。

5)如何理解"客观存在的属人性"的差异

狭义世界1,2,3理论看到了世界1、世界2、世界3不依意识个体的意志为转移的客观存在的一面,而没有看到这种客观存在本质上是依意识人类的意志为转移的属人的一面①,因此它是有执的,它甚至认为不仅世界 1 是超人类的,而且世界 3 也是"超人类的";广义世界 1,2,3 理论既坚持形下学世界、形上学世界和超形上学世界不以意识个体的意志为转移的客观存在性,也看到了这种客观存在在本质上以意识人类的意志为转移的一面,它是无执的,它坚持认为离开了意识人类及其显现、设定、建构、生产、创造等实践活动,讨论对象性世界和非对象性世界是否客观存在是没有任何意义的。

6)研究"对象"的差异

狭义世界 1,2,3 理论所划分的三个世界都属于可以觉知的形下学世界,也如上文所说,它执著于现象世界,是论述形下学世界如何存在、发展的理论,是众多形下学理论之一;广义世界 1,2,3 理论在形下学世界之外又划分出觉醒可及的形上学世界和只有觉悟可及的超形上学世界,因此它既是一种形下学学说,也是一种形上学学说,同时还可以说是一种超形上学学说。它不仅论述了可以觉知的形下学世界如何存在、发展的问题,也论述了觉醒可及的形上学世界如何存在、如何被认识的问题,同时还论述了只有觉悟可及的超形上学境界是否存在以及如何被确证的问题。也就是说,前者只是研究人类觉知可及的形下学世界,而后者不仅研究觉知可及的形下学世界,还要研究觉醒可及的形上学世界和觉悟可及的超形上学世界(空、无)。

7)认识论的差异

狭义世界 1,2,3 理论坚持认为世界 1、世界 2 和世界 3 如此这般存在发展是原本如此的,与意识人类如何显现、设定、建构、生产和创造它没有任何关系,同时也与意识个体如何指称和描述言说它没有任何关系;广义世界 1,2,3 理论认为与世界 1、世界 2 和世界 3 对应的形下学世界(即对象性现象世界)的存在和发展不是原本如此的,而是意识人类如此这般显现、设定、建构、生产和创造的结果,是意识人类如此这般指称和描述言说的结果。也就是说,狭义世界 1,2,3 理论执著于反映、再现认识论,执著于超越人类意识的客观存在,而广义世界 1,2,3 理论坚持描述言说认识论,坚持不存在超越人类意识的客观存在的观点,认为人的创造性活动(实践活动)才是实现和推动对于人类有意义的对象性形下学世界(即世界 1、世界 2 和世界 3)存在发展的根本动力。

---

① 何跃. 人类的世界[M]. 重庆:西南师范大学出版社, 1995:183.

8)"非人类中心主义"与"人类中心主义"的差异

狭义世界1,2,3理论坚持的是执著于多元实在世界的多元论实在主义,是"非人类中心主义"的思想,认为实在世界(佛学所说的法)是"超人类"的,或者说,是不以人类意识为转移的。广义世界1,2,3理论坚持的是反对执著于人类的世界或人类意识的人类的世界或人类意识中心主义①,也可以说是人类实践中心主义或人类创造中心主义。广义世界1,2,3理论即广义超元论认为,无论是觉知者意识到了的形下学世界(形下学法),还是觉醒者意识到了的形上学世界(形上学法),以及觉悟者才可能意识到的超形上学世界(超形上学法,即所谓的空、无,出障法身,非对象性世界,非人类的世界),原本都不存在,都是人类实践活动的对象化产物,都是以人类意识为转移的。无论什么原因,只要人类迷失了自觉意识,即迷失了自己正常的觉知、觉醒、觉悟,所有的世界(即佛学意义上的法)都将重归于寂。也就是说,广义超元论坚持认为:原本无一法,万法(形下学法、形上学法、超形上学法)唯人造,人觉(觉知、觉醒、觉悟)而法显,人迷(丧失了自觉意识)则法寂。

8.2 狭义世界1,2,3理论视野下的城市

狭义世界1,2,3理论视野下的城市是一个可以被意识人类指称和描述言说的现象城市,与世界1、世界2、世界3相对应,可以将城市划分为三种类型:物理城市、主观思维城市(心理—行为城市)和客观知识城市(观念城市)。

8.2.1 作为物理世界的城市——物理城市

物理世界的城市即物理状态的城市,在世界1中,城市作为一个庞大的系统,所有保持城市存在和维持城市发展、运行的,可以被感知和形下学描述言说的客体都是物理世界城市的组成部分。如城市的物质性的建筑、公园、基础设施、医院、学校,城市中的所有生物性的人,城市的生态环境、山水鸟兽、土地、气候、天气、霓虹、食品、车辆等一切保持城市存在并支持其运行发展的物质或物质体都是物理城市的组成。物理城市是物质的,是可以被直接或间接地感知并用形下学语言描述言说的现象世界。它不包含所有城市物质体关系层面与价值层面的内容,物理世界的城市是相对静态的,非价值化、非目标性的。

物理世界的城市是各种物质和物质体的集合,各种物质或物质体之间存在着千丝万缕的联系,这个集合是一个系统,尽管其内部存在着涨落、存在着竞争与协同,在系统自组织的作用下保持着有序的发展。但物理世界的城市不研究其内部

---

① 何跃. 人类的世界[M]. 重庆:西南师范大学出版社,1995:184.

要素怎样相互作用,不研究其自组织的发展状态,只关注这个集合体中的物质和物质体现象。

8.2.2 作为主观思维的城市——心理—行为城市

主观思维城市的核心是社会性或意识性的人,但不是物理世界城市中静态的、物质性的、非价值化的,以及仅作为生命体出现的人或人脑,而是作为意识人类出现的人以及人类意识。意识人类或人类意识是进行逻辑思维、非逻辑思维、创造思维,进行感觉、知觉、体验等的主体。主观思维世界包括人的知觉经验、情绪经验、记忆经验、梦的经验、逻辑思维与非逻辑思维经验、创造性思维经验等。承载和体现上述内容的城市就是狭义世界 1,2,3 理论视域下的主观思维城市。

我们说城市的形成是人类走向成熟与文明的标志,是人类群居生活的高级形式,这里所说的城市已不再停留于城市高楼的鳞次栉比,不停留于夜幕下的霓虹闪烁,不停留于公路上的车水马龙,也不是居住带、工业带、绿化带、城市带等的交相辉映,而是鳞次栉比后隐藏的人类创造性活动,是霓虹闪烁后呈现的人类科技生产活动,是车水马龙折射出来的价值理念和人性光辉,是各城市功能带合理有序排列后面的城市建设者依据城市自然特征和客观发展形态而形成的建筑设计理念。

为了缓解车辆激增带来的交通压力,保持城市交通的有序,设计师们发明了立交桥,通过拓展城市道路的维度扩大城市道路空间。立交桥承载的设计师的设计、构思等就是一个主观思维的城市,我们感知不到设计师所进行的构思过程,也看不到他如何在大脑中进行着立交桥的整体设计,但是我们可以通过物理世界的立交桥对其进行把握。

作为人类发展史中的一个现象,城市通过意识人类的思考、认识与解读,通过各种形式得以呈现,而主观思维城市则是借助物理世界城市中城市规模、城市功能、城市布局和城市交通等载体,经意识人类或人类意识的抽象整合,表现为超越了物质和物质体本身,但又体现物质与物质体关系层面和价值内涵的属人的城市。

主观思维表现为心理与行为两个表现侧面,心理是行为的基础,行为是心理的表现。人的心理必须不断地通过行为去实现自己,否则心理将失去存在的现实意义;而人的行为必然是以人的心理为根据的,否则人的行为将与动物的本能行为无异。也就是说,主观思维体现为不可直接感知的心理与可以感知的行为两个方面。同样,主观思维城市也体现为不能被直接感知的心理城市与可以直接感知的行为城市两个方面。无论是心理与行为,还是心理城市与行为城市,它们彼此之间"虽有分,而实不二",共同构成具有自我超越性的现实的主观思维或主观思维城市。因此,也可以将主观思维城市称之为心理—行为城市。当我们强调主观思维城市的应然性、超越性、价值性、思想性、不可感知性等特点的时候,可以将其称为心理城市;而在我们关注主观思维城市的实然性、现存性、客观性、实践性、可感知性等特点的时候,可以将其称为行为城市。

8.2.3 作为客观知识的城市——观念城市

客观知识城市,简言之,可以认为是建构在主观思维城市之上的客观精神城市或观念城市,它经由意识人类对物理世界城市的探索发现而形成,再经人类意识的对象化活动而成为一个相对独立存在并自主发展的观念性客体或客观知识世界。

城市源于早期人类的防御需求,后又形成集市,随之的社会分工与城市的发展壮大互相促进,演绎出人类不断解读与改造城市的辉煌历史,城市在被解读和改造的漫长过程中变得更加适宜人类的生存发展。以钱学森先生的"山水城市"为例,1990年7月31日,钱学森在给吴良镛的一封信中这样说道:"我近年来一直在想一个问题:能不能把中国的山水诗词、中国古典园林和中国的山水画融合在一起,创立'山水城市'的概念? 人离开自然又返回自然。"①这个经过近20年酝酿的城市理念在1993年建设部山水城市讨论会后被国内外广泛关注和赞誉。之后,《杰出科学家钱学森论:城市学与山水城市》(1994年6月)、《杰出科学家钱学森论:城市学与山水城市》(二版增补本1996年5月)、《杰出科学家钱学森论:山水城市与建筑科学》(1999年6月)、《论宏观建筑与微观建筑》(2001年6月)四本专著陆续问世,一系列与之相关的研究也不断展开并形成了丰富的理论成果。在这里,钱学森的"山水城市"是一种城市设计的理念,是主观思维世界的城市;论述山水城市的著作以及围绕山水城市开展的一系列讨论、提出的一系列问题、对问题的探索解答等所构筑的就是一个客观知识的城市。同样,诸如生态城市、数字城市、学习型城市等城市理念所形成的所有或完备或不完备的,借助于语言、文字、图像、声音等载体而成的理论、知识、音像制品、图片,以及城市建设者、设计者在践行这些理念过程中形成的对象化了的经验、观点,包括通过上述载体而形成和呈现的所有关于城市的过去、现在、未来的人文的、地理的、经贸的、科技的理论知识等都是构成客观知识城市的内容。客观知识城市是一个庞大的,至今仍然不断增长、不断被批判否定再不断被完善的关于城市的知识库。

客观知识城市来源于主观思维城市,主观思维城市来源于意识人类对物理世界城市的解读,但它形成后便具有了相对独立性和自主性,客观知识城市是客观精神城市,是一种可以被意识人类把握与解读的观念城市。依卡尔·波普尔的说法,即使物理世界城市消亡了,人类依然可以通过对客观知识城市的把握与解读重新建构新的城市。以城市理论为例,为解决生态环境保护和城市发展的矛盾,人们提

---

① 钱学森.论宏观建筑与微观建筑[M].杭州:杭州出版社,2001.

出了生态城市理论,随着通信技术的发展,人们提出了全球城市理论等。客观知识城市在意识人类的显现、设定、生产、建构等创造性活动中呈现出发展的自组织性,没有外界指令,只是随着城市系统其他要素的发展变化,如生态危机的恶化、计算机技术的发展等,客观知识城市不断调整着与其他要素相互关系,通过竞争协同等维持其与各要素的动态平衡,维持城市系统的有序性。

8.2.4　城市是一个物理、主观思维与客观知识的统一整体

狭义世界 1,2,3 理论在将世界划分为三种类型之后,并不否认世界 1、世界 2、世界 3 之间的联系与相互作用,世界 3 虽具有相对的独立性,但不可能离开世界 1、世界 2 而独存。单一的世界并不能完整地表达整个世界的全部内容,三者作为一个整体才能呈现为一个完整的世界。同样,物理城市、主观思维城市、观念城市三者也不能割裂开来单独表现为一个完整的城市,它们是一个统一的整体。

物理城市不能单独存在,也不能完整地表现城市的全部信息。物理城市只是城市中大量物质、物质基质和仅作为生命现象的生命体的一个集合。如果没有人类意识的介入,没有意识人类的显现、设定、建构、生产等创造性活动的推动,城市必然会逐渐失去其存在、维持、发展的基础,这样的城市也只会逐渐成为一个死城。试想这样一个时空:里面有建筑物,有各种基础设施,有作为生命体的人,一个城市应有的物质条件全部具备,但里面的人不懂得去利用建筑物遮风避雨,不会学习语言文字,不懂得交流……当人工物被自然界逐渐侵蚀损坏时,里面的人不懂得怎样去维修改善,也不懂得如何去应对自然界的各种灾害,那么我们预设在这个时空里的物质城市客体将逐渐损毁,人类文明将退回原始的蒙昧状态,这样的城市是不可想象的,也不是我们所向往的城市。正如芒福德所说:城市不是建筑的集群,它是各种密切相关并经常相互影响的各种功能的复合体——它不单是权力的集中,更是文化的归极[①]。

主观思维城市是借助物理城市中城市规模、城市功能、城市布局和城市交通等载体,经意识人类或人类意识的抽象整合,从而表现为一个超越了物质和物质体本身,但又体现物质与物质体关系和价值内涵的属人城市,它的核心是人类意识,基础是物理世界的城市。正如没有人脑就没有了人类意识产生的基础一样,失去了物理城市中的物质载体,包括思维着的个人,主观思维城市也没有了物质基础。因此,主观思维城市是以物理城市特别是其中最重要的组成——思考着实践着的人(人脑)为载体的城市,它主要体现为城市人的活泼泼的实践认识活动,也就是说

---

① 刘易斯,芒福德. 城市发展史——起源,演变和前景[M]. 宋俊岭,等,译. 北京:中国建筑工业出版社, 2004:65.

是认识着实践着的城市人赋予物理世界城市以意义,使物理世界城市充满生机与活力。没有主观思维城市,城市的存在、发展是不可想象的,也是不可能的。

依卡尔·波普尔的说法,观念城市是一个相对独立存在的城市,它是实在的、客观的、自主的城市。在波普尔的"思想实验"中,如果人类所建造的物理城市毁灭了,那么只要所有关于城市建设的思想、程序、规则、经验、技能等对象化为以书籍、图片、声音等为载体的观念城市被有效保存下来,那么意识人类便可以据此重新规划建设一个城市。这里实际上存在两个问题:其一,世界3离不开文字、图像、声音、纸张等物质,即世界3必须以物质世界为载体才可能相对于意识人类而自主地存在和发展。尽管波普尔反复强调说,部分世界3对象可以不需要物质世界为载体就能自主地存在,但他同时也明确指出,未具体化的世界3对象是以具体化的世界3对象的存在为前提条件的[1]。也就是说,没有具体化的观念城市就不会有未具体化的观念城市,因此,观念城市的存在仍须依赖于物理城市和主观思维城市。其二,我们应该看到,重新规划建设一个城市必须经由意识人类从客观知识世界中学到的规划建设城市的知识才能转化为规划建设城市的思想行为,最后再形成包含物理城市和主观思维城市在内的新城市。如果单独留下了观念城市,意识人类或人类意识不存在了,观念城市无法被解读和把握,规划建设城市所依赖的物质基质和自然条件也丧失了,那么观念城市便是一个对人类毫无意义的城市。

所以,狭义1,2,3理论视野下的城市是一个物理、主观思维、客观知识的统一体,每一个层面的城市都难以独立构成和呈现为一个完整的城市,而且物理城市、主观思维城市、观念城市是不断地互相作用的,它们在自组织作用下维持着动态的平衡,现实的城市不过是它们之间不断相互作用并彼此保持动态平衡的一种高级表现形式。

8.3 广义世界1,2,3理论视野下的城市

广义世界1,2,3理论把世界划分为形下学世界、形上学世界和超形上学世界三个部分,其视野下的城市也相应地包括形下学世界意义上的城市、形上学世界意义上的城市和超形上学世界意义上的城市三个方面。

8.3.1 形下学世界意义上的城市(形下学城市)

形下学世界意义上的城市是我们一般所讲的城市,如城市是指人口较为稠密、工商业较为发达的地区,一般包括住宅区、工业区、商业区,并且具备行政管辖等功能。城市中有楼房、街道、公园等公共设施。不同的国家和地区对城市的定义和标

---

① 何跃. 人类的世界[M]. 重庆:西南师范大学出版社,1995:2-3.

准也不相同,如丹麦把任何 250 人以上的居民集中地区视为城市,加拿大则把
1 000 人以上的居住区视为城市,美国的标准是 2 500 人。而中国视城市为一种行
政建制,城市并不能完全反映城市化与一个地区工业化发展水平,如中国大陆的城
市作为行政建制分直辖市、省辖市(地级市与副省级城市)和县级市,又根据市区
非农业人口的数量把城市分为小城市、中等城市、大城市和特大型城市。这些对城
市的定义和说明都是形下学世界意义上的城市,即把城市作为一个现象世界。形
下学世界意义上的城市可以从以下几个方面来予以阐述。

1) 物理城市

广义世界 1,2,3 视野下的物理城市包括构成城市空间和城市功能载体的自然
生成客体(山地、山水、空间等)、生物人类、城市基础设施(电力、道路、桥梁、市政
公用设施等)以及建筑、雕塑、公园人工物等,它是可以由人类直接或间接感知,并
给予形下学描述言说的城市。物理城市是城市的骨骼,支撑城市的存在,也是城市
发展的基础。它与狭义世界 1,2,3 中物理世界的城市具有相同的特点,即它是相
对静态的、非价值化的,或者可以说它们仅是一堆物质或物质体的简单加合和排
列。比如我们在城市规划中所谓的城市教育中心、行政中心、居住中心、商业中心、
产业中心、科技中心等,去除了这一系列"中心"的功能和相互关系后剩下的就可
以视为是物理城市的组成。

2) 行为城市

我们说城市是一个属人的城市,因为城市虽然有各种去功能化、去价值化、去
关系化的生命或非生命体作为骨骼,但失去了城市人类的个体行为、群体行为和组
织行为,城市就没有了神经系统,没有了生机与活力,只能是死的"城"而不能称为
活的"城市"。城市通过人类的个体、群体或组织行为实现城市的功能属性,成就
充满生机与活力的行为城市。

"鸡犬之声相闻,老死不相往来"不是城市,或者说它只是一个与城市相对的
村落或乡村。城市是开放的,城市中的人也是开放的,个人的自身因素要不断地与
外界环境因素进行相互作用(环境因素既包括自然环境,也包括人文环境),人才
有存在发展的意义。比如人要获得生理上的满足、精神或心理上的慰籍,就要不断
与外界进行物质、能量、信息的交流,人们聚居在一起,进行物质交换,进行人际交
往,这是"市"产生的动因之一,也直接促进着城市的形成发展,所以城市是个体行
为的城市。城市同时也是群体行为的城市。城市的特点之一就是人口的聚集和聚
居,人类具有聚集的动物性本能,同时又有动物性以外的精神追求,意识人类置身

于群体,在个体获得物质需求与精神需求满足,并进行物质、能量、信息交流的过程中形成群体,群体中的个体为实现相同或相似的目标进行一系列相互影响、相互作用或一致的行动,群体之间的冲突、妥协、交流等催生着群体内部、群体之间各种规则、规范的形成,由此产生的秩序与协作保障了城市的存在与发展,衍生了城市各种互补共生的职能,因此,城市是群体行为的城市。城市更是组织行为的城市。组织行为是组织要素之间以及组织要素和外部环境之间的相互作用,是一种非常复杂的社会行为。如果群体是一般有序,那么组织就是高级有序。如有学者认为,真正能够体现城市本质的,应该是城市"聚合各种功能、人口,并在聚合过程中创造出新的,有别于氏族村落的文化,并加以传播的能力。"在聚合作用下,城市可以完成"单个村落所无法完成的巨大工程,可以具有更强大的军事战斗力,可以产生在村落文化下不可能产生的严格的等级制度、城市文化和国家,并促进各种科学技术迅速发展。"①这种功能与人口的聚合所产生的组织行为促进了城市的发展,其本身也是城市的一面,呈现为一个行为的城市。

城市中有以口语为媒介的人与人之间的思想交流,有个体、群体、组织之间发生的经济行为、法律行为,有在规则、规范约束下的各种有意识的游戏或竞赛活动,不同的城市有不同的城市文化、城市性格、城市形象、城市品牌等,它们都是意识人类的个体行为、群体行为和组织行为的结果。而行为实际上也是一个自组织过程,如城市交通系统中的驾驶行为,处于同一交通系统中的人,对交通规章的遵守,以及通过调整速度、车距等行为保持着一种无意识的群体协作,而进行这样一种无意识群体协作的根本原因只是个体为了确保自身安全驾驶等目标的实现,因此群体协作行为是个体实现目标时自然导致的结果,是自发和非他律的。组织行为亦然。城市通过大量的个体行为、群体行为和组织行为来呈现出自身的属性和功能,意识人类的行为证明和体现着城市存在和发展的意义,并使城市充满生机与活力。城市离开人类行为将不复存在,城市是一个人类行为的城市。

3) 观念城市

观念城市本身并不是一个实体城市,它不能被直接感知,它是非物质化或非实体化的,但正如我们所说,城市是一个属人的城市,城市的核心要素——意识人类要维持城市的存在与发展,必然要借助声音、图像、语言、文字、数字、信号等载体所承载的关于城市的理论、学说以及构造城市的方式方法来将城市实体化。

以"市民公约"为例,"市民公约"是意识人类为了城市发展更有序、更和谐、更

---

① 王颖. 城市社会学[M]. 上海: 三联书店, 2005:5.

文明,依据社会公序良俗,展望城市文明高度发展对人类思想、行为、信念等的要求而制定,如重庆市曾经把"爱党爱国,是非分明;遵纪守法,助人为乐;讲究卫生,绿化环境;不搞迷信,相信科学;婚丧从简,计划生育;健康娱乐,禁止赌博;尊老爱幼,邻里和睦;诚实劳动,创新开拓"作为重庆市市民公约,这份以文字形式固定下来的公约是一种观念物,也是观念城市的一部分。再如关于城市的影像制品、图片,关于城市发展、规划、建设、管理等的规章制度、理论著作,维持城市政治经济、文化教育、社会生活、生态环境等有序发展的法律法规等,它们都是观念城市的内容。这些由意识人类所形成的有关城市规划建设管理等方方面面的概念、范畴、理论、规范、条例、规章、音像作品、法律条文等的集合体或有机系统,就是我们所说的观念城市。

如观念货币通过数字来标示产品价值和价格一样,观念城市经由人类意识的显现、设定、建构等工作,呈现为一个可以被意识人类指称和描述言说的客观知识城市,它以物理城市为基础,以行为城市为中介,是后者在利用、探索、研究前者的基础上形成的。物理城市、行为城市和观念城市是城市这一综合体的多个彼此"虽有分,而实不二"的表现侧面,它们都不能独立地表现城市的全部特征或维持城市的有机存在与可持续发展,形下学世界的城市是物理城市、行为城市和观念城市的有机统一。

8.3.2　形上学世界意义上的城市(形上学城市)

形上学世界是相对于作为实然、应然集合体的现象世界而言的本然。本然是从事物的本体层面讲的,它着重说明事物是一个超越性的存在。"本然者,本为本来,然谓如此。"①

形上学世界意义上的城市是本然城市,它体现于实然与应然的单元不二的联系之中,在实然与应然的亦此亦彼、即此即彼中体现城市本来的浑然一体。本然城市相当于太极,而实然城市与应然城市则相当于太极之阴阳两面,它们彼此之间"虽有分,而实不二"。

形上学世界意义上的城市是形下学城市的本体论根据或形上学根据,也可以理解为是对于形下学世界意义上的城市的反思、批判与超越。

1)实然、应然与本然

实然是指构成事物的物质成分,相当于亚里士多德所说的构成事物的质料的那个东西,实然只说明事物的事实性存在,并不说明事物是以什么样的事实性存

---

① 熊十力. 新唯识论[M]. 北京: 中华书局, 1985: 313.

在。而应然则是规定事物是什么样的事物,相当于亚里士多德所说的构成事物的形式,它并不关心事物属于什么样的物质构成,而只关心某物是某物的质的规定性。以石凳为例,实然只说明凳子是由石头这一物质组成,而不关心石头这一物质组成的是凳子还是柜子;而应然却说明这一石凳是凳子而不是其他,它并不关心这一石凳到底是由石头组成还是由铁或其他物质组成。也就是说,实然说明了事物的事实性存在,而应然说明了事物的质的规定性,即实然强调使事物存在的客观基础,而应然关注事物存在的现实功用,它规定事物从无到有的发展方向,并赋予事物存在后的价值。或者说,实然是应然得以存在的物质性前提,而应然规定了实然的价值性方向。现实事物的实然与应然是自成一体的,但对两者进行区分是有必要的。[参见王春梅、李世平:实然、应然、本然,人文杂志,2007(3):16-19]再以城市中的人类行为为例,如踩踏草坪。城市中公园或其他公共场所的一些草坪是不能随意践踏的,但我们经常看到有人就是喜欢践踏草坪,还振振有词的反问:草地不是拿来踩的吗? 为什么不可以啊? 其实,这样说也没有错,草地的确可以踩,只是这个是生物意义上的,或者说是草地本能上的,没有什么草地不可以踩。换言之,草地事实上是可以踩的。草地可以踩是一种实然,人去踩草坪也是一种实然。但为什么会有禁止践踏草坪的成文或不成文规定呢? 这就关系到应然,关系到人类社会的价值观或社会道德,即有的草坪是为了美化环境、净化空气而存在的,它不能够被践踏和损坏,文明的人类应该自觉保护这些草坪的存在,从而维护人类共同的生活环境。因此可以说,一个高级有序的社会就是不断靠近应然状态的社会,规则、法律等的存在就是对实然和应然差距的纠偏,应然正是对实然性质和价值的规定。

而本然也即实然之源,应然之归。它强调事物是一个超越性存在的同时也说明事物是一个具体存在物的超越,即"太虚不能无气,气不能不聚而为万物,万物不能不散而为太虚"①。气是从实然之源的角度说的,而太虚则是从应然之归的角度讲的,气和太虚相即不离。仍以石凳为例。实然是指这一石凳是由石头组成的,而实然之源则说明凳子是由物质性本源化生的,石头和物质性本源的关系就是实然和实然之源的关系,前者是一具体的物质形态,而后者是造成这一物质形态的原因(——具有超越性、对象性、能动性、现实性、物质性的实然之源)——人类所特有的实践活动,后者是源,前者是流,后者造就前者,前者因后者而不断超越自身。应然是指这一石凳是凳子的质的规定性,而应然之归则是凳子形式的共通境域,即凳子的理念,凳子理念包含所有的凳子形式以及所有的凳子形式共同趋向最美的

---

① 张载,正蒙·太和[M]//张载,张载集.章锡琛,点校.北京:中华书局,1978:7.

凳子形式,凳子理念还需层层超越最终达到柏拉图所说的善的理念,应然和应然之归的关系就是凳子的质的规定性和善的理念的关系,前者是具体的凳子之形式,而后者是所有形式之和,即善的理念,前者能够超越自身而趋向后者。[参见王春梅、李世平:实然、应然、本然,人文杂志,2007(3):16-19]尽管在《理想国》中,柏拉图没有给出善的理念的定义,但善的理念作为柏拉图构筑的现实世界向理想世界过度中比正义和智慧"更高的知识",以及善的理论所具有的本体性、不变性、可知性的特性,可以认为它是人类所从事的无限的创造性的实践活动,创造性实践活动本身就是"更高的知识"获得、使用的过程,或者说就是"更高的知识"本身。同时,无论是对于实然和实然之源抑或应然与应然之归,"超越"本身必须也只能源于人类的实践。因为实然和应然均是一种现象,他们归根到底源于人的实践,这一切并不是在人的大脑中完成的抽象,而是体现为实践本身对世界实然状态和应然状态的现实超越。

2)实然城市

马克斯·韦伯认为,城市必须有五要素:城堡、市场、独立的法律、民间社团、至少享有部分的政治自治。这可以视为对实然城市概括性描述的一种。实然城市是现实中人类生活的城市,是一个实体城市和实证性城市。它关注城市的事实存在性,关注当下,但不关注城市是什么样的事实存在性。它为事物的存在和发展提供可能性,即为事物的存在和发展提供物质性保障。

以城市中的建筑物为例,实然建筑指的是构成这座大楼的所有物质材料,以及建筑过程的人,没有这些物质材料和人,就无法建成一座大楼。城市的实然状态就是城市的自然性,它是一种现实存在,为城市的存在发展提供基础。因此,实然城市是现象世界的城市,但并不是现象世界城市的形式,而是组成城市的质料,它包括活动人脑但不包括人类意识,是不经人类意识认识、解读的物质性存在。正如实然建筑只关注物质材料和进行建筑的人,而不考虑为何要建成这样一个建筑而不是那样一个,以及建筑工人如何组织和使用建筑材料等。

实然城市也就是上文所提到的物理城市、主观思维城市之人脑载体以及观念城市之物质载体(文字、符号、纸张等)。

3)应然城市

应然城市指的城市是一个什么样的城市,应该是一个什么样的城市,它不关注城市的事实性存在,只关注城市作为城市的质的规定性,也即对于城市的价值合理性的应然性追求。仍以城市建筑为例,有了建筑材料并不意味着建筑就一定可以呈现,没有建造这座大楼的建筑设计图把这些物质材料加以构建,没有意识人类通过对建筑设计图的理解与实践,那么这些物质材料仅仅是一堆建筑材料,建筑设计图就是大楼的应然,它给大楼提供一个具体的形式。

城市的规定性就是城市的应然状态,它是城市的形式。作为一种规范性存在,它是意识人类通过显现、设定、建构等创造性活动对城市的所有形式以及这些形式的发展趋势的一种规定,乃至最终达到人超越自身,从而把握所有存在的形式。芝加哥学派的代表人物罗伯特·帕克认为,城市是人类文明的一种方式。如古代城市主要是政治和宗教中心,城市商业和手工业等经济活动还处于次要地位。产业革命之后,工厂的大量出现和集中使城市成为引领社会进步的先锋力量;市政、金融、商业和交通运输的变革进一步提高了城市的经济地位。马克思认为,城市是人口、生产工具、资本、享乐和需求的集中,与乡村的孤立与分散相对。列宁也说过,城市是政治、经济和人民精神生活的中心。由此可以看到,聚集性、经济性和社会性是城市的价值所在,应然城市超越了城市的物质形态,集中体现为城市的价值。

应然城市是一个有城市性的城市,它展现城市的应该状态,如城市人口大规模、高密度、异质性,社会协调发展,人与人、人与社会、人与自然和谐相处,经济高度发达等。或者说,应然城市是城市价值的抽象和集中,这种抽象和集中以物质层面的实然城市来展现。它与实然城市一样,都是一个现实的城市。

应然城市大致相当于上文提及的主观思维城市之心理城市、观念城市之客观知识城市(建筑设计图、城市规划理念等)。

4)本然城市

恩格斯曾说:人是唯一能够通过劳动而摆脱纯粹的动物状态的动物——他的正常状态是和他的意识相适应的,而且要由他自己创造出来。人类所从事的实践活动,或者说人类的创造性活动本身就是对人类以及人类所有创造物的一种超越,它向未来敞开,是对一切现象性存在的突破和超越。城市作为一种不外在于人的存在,源于人类的实践活动,永远是向未来敞开的。人类创造城市的活泼泼的实践活动决定了城市对于未来的开放性,决定了城市对于自身的不断超越。不断被超越的城市就是上文所说的实然城市和应然城市,而决定城市敞开性、超越性的人类活泼泼的实践活动就是拙著所界定的本然城市。

本然城市作为一种超越性存在的城市,它赋予形下学城市(实然城市和应然城市)以意义,关注形下学城市的合理性,决定形下学城市发展的未来方向。仍以上文所述的城市建筑为例,没有建筑设计图的规范要求,物质材料就是一堆废料,没有物质材料,建筑设计图也是一堆废纸,只有二者的有机结合才能形成一座大楼。

但如果仅止于实然建筑和应然建筑,我们只不过是在就一座建筑而论一座建筑,并没有追问这座大楼为何是这样?为何选用这些物质材料和这一建筑设计图?这样的材料和这样的设计图能否有效结合?除此之外还有没有更好的方案?等等。而这些问题通过实然和应然是无法解决的,我们必须求助于本然,通过探求建筑的本源,通过人类实践的超越性才能解决,唯其如此,事物的存在和发展才具有了意义,事物本身也才得以存在和发展。

本然城市说明了城市何以存在以及存在的合理性,说明城市何以是现在这样以及城市将要怎样,并使城市不断趋向完美的境域和善的境界。意识人类或人类意识作为城市的核心要素,既是城市存在发展的原因,也是城市存在发展的目的。因此,人类必须追问城市的存在何以如此,只有这样,我们才能理解形下学城市在城市历史发展中的意义,也才能继续思考形下学城市将走向何处,也只有这样,人类才能体认城市的本真乃至人之生存的终极意义。

如现代城市的广场设计,追求以大为美、以空旷为美;金玉堆砌,以贵为美;无人广场,为广场而广场。殊不知,人与人的交流、人与人的实践活动是广场的本质特征,也是城市形成的重要因素之一。再如城市的水系整治,城市水系是人与自然、人与人、城市与自然交流的场所,是城市景观美的灵魂和历史文化的载体,具有维护大地景观系统连续性和完整性的重要意义。然而事实情况是:河道被"裁弯取直",水泥护堤、衬底使水系与土地及其生物环境相分离,失去了自净能力,从而加剧了水污染的程度,还有盖之、断之、填之等,总之是变活水为死水、流水为滞水,丧失生态和美学价值。现代城市建设沉迷于实然和应然,丧失了对本然的思考和追问。因此,当城市水资源短缺、环境污染、温室效应、热岛效应加剧时,人类应当反思,应当追寻实然城市之源、应然城市之归,应当回归人类活泼泼的实践活动即本然城市。人类实践活动的最本质特点是创造性,正是人类的创造性实践活动决定了实然城市与应然城市演化发展的自组织性,因此,我们回归本然城市的实践意义就是把城市的自组织发展作为城市建设的基础和前提。实然城市与应然城市作为本然城市的不同表现形式,必然会被本然城市即人类活泼泼的实践活动所扬弃。

实然城市和应然城市是城市现实生存的基础,本然城市则标示城市在现实生存中前进的方向。本然城市是不可最终被把握的,但是它可以通过实然城市和应然城市被体认,我们应处理好这三者之间的关系,不能有所偏颇或对某方面过于执著。换句话说,实践,或者人类的创造性活动是联结实然与应然并最终将它们扬弃的原因,实践创造了属人的实然世界,同时也创造了一个向未来无限敞开着的应然世界,实践当然能够实现对两者的超越。我们"不要厌离现前千变万动的宇宙(实然城市和应然城市)而别求寂灭(本然城市),也不要沦溺在现前千变万动的宇宙

（实然城市和应然城市）而失掉了寂灭境地（本然城市）。"①本然城市是源，实然城市和应然城市是流，或者说，本然城市是城市存在和发展的本源（本体），实然城市和应然城市都是城市的现实效用（现象）；但实然城市和应然城市也说明城市当下的存在和发展状况，并通过现实的存在和发展体现城市的本然。因此，城市是实然城市、应然城市和本然城市的有机统一体，实然城市、应然城市和本然城市"虽有分，而实不二"。

8.3.3　超形上学世界意义上的城市（超形上学城市）

城市的本质或本来面目不是形下学城市（对象性实然城市、应然城市），也不是作为其本体论根据的形上学城市（对象性本然城市），而是超形上学城市（非对象性城市。）

如上文所述，超形上学世界是任何思议言说都使不上劲用不上力的非对象性存在，任何正面的或建构性的指称和描述言说都不能够确证它的存在，唯有负面的或解构性的指称和描述言说可以确证它的存在。也就说，我们只能说超形上学世界"非有，非无，非亦有亦无，非非有非无"，只能说对于它"动念即乖""开口便错""拟议皆非"，或者说"言默不足以载""第一义不可说"。它与对象性的形下学世界和形上学世界"不二、不一"。所谓超形上学世界意义上的城市，不是说存在一个可以被正面指称和描述言说的对象性超形上学城市，而是说从超形上学的视角来分析研究城市，来努力探究城市的本质或终极意义。

从超形上学世界的视角来分析研究城市，可以推出以下结论：形下学城市和形上学城市原本不存在，它们是意识人类如此这般显现、设定、建构、生产和创造出来的对象性世界，是对人类有意义的现实存在，它们可以被人类指称、直觉、推论、感知和描述言说，可以被意识人类不断地显现、设定、建构、生产和创造，它们因意识人类的实践认识活动而"敞亮"或呈现意义。抽去了意识人类或人类意识的实践认识活动，既不存在对象性的形上学城市（可以被直觉证悟的本然城市），也不可能存在形下学城市（可以被感知的实然城市和应然城市），也就是说城市原本不存在，城市因意识人类的实践认识活动而"敞亮"或被赋予了意义，也可以说城市自性为空，城市的本质或终极意义"什么都不是""什么也没有"。因此，相对于对象性的形下学城市和形上学城市，我们"应生无所住心"或者说"应无所住而生其心"（"无住为本"）。然而，城市人类作为实践认识主体必须要在对象性城市中生存、生活，必须在城市中从事着显现、设定、建构、生产、创造活动，必须不断地去直觉、推论、描述、言说，必须与对象性的形下学城市和形上学城市对话交流，沉迷于"城

① 熊十力. 新唯识论[M]. 北京：中华书局，1985：255.

市自性为空""城市原本什么都不是""城市的终极意义是没有意义"等超形上学世界语境,不仅使思维发展停滞,也使人类及人类生存其间的城市发展停滞,因此我们在倡导"应生无所住心""应无所住而生其心"("无住为本"),不执著于对象性城市,保持对于对象性城市超然心态的同时,必须坚持并积极倡导"应生有所住心""应有所住而生其心"("人定为要"),必须以积极认真的心态参与显现、设定、建构、生产、创造对象性城市的实践活动,参与直觉、推论、描述、言说对象性城市的认识活动("择善而从,创新创造")。

也就是说,超形上学意义上的城市包含三层含义:"城市"——城市之肯定;"非城市"——城市之否定;"是名城市"——城市之否定之否定。(借用《金刚经》"凡夫者,如来说即非凡夫,是名凡夫。"以及《五灯会元》卷十七中的一则青原惟信禅师语录:"老僧三十年前未参禅时,见山是山,见水是水。及至后来,亲见知识,有个入处,见山不是山,见水不是水。而今得个休歇处,依前见山只是山,见水只是水。")相对于"城市"即对象性城市,我们反对执著于它,主张超越对象性城市,我们提倡对对象性城市"应无所住而生其心"(《金刚经》),相对于"非城市"即非对象性城市,我们反对沉迷于"它",主张回归到对象性城市中,我们坚持在对象性城市中择善而从、创新创造,坚持"应有所住而生其心"(《人类的世界》)。

1) 城市之肯定

城市首先是一个"山是山,水是水"的城市,或者说城市是我们之于城市的一般感受和认识,包括地域的、功能的、文化的,等等。对于城市究竟是什么,人们从不同的角度在进行着研究、解读和说明,如城市学、社会学、地理学、建筑学、人类学、人口学、哲学、政治学、经济学、心理学、管理学等。无论从哪个角度来阐述城市,他们都在向我们言说城市是什么,他们所阐述或设定建构的城市就是我们所谓的"山是山,水是水"的城市,是对于意识人类有现实意义的对象性城市,即人的本质力量对象化的城市。

地理学认为城市是"一个相对永久性的高度组合起来的人口集中的地方,比城镇和村庄规模大,也更重要。"它把城市作为一种地理现象记载,主要研究城市的形成、发展、空间结构和分布规律。着重从城市化、城市发展方针、城市体系、城市空间结构等几个方面来定位城市。法国著名的城市地理学家什梅尔说,城市既是一个景观,一片经济空间,一种人口密度,也是一个生活中心和劳动中心,更具体点说,也可能是一种气氛、一种特征或者一个灵魂。

　　对于社会学家来说,城市是当地那些共同风俗、情感、传统的集合①。《中国大百科全书·社会学卷》注解到:都市,大量异质性居民聚居,以非农业职业为主,具有综合功能的社会共同体,又称都会、城市。都市中有较多集中居住的,不同职业身份的居民,大部分居民从事非农业劳动;某些居民具有专业技能。都市具备市场功能,至少具备局部的调节功能和以法律为基础的"社会契约"功能。城市是一定区域范围内政治、经济、文化、宗教、人口等的集中之地和中心所在,并伴随着人类文明的形成发展而形成发展的一种有别于乡村的高级聚落。

　　城市文化学者认为:"城市可以被看作是一个故事、一个反映人群关系的图示、一个整体分散并存的空间、一个物质作用的领域、一个相关决策的系列或者一个充满矛盾的领域。而这些暗喻包括有很多价值的内容:历史延续、稳定的平衡、运行效率、有能力的决策和管理,最大限度地相互作用,甚至政治斗争的过程。某些角色会从不同的角度成为这个运转过程的决定性因素,如政治领导人、家庭和种族、主要投资者、交通技术人员、决策精英、革命阶层等。"②

　　城市经济学家巴顿认为,城市是一个坐落在有限空间地区内的各种经济市场——住房、劳动力、土地、运输等——相互交织在一起的网状系统③,是人类物质财富的集中地,是人类精神文化的创新地,是人类文化的一个大容器。

　　城市历史学家芒福德认为,"在城市发展的大部分历史阶段中,它作为容器的功能都较其作为磁体的功能更重要:因为城市主要还是一个贮藏库,一个保管者和积攒者……城市社会的运动能量,通过城市的公共事业被转化为可贮存的象征形式,从奥古斯特·孔德(Auguste Comte,1798—1857,法国哲学家)到 W.M.惠勒(W.M.Wheeler)的一系列学者都认为,社会是一种'积累性的活动',而城市正是这一活动过程中的基本器官。"④

　　马克思主义经典作家们也对城市有过较为精辟的阐述。马克思和恩格斯在《德意志意识形态》中曾写道:城市本身表明了人口、生产工具、资本、享乐和需求的集中;而在乡村里所看到的却是完全相反的情况:孤立和分散⑤。在同一著作中还写道:"物质劳动和精神劳动的最大的一次分工,就是城市和乡村的分离。"⑥列

①　简明不列颠百科全书:第2卷[M].北京:中国大百科全书出版社,1985:271.
②　陈立旭.都市文化与都市精神——中外城市文化比较[M].南京:东南大学出版社,2002:3.
③　K. J. 巴顿.城市经济学:理论和政策[M].北京:商务印书馆,1981:14.
④　刘易斯·芒福德.城市发展史——起源,演变和前景[M].宋俊岭,等,译.北京:中国建筑工业出版社,1989:74.
⑤　马克思恩格斯全集:第3卷[M].北京:人民出版社,2002:57.
⑥　马克思恩格斯全集:第3卷[M].北京:人民出版社,2002:56-57.

宁也曾写道:城市是经济、政治和人民的精神生活的中心,是前进的主要动力。"①斯大林是这样论述城市的,他说:"它们是文化最发达的中心,它们不仅是大工业的中心,而且是农产品加工和一切食品工业部门强大发展的中心。这种情况将促进全国文化的繁荣,将使城市和乡村有同等的生活条件。"②

除却学术界对城市的总结性或抽象性描述外,我们对城市直接的或间接的印象、感受和认知等都是现实中的城市,也即人类生活其中的城市。如城市有建筑物、各种购物广场、公园、学校、各种社区,城市有城市规划者、建设者、管理者,城市有政治、经济和文化功能,城市有自己的风格或性格,等等,这些都是我们所谓的"山是山,水是水"的城市。人类生活在一个实证和实体的城市之中,生活在一个意识活动可以使得上劲,用得上力的对象性城市之中。这个对象性城市既有可以被指称和形下学描述言说的实然、应然的一面,也有可以被指称和形上学描述言说的本然的一面,二者"虽有分而实不二"。

刘易斯·芒福德说:"人类用了 5 000 多年的时间,才对城市的本质和演变过程获得了一个局部的认识,也许要用更长的时间才能完全弄清它那些尚未被认识的潜在特性。"任何一种对城市的感受和描述都是现实的城市,它们都在展现着现实城市的某一表现侧面。意识人类要充分认识城市,不断促进城市的发展,就必须在现实层面沿着研究城市的步伐不断前进。

2) 城市之否定

原本没有对象性城市,它是意识人类如此这般显现、设定、建构、生产、创造出来的。意识人类或人类实践是对象性城市的核心要素,既是其存在、发展的原因,同时也是它存在、发展的目的,从城市的最初萌芽到今天的城市,意识人类一直没有停止过显现、设定、建构、生产、创造活动。城市不仅仅是相对于意识人类而存在的,同时也与意识人类作为一体两面的共同体而存在。抽去意识人类的显现、设定、建构、生产、创造活动,作为城市内部要素之一的人类便只是一个生物性存在,没有语言、没有文字,城市就失去了其可以被指称、描述、言说的载体,失去了自身发展的内部动力,所谓的城市功能、城市文化、城市性格等也都将不复存在。

换言之,当我们追问城市从何而来,也即城市的缘起时,我们要看到,城市这一事物或现象的生起依赖于各种相对的互存关系或条件,如果离开了这些互存关系或条件就不能生成任何一种事物或现象。也就是说,城市依赖于各种条件的聚合。

---

① 列宁全集第 19 卷[M]. 北京:人民出版社,1990:264.
② 斯大林选集:下卷[M]. 北京:人民出版社,1979:558.

如远古城市形成主要依赖于自然地理,如交通便利的河流港口、物藏丰富的山地平原等,自然条件显得尤为重要。而现代城市对自然地理的依赖有所减轻,如城市群中的区位中心城市,一旦中心形成,它便通过自我强化不断扩大规模,起初的区位优势与集聚的自我维持优势相比就显得不那么重要,它通过空间经济的自组织作用来维持和促进城市的存在与发展,确保其区域中心优势的存在。而形成城市的各种条件或支持城市得以形成的各种互存关系的事物之间以及各种关系(条件)与城市均"此有则彼有,此生则彼生,此无则彼无,此灭则彼灭"(释迦牟尼),若没有各种条件及其复合,就不能生成一切,包括城市。也就是说,城市是因缘和合的产物。原本没有城市,城市自性为空或缘起性空。同时,上文说到的自然条件等因素又不过是一种现象世界,它是非对象性"存在"的展开或"敞亮",那这一非对象性"存在"本身是什么? 在意识人类尚未显现意识功能之前或意识功能完全丧失之后,肯定无法对其进行描述言说,因为没有可以实施描述言说的主体。即使是在意识人类显现意识功能之后,也就是有了可以实施描述言说的主体,这些主体也无法或不能对其动念、起意、着相,因为非对象性"存在"是所有思虑言说都用不上力、使不上劲的"人类一思考,上帝就发笑"的所谓"最高实在"(黄心川)。因此,延循"城市—互存的条件(关系)—存在本身"追问下去,我们发现:城市原本不存在,城市因人类意识或人类的对象性实践活动而生成、发展,并被意识人类赋予其意义,放下人类意识或终止意识人类的实践认识活动,城市什么都不是,即城市自性为空或当下为空。虽然对于城市的"本来面目",意识人类无法或不能动念、起意、着相,但作为意识人类设定出来的一种非对象性"存在",它可以用解构的方式来确证,即所谓的城市的"本来面目"乃"空空""无一物"或"非有,非无,非亦有亦无,非非有非无。"

当我们不断地追问城市到底是什么的时候,我们发现城市什么都不是,关于城市任何肯定指称和建构性的描述言说都是不究竟的,对于究竟意义上的城市"凡有言句,皆有染着","一落言诠,便成荒谬","言默不足以载"。我们所有用来指称、描述和言说城市的语言、文字、符号、图像等都不能说明城市是什么,因为不仅语言、文字、符号、图像本身是意识人类的产物,而且所有关于城市的指称、言说和描述都是意识人类如此这般显现、设定、建构、生产、创造的结果。用形下学语言指称、描述、言说的城市不是究竟意义上的城市,只是因人而有的对象性的现象城市或形下学城市;用形上学语言指称、描述、言说的城市也不是究竟意义上的城市,只是因人而有的对象性的本体城市或形上学城市。也就是说,对于人类有意义的对象性世界不是自在,而是他在,是人类实践活动的结果,是人的本质力量的对象化,是以对象的形式存在的人自身,是人的本质力量的确证。"一切对象对他来说也就是成为他自身的对象化,成为确证和实现他的个性的对象,成为他的对象,而这就是说,对象成了他自身"①。所以说,作为我们对象的世界不是人之外的、等待人去开发的所谓自在世界,而是人的本质力量对象化的结果,是对象性存在物。抽离了意识人类的显现、设定、建构、生产和创造活动,离开意识人类的描述言说,超越现象城市和本体城市去探寻当下城市的本来面目,我们会发现城市什么都不是,即城市自性为空或当下为空。

因此说,城市因人而"敞亮",因条件聚合而产生,执著于"山是山,水是水"的城市,就会使人迷失对城市何以存在以及存在合理性的思考,偏离城市存在与发展本源所指向的城市发展的应有的方向与至善境界。以 19 世纪中期大规模机械化工业的生产为例,大机械化生产使以人为尺度衡量的城市空间变成了以机械尺度衡量的空间,城市拥挤不堪,居住条件恶劣,治安混乱,环境污染,卫生条件迅速下降,城市状态一片混乱无序。正如芒福德所说,"冲水厕所,污水管线,以及河流污染,这些设备和后果",使城市有序发展的有机过程趋近结束,"从生态学角度来看,这一步是倒退;从技术上说,这种进步也很肤浅。"②这些都是只注重对现象城市的改变或者改造,而非从本质上对城市进行解放与发展造成的后果。执著于"山是山,水是水"的对象性城市,就会将城市只作为外在于人的一种存在,倚重于人类对城市生硬的认识与前瞻,失去人类对城市反刍的回应力以及人与城市发展的一致性考虑。因此,相对于对象性城市,我们提倡"应无所住而生其心",即既不要执著于形上学城市(本然城市),也不能执著于形下学城市(实然城市、应然城市),它们都是缘起性空和当下为空的,同时,无论是形下学城市还是形上学城市,都是人类本质力量的对象化即人类实践活动的产物,都是属人的世界,都是思维着的人必须与之打交道,必须生活于其中的现实世界,我们不可能不说它、念它、描述它。也就是说,凡是可以指称和正面描述言说的实然城市、应然城市、本然城市都是人类实践活动的对象化产物,都是打上了人类实践活动烙印的对象性世界,皆不究竟,皆不可能是城市的本质或本来面目。城市的本质或本来面目只能是不能被指称和正面描述言说的超形上学城市,换句话说,既有的以及将来还会出现的关于城市的所有理论学说或描述言说皆为佛学所说的"善巧方便"或"方便说法",不可能究竟,真正意义上的城市是非对象性世界("本来无一物"),没有指称,是不可言说的,即佛学所说的出障法身、实相非相非非相,正所谓"一念不生全体现,六根才动被云遮"。

---

① 马克思恩格斯全集:第 42 卷[M]. 北京:人民出版社,2002:125.
② 刘易斯·芒福德. 城市发展史——起源,演变和前景[M]. 宋俊岭,等,译. 北京:中国建筑工业出版社,2004:4.

3) 城市之否定之否定

城市是因条件聚合而有的,是意识人类显现、设定、建构、生产、创造的,其自性为空,本来无。但是我们不能因此而执著于城市的"空""无",更不能在从事显现、设定、建构、生产、创造活动时执著于"山不是山,水不是水"。尽管对象性城市的本来面貌是不可言说思虑的非对象性城市(即非人类的世界),是意识人类无从着力、无处使劲的超形上学城市,但无论是对象性城市还是非对象性城市,无论是形下学城市、形上学城市还是超形上学城市都不能外在于人和人的实践认识活动而存在,或者说,意识人类是有意识的"类存在物",他们必须生活在有意义的或者说可以被赋予其意义的对象性城市之中,他们必须从事显现、设定、建构和创造活动,必须不停顿地去"说三道四"、描述言说,不停顿地去直觉、推论、证悟,这是意识人类的宿命,是意识人类的基本生存方式,是任何具有正常思维能力的人必须承担的义务和责任。既然如此,我们何不在"应无所住而生其心"的前提下大胆提出"应有所住而生其心"呢? 我们提出"应有所住而生其心"不是回到最初的"城市之肯定"阶段,以为城市是绝对的、外在于人的客观世界,是人的镜式反映对象,而是在充分认识了对象性世界的实践性、属人性本质,充分理解了对象性城市的人定性、缘起性或自性为空的基础之上,在"城市之否定"的基础之上,充分肯定人类实践认识活动的价值,充分肯定实然城市与应然城市的现实性,充分肯定形下学城市与形上学城市对于意识人类生存发展的现实意义。我们提出"应有所住而生其心"不是执著于已有的或既成的对象性城市,无论是其中的形下学城市——物理城市、行为城市、观念城市,还是已经名相化了的所谓形上学城市,而是执著于否定或扬弃现存对象性城市的意识人类活泼泼的创造性冲动,执著于主观见之于客观的感性的、对象化的人类实践活动,执著于活泼泼的描述、言说、直觉、推论、证悟活动。我们提出"应有所住而生其心"("人定为要"),不是肯定对象性城市,将其不加批判地接受下来,而是否定或扬弃对象性城市,通过意识人类的创造性活动不停顿地将其改造创新;不是不加分析的接受各种有关城市的理论学说,而是"择善而从,创新创造",选择或创造我们认为目前最为合理的理论学说来解释描述对象性城市。当然,即使是我们经过慎重比较分析和研究,最终选择或创造的所谓科学的理论学说——自组织城市不是也不可能是关于城市存在演化发展的永恒真理,不是也不可能是关于对象性城市的最终说法。我们提出"应有所住而生其心",还在于对非对象性城市或超形上学城市的"存在性"的坚定肯定,尽管我们无法运用正面的或建构性的指称和直觉、推论、描述、言说予以确证,但是意识人类可以借助负面的或解构性的表述来确证其存在——"非有,非无,非亦有亦无,非非有非无"的"最高实在"(黄心川),或者采用海德格尔的说法,它是"为什么有'有',而没有'无'"的那个"非对象性存在""无"。

我们主要生活于形下学城市之中,作为形上学动物和符号动物的意识人类自身也是形下学城市的一个组成要素,也要依托于形下学城市而生存发展,因此应在认真分析研究了形上学城市、超形上学城市之后,在揭示了对象性城市的对象性本质以及非对象性城市的非对象性存在及其"虽有分,而实不二"关系之后,坚定地回归城市的当下,回归对象性形下学城市,也就是回归对象性的现实生活世界。

那何为现实生活世界?马克思的现实生活世界是指人的以物质生活为基础或前提的现实生活过程;胡塞尔的现实生活世界是一个前反思的、非主题化的、为科学和人的其他活动提供价值和意义的、基奠性的、人们日常可以"经验到"的世界;维特根斯坦的现实生活世界是人们的语言交往或游戏;罗蒂的现实生活世界是以种族为中心的人群共同体;布迪厄的现实生活世界是一个关系的、开放的"游戏空间"。这些对现实生活世界的描述不过是角度和言说上的差异,他们指向的都是对象性的、活泼泼的源于人类现实实践活动的"社会存在"(马克思)。

马克思对现实世界做过一个比较详细的阐释和评述,他主张回到现实,反对抽象主义和教条主义,反对费尔巴哈的"感性现实",他认为:第一,现实世界是指人生活于其中的经验世界。黑格尔在感性的人和自然之外又设置了一个抽象的绝对理念世界,并把那一世界作为本质的、真实的世界;而费尔巴哈则认为世界是人感性直观的、由感性的自然和人组成的世界,这个感性世界是某种开天辟地以来就已存在的、始终如一的东西。但这两个世界均是同一种思维——抽象主义的产物,它们具有共同的本质,即均是某种外在于人、与人无关、独立自存的东西,即一种先验存在。第二,现实世界是一个可以通过验证的、直观的感性世界。马克思认为,"人和自然界的实在性,即人对人来说作为自然界的存在以及自然界对人来说作为人的存在,已经变成实践的、可以通过感觉直观的,所以,关于某种异己的存在物、关于凌驾于自然界和人之上的存在物的问题,即包含着对自然界和人的非实在性的承认的问题,在实践上已经成为不可能的了。"[①]第三,现实世界是人的感性活动及其结果。马克思指出,人的感性世界并不是某种固有的、独立自存的东西,而是工业和社会状况的产物,是历史的产物,甚至连最简单的可靠的感性,比如樱桃树,也只是由于社会的发展,由于工业和商业的交往才提供给费尔巴哈的。因此,这种活动,这种连续不断的感性劳动和创造,这种生产,是整个现存感性世界的非常深刻的基础。只要它哪怕停顿一年,费尔巴哈就会看到,不仅自然界将发生巨大的变

---

① 马克思恩格斯全集:第 42 卷[M]. 北京:人民出版社,2002:128, 131.

化,而且整个人类的世界以及他的直观能力,甚至他本身的存在也没有了。第四,世界不是一成不变的事物的集合体,而是过程的集合体,一切事物都具有暂时性,都处于生成和灭亡的不断变化中①。城市有自己时间上的历史,历史又永远不会达到尽善尽美的理想状态,城市建立在人类实践活动的基础之上,建立在这样一个不断涌动的活动基础上的城市就不是静止的,它只是一个过程的集合。

人类的创造性活动兼具形上性和形下性。作为形上学的人类创造活动即前文所说的形上学城市或本然城市,它是形下学城市或实然和应然城市的本体论根据。作为形下学的人类创造活动是现实生活世界的主要构成,是形下学城市之行为城市的核心部分,也是作为现实生活世界的形下学城市得以形成发展的根本动力。人类显现、设定、建构、生产、创造了现实城市,又在这个经由人类及人类创造性活动而存在和发展的现实城市中实现自身的发展。人类对城市的认识、探索、解读应该经由"看山是山,看水是水"到达"看山不是山,看水不是水",最后上升至"看山还是山,看水还是水"的境界,即马克思所倡导的,从"自然王国"出发,经由理性修养(宗教家通过宗教修行,科学研究则通过探索与体悟并行),飞跃而进入了"自由王国"。也如汉娜·阿伦特认为的"积极的生活(vita active),亦即处于积极行动状态的人类生活,总是植根于人与人造物的世界之中,这个世界是永远不可能脱离或者彻底超越的。人与物构成了人的每一项活动的环境,离开了这样的一个场所,人的实践活动便无着落;反过来,离开了人类的活动,这个环境,即我们诞生于其间的世界,同样也无由存在。"②

意识人类不得不在现实生活世界或形下学城市中继续从事显现、设定、建构、生产和创造的活动,在不二的人与城市之中实现对象性城市的自组织发展。因此,在防止人类陷入"类"陷阱而倡导"应无所住而生其心"("无住为本")的基础上,我们积极倡导并坚定选择回归现实生活世界,回归对象性形下学城市,坚定主张在对象性城市中择善而从、创新创造,坚定主张"应有所住而生其心"("人定为要")。

8.4 广义超元论与自组织城市

依海德格尔,城市不过是一种存在,而存在总是存在者的存在,所以只有经由存在者才能通达存在。但是,并非所有的存在者都行,只有以某种方式已经展开了的特殊存在者才能通达存在。这种特殊的存在者即是觉醒或觉悟了的人,因为,只有觉醒或觉悟了的人才会提出存在的问题,才是领会着存在、展开了自身的存在。

---

① 李文阁. 回归现实生活世界[M]. 北京:中国社会科学出版社, 2004: 124-126.
② 汪晖,陈燕谷. 文化与公共性[M]. 北京:三联书店, 1998: 57.

生存是在世界之中的存在,或者说,人在世界中展开其生存①。觉醒或觉悟了的人与城市彼此交融、不可分割,并相互成就彼此。

8.4.1　从"应无所住而生其心"到"应有所住而生其心"

美国著名科学家、复杂性适应系统(complex adaptive system,CAS)研究的开拓者霍兰德(Holland)在其《隐秩序》一书中指出:"我们观察大城市千变万化的本性时,就会陷入更深的困惑。买者、卖者、管理机构、街道、桥梁和建筑物都在不停地变化着。看来,一个城市的协调运作,似乎是与人们永不停止的流动和他们形成的种种结构分不开的。正如急流中的一块礁石前的驻波,城市是一种动态模式(a pattern in time)。没有哪个组成要素(constituent)能够独立地保持不变,但城市本身却延续下来了。"②

事实确实如此,在经历了战争、瘟疫、自然灾害等毁灭性的灾难后,城市依然在有序地发展,并朝着更加文明的方向前进。以往的城市理论在解释城市得以延续和发展的隐秩序上陷入了困境,也在探究城市发展的根本动力上难以统一意见,因此,便需要从一个新的理论角度和思维高度来审视城市的发展。

我们发现,在城市的发展过程中,似乎有一只无形的手在指挥和操纵,即霍兰德所谓的隐秩序,这个指令不是城市外界的某种力量给予的,而是来自城市本身。城市是一个复杂的开放系统,内部存在着诸多要素,在城市系统与外界进行物质流、能量流和信息流的交换过程中,内部各要素发生着一系列偶然的或随机的相互作用,维持和提高城市的自适应性、有序性,实现城市的自发展功能。甚至战争、瘟疫、自然灾害因素等都不过是来自城市自身的一种自发调节力量,它改变着城市的空间、结构和形态,使城市发展呈现出非线性和不稳定性,并由此引发城市内部一系列要素的相互作用。在人的积极参与下,城市内部各作用要素从混沌走向有序,形成了一个交互作用的自组织机制。

其中,人类,特别是人类的创造性活动是城市自组织发展机制的核心要素。5·12汶川地震摧毁了无数城市,这些城市均位于龙门山断裂带附近,整个川西部地区是南北向山脉的集中区,能够划分出 7 个地震活跃带。人类长期的演化以及人与自然环境互相选择的自组织过程使人口呈现出当前的分布状态,人口的自然分布使川西地区的人们在这个地震带繁衍生息,并建起了大大小小的城市。5·12特大地震灾害是史上城市无数次自发调节过程中的一次,大自然通过强震向人类

---

① 李文阁. 回归现实生活世界[M]. 北京:中国社会科学出版社, 2004:104-105.

② Holland J. 隐秩序——适应性就是复杂性[M]. 周晓牧, 韩辉, 译. 上海:上海科技教育出版社, 2000:1-2.

发出信号：人类要再一次在与自然相互作用和相互选择的过程中做出调整，以重新维持人与自然的平衡。迁移或原地重建，是灾后的两种选择。位于龙门山断裂带的川西地区之所以没有像南极那样渺无人烟，正是由于在人与自然的相互选择的自组织过程中，证明川西地区是适合人类居住的，因此，迁移没有必要。其二，城市的人口流动是与城市的规模、物质流等要素交互作用并动态适应的，有意识的大规模的人口迁移违背了城市的自组织性，势必危害迁入城市的正常发展。因此，灾后重建基本都选择原地重建。经过强震后，人们在重建过程中加入了更多的组织因素，如提高建筑物的抗震标准，少数不能原地重建的城镇如何更合理的选址等。人类通过各种创造性活动来进行灾后重建，经过对如何适应当地自然环境的思考，重建后的川西灾区将从混乱走向有序，与环境重新保持动态的平衡。有人参与其中的城市发展，特别是人类有意识的创造性活动，是自组织运行机制的核心要素，也是城市自发发展的根本动力。

由此，意识人类的显现、设定、建构、生产等创造性活动为人类产生和呈现了城市，原本不存在着可以被如此这般指称和描述言说的主体、客体，原本也不存在任何与人有关的对象性存在，人类的实践活动具有至上性，离开了主观见之于客观的社会实践活动，非对象性世界永远不可能"显现"为对象性世界；另一方面，没有人类实践活动显现、设定、建构、生产、创造出来的对象性世界，人类永远不会知道有一个"超越一切人为思辨的"非对象性世界的存在。因此，我们强调在认识城市及城市理论的过程中要"应生无所住心""应无所住而生其心"，坚持"无住为本"。同时，我们作为现实的、感性的、具体的、活生生的人，只有在参与感性的具体的活泼泼的实践活动过程中才能实现自我价值，因此，我们必须回归现实生活世界，回归城市的当下，坚持"应生有所住心""应有所住而生其心"，坚持"人定为要"，坚持有所选择、有所指向地显现、设定、建构、生产、创造（"创新创造"），有所选择地进行指称和描述言说（"择善而从"），致力于改变世界，使我们生活于其中的城市变得更宜居、更合乎人性、更生机勃勃。总之，我们坚持"无住为本，人定为要，择善而从，创新创造"。

8.4.2 人类的创造性实践活动推动着城市的自组织发展

沃尔特·赫利（Walter Helly）在《城市系统模型》（1975年）中说，借助汽车私有制的广泛发展，城市的住宅区已迅速扩大，并且和长期建立起来的农村企业混杂在一起。甚至在完全是乡村的地区，人口中也有相当大的部分从事专门的职业而不是农业。刘易斯·芒福德也提出了"无形城市"的概念，他认为，对大城市综合体的改组把现在许多公共机构非物质化了，这样已经部分地创造了一座无形的城市。新的功能通过我们将之称为功能网络的东西，也就是无形城市的框架结构，补充了城市容器的老的功能,那也不是偶然的了。这种观点是基于逆城市化、郊区化的城市发展现实,以及交通、通信、科技、教育等能力的提高和城市地域范围的不断扩大而提出的。我们发现,城市正在以一种非他律的方式实现着转型、发展或扩张,而人类的能动的、主观见之于客观的实践活动就是城市非他律发展过程中的核心力量。

还有基于通信技术,特别是计算机网络技术的发展而兴起的全球城市。因特网的前身是 1969 年美国国防部的阿帕网(ARPANET),阿帕网的出现并不是为了构建起现在这样一个全球城市,其诞生于美苏冷战的背景之下,是出于军事目的。1957 年,前苏联第一颗人造卫星(Sputnik)发射成功后,美国政府为了迎头赶上,立即做出两个回应,第一是创建美国国家航空航天局(National Aeronautics and Space Administration,NASA),第二是创建国防部高级研究规划署(Advanced Research Projects Agency,ARPA)。前者是为了发展航空技术与苏联直接竞争,后者是为了研究万一遭受苏联核打击的应急技术准备。而阿帕网就是国防部高级研究规划署支持的一个项目。就是这样一个让很多部计算机在一个集成网络里工作的系统,为美国的军事活动提供了极大的支持。在对阿帕网进行不断的完善过程中,该规划署的信息处理技术办公室主任约瑟夫·立克里德提出,计算机的发展方向应该是最大限度地对人类行为提供决策支持。计算机发展的最终目标是完全取代人在各个层面的重复性工作,从而把人类彻底解放出来,仅仅作决策。要达到他构想的这个最终目标,一个大前提,就是要消除当时的"巴别塔"现象,即每个型号的计算机都各有一套自己独特的控制语言以及计算机文件的组织方式,而这些结构的差异使任何两台不同型号的机器之间无法展开合作。围绕这一构想所面临的问题,TCP/IP 传输控制协议和国际互联网协议在人们的创造中诞生了,并以此协议为主干发展起了因特网(Internet)。因特网中的信息资源如今已涉及商业、金融、政府、医疗卫生、信息服务、科研教育、休闲娱乐等多个方面,使整个世界连接起来,成为一个全球城市。随着人们对因特网需求的增加,更高性能的 Internet2、Internet3 正在发展之中。

计算机网络技术的发展直接催生了全球城市理论的出现和全球城市的发展,计算机及其网络技术的出现与发展是人类创造性活动的一个伟大成果,我们看到,计算机及其网络技术的出现与发展是基于一定物质基础和需求而产生的,没有外界给予人类发明计算机及网络技术的指令,人类自发实现了这个过程,因此,人类的创造性活动具有自组织性。其次,计算机网络的发展原本是为了军事目的,而非构建全球城市,但随着计算机网络技术的发展,全球城市的形成已成事实,全球城市理论的诞生也成自然,城市理论及人类意识参与其中的城市的发展呈现出自组织性。随着5G技术的快速发展,人工智能将会快速地向各个领域扩散渗透,将极大地催生全球性智慧城市的产生。我们坚定地相信,在意识人类继续从事显现、设定、生产、建构等创造性活动的过程中,城市也继续实现着其自组织的发展。

8.4.3 否定之否定后的自组织城市系统

我们肯定人类所创造的这样一个现实城市,它不断被人类赋予意义,不断被人类自己的实践活动所否定,因此表现出自组织性;我们也肯定了一系列关于城市的理论,它们都根源于人类的实践活动,是从不同侧面对城市的描述言说,作为一种客观知识,它们呈现出自组织性,同时也表现出城市形成与发展的自组织性,它使人类不断获得表述城市的不同话语体系。广义超元论视阈下的城市发展,始于实践、中于认识、终于实践,或者说,城市始于显现、设定、建构、生产、创造,中于指称和描述言说,终于显现、设定、建构、生产、创造。依此类推,城市发展可能会是一个无限延续、不断出新的可持续发展的过程,当然也有可能是一个在发展的某个阶段嘎然而止而后涅槃重生的过程。

广义世界1,2,3理论,即广义超元论视域下的自组织城市系统,是意识人类如此这般显现、设定、生产、建构和创造出来的对象性世界。实践是人的存在方式,意识人类的显现、设定、生产、建构和创造性活动是城市存在的方式。"人创造了自己,人创造了人的世界;人永远创造着自己,人永远创造着人的世界;人永远是未完成的存在,人的世界永远是未完成的存在。"[1]城市的未来及未来的城市将是一个开放的、无限发展的空间,人类将如何继续从事显现、设定、建构、生产和创造未来的城市及城市理论,存在着无限的可能,这一切将如何展开我们无法详细说明,因此,在梳理和扬弃原有城市理论及认识论的基础上,我们择善而从,把对城市与城市发展的研究视野拓展至城市内在的隐性秩序和规律中,从整体和系统的角度探寻自组织城市的发展,依循城市发展的根本动力,也即我们唯一可以肯定的——人类创造性的实践活动,剖析城市的发展脉络,展望城市的美好未来。

在此,我们不再追问城市的始基是什么,不探寻城市背后的所谓神秘力量,不去追求所谓放之四海而皆准的城市发展演变规律,我们所要探讨的是现实生活中的城市,是一个否定之否定后的对象性城市,是经由对形下学城市否定之否定后重又回归到形下学世界的城市,即"城市,即非城市,是名城市"中的"是名城市",是一个"我们活着,我们有能力在其中生活"的城市[2],是一个"在生成着""在消逝着"的城市,是一个人类在其中可以发挥最大能动性和创造性的自组织城市。

---

① 孙正聿.哲学通论[M].沈阳:辽宁人民出版社,1998:194.
② 尼采.权力意志——重估一切价值的尝试[M].北京:商务印书馆,1991:256.

在广义超元论看来,自组织城市是自发形成、非他律性演化的,推动其自发形成非他律性演化的根本动力是人类所特有的实践创造活动。在广义超元论看来,自组织城市源于意识人类如此这般地显现、设定、建构、生产和创造,自性空、本来无,即自组织城市原本不存在。因此,我们不能执著于自组织城市,不能将其绝对化,不能将其视为永恒真理,我们在理解自组织城市这一新的城市理论的时候,务必牢记:执著成就苦难,无为可达逍遥,创造铸就辉煌,放下方能成佛。

拙著所关注的城市是作为人类实践活动结果,即人类所显现、设定、建构、生产、创造的对象性城市,并主要关注意识人类可以感知、可以施加实际影响的、可以予以形下学指称和描述言说的形下学意义上的对象性城市,即可以分担我们忧愁、带给我们欢乐、给予我们力量的现实生活城市——自组织城市。

结束语

拙著的主题是广义超元论视域下的自组织城市。

城市是人类创造的最伟大自组织作品之一，是人类社会发展到一定阶段的自组织产物，它一经出现就占据了人类实践活动的主导地位，其演化发展是人类社会文明进步的基本标志。城市化是一种不可阻挡的潮流，中国的城市化是 21 世纪最重要的全球性事件之一，也会深刻地影响和改变中国普通百姓的生活生产方式，深刻地影响和改变中国社会乃至整个人类社会的政治、经济、文化、科技和生态面貌。

在城市发展的进程中，不管是发达国家，还是发展中国家，迅速增长的城市化都带来了许多新的形态，如城市区域的蔓延、全球性智慧城市、拥挤的城市交通、日渐突出的社会差异以及生态环境恶化、贫困人口增加、社会阶层分化严重等。这些新增长带来的一些新的形态和问题，使得城市管理和政府职责更加复杂化，对城市政府形成了严重的挑战。面对如此众多的城市形态和问题，我们需要总结历史经验，需要认真分析研究，并在此基础之上，尝试提出一种可以引导城市持久繁荣的新的城市发展观——自组织城市观。

在历史上，城市的繁荣主要两种：一种以罗马为代表，凭借行政权力掠夺以聚集财富，是行政性繁荣；另一种是以威尼斯为代表，凭借商业交易创造价值，是市场性繁荣。罗马式的繁荣来自垄断性的政府行政权力，一般难以持久，不但很难给周边的地区带来辐射与拉动，而且无法摆脱帕金森定律和黄宗羲定律。而威尼斯源自市场式的繁荣，持续时间一般比较长，不但有助于周边地区的价值实现，城市也显现出巨大的活力。两相比较，我们更愿意选择威尼斯式的市场繁荣之路。但是长久以来，我们并不十分清楚威尼斯市场式繁荣的理论原因。

近现代以来，随着城市在政治、经济、文化、社会、生态建设方面发挥的作用日益增强，越来越多的学者专家和普通百姓关注城市的形成发展，关注城市的兴衰成败。先后提出了田园城市理论、有机城市理论、生态城市理论、可持续发展城市理论、山水城市理论、城市治理理论、数字城市理论、全球城市理论、健康城市理论、学习型城市理论、地方城市理论、智慧城市理论等城市理论，尝试解决城市发展面临的各种问题，引导城市走向持久繁荣。面对如此众多的城市理论，我们希望能够理出个头绪,揭示隐藏在这些理论之中的内在的逻辑。

20世纪以来,自然科学在微观、宏观和宇观三个层面上一路高歌猛进,取得了伟大的成绩。特别是20世纪后半叶,先后提出的耗散结构理论、协同学、超循环理论、分形学说、混沌理论等非平衡态自组织理论,为在大尺度层面统一解释宇宙的起源和演化、地球的起源和演化、生命的起源和演化、人类的起源和演化、人类社会的起源和演化以及人类精神的起源和演化奠定了坚实自然科学基础。从事城市问题研究的学者专家非常敏锐地捕捉到了自组织理论的巨大解释能力,在自组织理论提出后不久,即尝试将其理论、方法、观点运用到城市领域,并先后提出了耗散城市理论、协同城市理论、混沌城市理论、分形城市理论、细胞城市理论、沙堆城市理论以及FACS城市理论等自组织城市理论。

在总结城市繁荣发展、兴衰成败的历史经验,分析研究近现代以来提出的形形色色城市理论,特别是自组织城市理论的基础之上,我们尝试着从科学技术与社会这一视角提炼出一种新的城市发展观——自组织城市观,尝试着从城市形成的自发性、城市演化的非他律性以及创造活动与城市自组织发展演变的关系等方面来探索城市发展演变的一般规律。

通过考察自组织发展演变的典型村落、城镇、城市,通过理论上的分析论证,我们得出有关城市发展演变如下结论:从大尺度时空看,城市既不是人类设计的产物,也不是由“谁”从外部“安排”和“他组织”的,而是通过人类的实践活动在城市系统内外部复杂因素相互作用下自发形成的,具体表现为城市人口集聚的自发性、城市自然环境系统对城市规模的自发性选择、城市经济中心地形成的自发性;城市的发展演变不是特定的外界指令作用的结果,不是一蹴而就的,而是在各种力量的综合作用下,基于自身发展的实际需求,不断修正调整自身发展目标而逐步展开的,具体表现为城市发展演变的进程总是一次次地超出人们的预期,一次次将人类的规划设计置于尴尬的境地;城市自组织发展的根本动力来自人类自身的需要以及为满足这些需要而产生的人类所特有的创造性活动,或者说,人类通过特有的创造性活动来满足自己生存发展的需要是自组织城市产生、发展和演化的内在条件和根本动力,具体表现为人类创造性活动决定城市系统的开放性、选择城市的输入、造成城市系统的非平衡、造成有利涨落,具体表现为物理城市、主观思维城市和观念城市的日新月异。

我们的研究希望能够给予阅读拙著的读者如下启示[①]:

第一,城市是一个有机生命体,我们必须改变对待城市的态度,必须像对待生

---

① 何跃,马素伟.城市自组织演化及其根本动力研究——以古城阆中为例[J].城市发展研究,2011
(4):6-10.

命有机体那样对待城市。我们的研究证明,城市是一个生态—经济—社会复合复杂巨系统,是一个类似于自然生态体系的自组织系统,是一个以意识人类为主体,主要由人的创造性活动推动的人在自组织系统。既然城市是一个有机生命体,是一个自组织系统,那么我们就必须改变对待城市的态度,必须像对待生命有机体、对待自然生态体系那样,以谦卑的心态对待城市,不要总是想着如何让城市来适应人的主观意志,如何通过强制性的自觉规划设计、建设构思来规定城市未来的发展方向,而应该深入研究城市这个特定的人在自组织系统发展演变的自组织规律,让人的主观意志去适应城市的发展,去引导城市像有机生命系统、像自然生态体系那样自然生长、和谐发展。

第二,在城市规划建设管理的全过程中引入自组织理念,让自组织思想成为城市规划建设和经营管理活动的灵魂。既然我们已经证明城市是一个自组织体系,那么就应该放弃纯粹基于长官意志或个人好恶的他组织规划建设和经营管理理念,全面引入自组织的有机规划建设管理理念。坚持规划建设与经营管理城市,要在遵循城市这个生态—经济—社会复合有机系统自组织发展规律的基础上,本着"痛则不通,通则不痛"的生命原则,为城市要素充分且自由的流动创造尽可能优良的时空结构和制度体系。

第三,高度重视人的主观能动性,充分发挥人的创造性想象力,为城市的自组织发展演变提供永不枯竭的源泉与动力。既然推动城市自组织演化的根本动力是人类特有的创造性活动,那么就应该高度尊重城市主体——人的学习和自由思考权力,为人的学习和自由思考提供尽可能良好的条件,为人的主观能动性、创造性想象力的充分发挥提供尽可能宽松的环境。人类通过自己特有的创造性活动所创造的城市,存在着无限的可能,未来的城市将如何展开我们无法确切说明。但是可以肯定的是:"道前人所未道,做前人所未做"的创造性实践活动将成就未来城市的自组织演化,成就未来城市的日新月异和无穷的可能。

第四,自组织城市是历史的、现实的、感性的,是觉知可及的现实生活世界,是可以被指称和形下学描述言说的形下学世界(即形下学法)。自组织城市的本体论根据不是与其分离的先验存在,而是人类因觉醒才意识到了的与其不可割裂的人类特有的主观见之于客观的社会性实践创造活动,是可以被指称和形上学描述言说的形上学世界(即形上学法)。自组织城市的本质或本来面目也不是与其分离的,而是人类因觉悟才意识到的与其一体两面的非对象性世界(即自组织城市自性空、本来无),是不可以被指称和正面描述言说(非对象性世界没有指称)、任何思议言说都使不上劲用不上力的超形上学世界(即超形上学法)。原本没有形下学法("自组织城市"),形下学法是意识人类如此这般显现、设定、建构、生产、创造出来的。原本没有形上学法(本体论意义上的"实践创造活动"),形上学法是意识人类在觉醒的基础上如此这般设定、建构出来的。原本也没有超形上学法("空""无"),超形上学法是也只能是意识人类在觉悟之后才可能设定出来的。所以,广义超元论坚持认为:原本无一法,万法唯人造,人觉而法显,人圆则法寂。

参考文献

中文部分

[1] 叶南客，李芸. 战略与目标——城市管理系统与操作新论[M]. 南京：东南大学出版社，2000.

[2] 周干峙. 城市及其区域——一个典型的开放的复杂巨系统[J]. 城市规划，2002(2).

[3] 许国志. 系统科学[M].上海：上海科技教育出版社，2000.

[4] 王佃利. 城市管理转型与城市治理分析框架[J]. 中国行政管理，2006(12).

[5] 才华. 基于自组织理论的黑龙江省城市系统演化发展研究[D]. 哈尔滨：哈尔滨工程大学，2006.

[6] 鲁欣华. 自组织的城市观[J]. 现代城市研究，2004(7).

[7] 李津逵. 中国：加速城市化的考验[M].北京：中国建筑工业出版社，2008.

[8] 俞可平. 治理与善治[M].北京：社会科学文献出版社，2000.

[9] 顾朝林. 发展中国家城市管治研究及其对我国的启发[J]. 城市规划，2001(9).

[10] 罗震东. 秩序，城市治理与大都市规划理论的发展[J]. 城市规划，2007(12).

[11] 姜奇平. 自组织的后现代根据[J]. 中国计算机用户，2008(13).

[12] 郑锋. 自组织理论方法对城市地理学发展的启示[J]. 经济地理，2002(6).

[13] 李小波，文绍琼. 四川阆中堪舆意象解构及其规划意义[J]. 规划师，2005(8).

[14] 何跃. 广义超元论与后现代整体观[J].自然辩证法研究，1997(6).

[15] 张京祥. 西方城市规划思想史纲[M].南京：东南大学出版社，2005.

[16] 卡尔·波普尔. 客观知识[M]. 舒伟光，等，译. 上海：上海译文出版社，1987.

[17] 尧新瑜，刘融斌. 解读波普尔客观知识理论的本质与特性[J]. 东华理工学院学报(社会科学版)，2006(5).

[18] 何跃，柯路红. 泛系的广义超元论诠释[J]. 系统辨证学学报，1997(5).

［19］傅伟勋. 从西方哲学到禅佛教［M］.北京:三联书店, 2005.

［20］马克思恩格斯全集: 第42卷［M］.北京:人民出版社, 1979.

［21］钱学森. 论宏观建筑与微观建筑［M］.杭州:杭州出版社, 2001.

［22］刘易斯,芒福德. 城市发展史——起源, 演变和前景［M］.宋俊岭,等,译. 北京:中国建筑工业出版社, 2004.

［23］王颖. 城市社会学［M］.上海:三联书店, 2005.

［24］张载, 正蒙·太和［M］// 张载,张载集. 章锡琛,点校. 北京: 中华书局, 1978.

［25］陈立旭. 都市文化与都市精神——中外城市文化比较［M］.南京:东南大学出版社, 2002.

［26］巴顿. 城市经济学: 理论和政策［M］.北京:商务印书馆, 1981.

［27］马克思. 1844年经济学哲学手稿［M］.北京:人民出版社, 1979.

［28］傅崇兰,等. 中国城市发展史［M］.北京:社会科学文献出版社, 2009.

［29］汪辉,陈燕谷. 文化与公共性［M］.北京:三联书店, 1998.

［30］李文阁. 回归现实生活世界［M］.北京:中国社会科学出版社, 2004.

［31］Holland J. 隐秩序——适应性就是复杂性［M］.周晓牧, 韩辉,译. 上海:上海科技教育出版社, 2000.

［32］尼采. 权力意志——重估一切价值的尝试［M］.北京:商务印书馆, 1991.

［33］孙宗文. 中国建筑与哲学［M］.南京:江苏科学技术出版社, 2000.

［34］恩格斯. 自然辩证法［M］.北京:人民出版社, 1971.

［35］卫宝山. 武汉市城市空间结构演变的探析［D］. 武汉:武汉大学, 2005.

［36］朱以师. 武汉三镇若即若离［N］. 中国房地产报, 2008-10-27.

［37］杨维祥,熊向宁,等. 浅谈武汉的城市色彩. 数字武汉-城乡规划网［EB/OL］. http：//www. digitalwuhan. gov. cn/pt- 5-258-259-0.html.

［38］颜泽贤, 范冬萍, 张华夏. 系统科学导论——复杂性探索［M］.北京:人民出版社, 2006.

［39］徐樵利,陈建中. 武汉市空间拓展的过程, 机制与趋势研究［M］.北京:科学出版社, 1998.

［40］高昌隆. 系统学原理［M］.北京:科学出版社, 2005.

［41］胡皓. 自组织理论与社会发展研究［M］.上海:上海科技教育出版社, 2002.

［42］何跃, 马素伟. 城市自组织演化及其根本动力研——以古城阆中为例［J］. 城市发展研究, 2011(4).

［43］何跃, 程宇. 自组织:一种新的政务公开研究范式［J］. 系统科学学报, 2002(3).

［44］帕·巴克. 自然如何工作——有关自组织临界性的科学［M］. 李炜, 蔡勖,
译. 武汉：华中师范大学出版社, 2001.

［45］肖莉. 专访唐山市原规划局局长韩继忠［N］. 东方早报, 2008-05-30.

［46］暮宾, 晓畔. 32 年的记忆：从唐山看汶川［N］. 香港经济导报, 2008-06-23.

［47］寇国莹. 灾区重建应鼓励个人自建家园——唐山经验 助四川抗灾重建
［EB/OL］. 长城在线, 2008-06-05.

［48］哈肯. 协同学——自然成功的奥秘［M］. 戴鸣钟, 译. 上海：上海科学普及出版
社, 1987.

［49］何跃, 高策. 城市演化的非他律性探索［J］. 山西大学学报：哲学社会科学版,
2011(2).

［50］苗东升. 系统科学精要［M］.2 版.北京：中国人民大学出版社, 2006.

［51］现代汉语辞海编委会. 现代汉语辞海［Z］. 太原：山西教育出版社, 2004.

［52］切斯特·巴纳德. 经理人员的职能［M］. 北京：机械工业出版社, 2007.

［53］卡斯特, 罗森茨韦格. 组织与管理——系统方法与权变方法［M］. 北京：中国
社会科学出版社, 2000.

［54］HAKEN H. Information and Self-organization ［M］. Berlin：Springer-
Verlag, 1988.

［55］拉兹洛. 系统哲学的基本构成［J］. 自然科学哲学问题, 1986.

［56］赫尔兹. 唯物辩证法和自组织的现代研究［J］. 哲学研究, 1980(5).

［57］湛垦华,等. 自组织与系统演化［J］. 中国社会科学, 1986(6).

［58］汤因比. 历史研究［M］. 上海：上海人民出版社, 1986.

［59］巴哈莫夫,等. 动态系统和系统方法［J］. 自然科学哲学问题丛刊, 1984(3).

［60］梅森. 自然科学史［M］. 上海：上海译文出版社, 1980.

［61］尼科里斯基. 鱼类种群变动理论［M］. 北京：农业出版社, 1982.

［62］何跃. 现代科技与科技管理［M］. 重庆：重庆大学出版社, 2004.

［63］哈肯. 协同学［M］. 北京：原子能出版社, 1984.

［64］黑格尔. 逻辑学［M］. 北京：商务印书馆, 2002.

［65］亢羽. 易学堪舆与建筑［M］. 北京：中国书店, 1999.

［66］蒋世雄. 谈两种自组织理论［J］. 人天科学研究, 1997(4).

［67］埃里克·詹奇. 自组织的宇宙观［M］. 曾国屏,等,译. 北京：中国社会科学出
版社, 1990.

［68］普里戈金, 斯唐热. 从混沌到有序［M］. 曾庆宏, 沈小峰, 译. 上海：上海译文
出版社, 1986.

［69］哈肯. 高等协同学［M］. 郭治安,译. 北京：科学出版社, 1989.

［70］哈肯. 协同学——自然成功的奥秘［M］. 戴鸣钟,译. 上海：上海科学普及出版社, 1988.

［71］艾根, 舒斯特尔. 超循环论［M］. 曾国屏, 沈小峰,译. 上海：上海译文出版社, 1990.

［72］李后强,等. 分形与分维［M］. 成都：四川教育出版社, 1990.

［73］李后强, 张国棋, 等. 分形理论的哲学发轫［M］. 成都：四川大学出版社, 1993.

［74］张志三. 漫谈分形［M］. 长沙：湖南教育出版社, 1996.

［75］郝柏林. 自然界中的有序和混沌［J］. 百科知识, 1984(1).

［76］格莱克. 混沌　开创新学科［M］. 上海：译文出版社, 1990.

［77］苗东升, 刘华杰. 混沌学纵横论［M］. 北京：中国人民大学出版社, 1993.

［78］李持权. 开放为何能带来生机和活力——用系统方法看开放［J］. 系统辩证学学报, 1994(1).

［79］陈在春, 刘祥荣, 王大文. 人体生命系统自组织机制研究初探［J］. 系统辩证学学报, 1996.

［80］倪静安. 分形理论及其在食品科学领域中的应用［J］. 无锡轻工大学学报, 2004, 23(2).

［81］易明, 王文成. 产业集群的自组织演化机理研究［J］. 国土资源高等职业教育研究, 2006(4).

［82］何跃, 马东艳,等. 耗散结构及其形成机理对于构建川渝经济增长极的启示［J］. 商场现代化, 2006(1).

［83］杜云波. 从社会系统看自组织［J］. 江汉论坛, 1988(8).

［84］刘凤山. 试论自然科学和社会科学的统一［J］. 中国人民大学学报, 1990(1).

［85］李建中. 论和谐社会与自组织理论［J］. 系统科学学报, 2006, 4(2).

［86］张姝, 张岷. 高校学生中的自组织——"群"［J］. 中国青年研究, 2008(3).

［87］吴彤. 市场与计划：自组织和他组织［J］. 内蒙古大学学报（哲学社会科学版）, 1995(3).

［88］万勇, 王玲慧. 自组织理论与现代城市发展［J］. 现代城市研究, 2006(1).

［89］贺业锯. 中国古代城市规划史［M］. 北京：中国建筑工业出版社, 1996.

［90］马克思恩格斯全集［M］. 北京：人民出版社, 1978.

［91］章士嵘. 西方思想史［M］. 上海：东方出版中心, 2002.

［92］Ley D. A Social Geography of the City［M］. New York：Harper and Row, 1983.

[93] 杨俊明,等.奥古斯都时期古罗马的城市规划与建筑[J].湖南文理学院学报(社会科学版),2005,30(2).

[94] 吉伯德.市镇设计[M].程里尧,译.北京:中国建筑工业出版社,1983.

[95] 王胜斌,等.巴洛克风格在现代城市设计中的运用研究[J].山西建筑,2008(2).

[96] 埃比尼泽·霍华德.明日的田园城市[M].金经元,译.北京:商务印书馆,2000.

[97] 郑军.浅谈对柯布西椰和赖特的城市设计思想的比较[J].科技资讯,2007(16).

[98] 秦斌祥.芝加哥学派的城市社会学理论与方法[M].美国研究,1991(4).

[99] 程里尧.Team 10 的城市设计思想[J].世界建筑,1983(3).

[100] 张应祥,蔡禾.新马克思主义城市理论述评[J].学术研究,2006(3).

[101] 赵维良,纪晓岚.未来城市发展理论简析[J].北方经贸,2005(1).

[102] 张恺.巴黎城市规划管理新举措——地方城市发展规划[J].国外城市规划,2004,19(5).

[103] 李忠阳,傅华.健康城市理论与实践[M].北京:人民卫生出版社,2007.

[104] 浅见泰司.居住环境:评价方法与理论[M].高晓路,张文忠,等,译.北京:清华大学出版社,2006.

[105] 承继成,等.数字城市——理论、方法与应用[M].北京:科学出版社,2003.

[106] 韩瑾.国外创新城市建设策略研究[J].北方经济,2007(6).

[107] 联合国教科文组织国际教育发展委员会.学会生存——教育世界的今天和明天[M].华东师范大学比较教育研究所,译.北京:科学教育出版社,1996.

[108] 叶忠海.创建学习型城市的理论和实践[M].上海:三联书店,2005.

[109] 亢亮,亢羽.风水与城市[M].天津:百花文艺出版社,1999.

[110] 张新斌.黄土与中国古代城市[J].河南师范大学学报(哲学社会科学版),1991.

[111] 谢仲礼.中国古代城市的起源[J].社会科学战线,1990(2).

[112] 马继云.论中国古代城市规划的形态特征[J].学术研究,2002(3).

[113] 张鸿雁.论中国古代城市的形成[J].辽宁大学学报,1985(1).

[114] 徐苹芳.论历史文化名城北京的古代城市规划及其保护[J].文物,2001(1).

[115] 梁雪.从聚落选址看中国人的堪舆观[J].新建筑,1988(4).

[116] 梁江,孙晖.唐长安城市布局与坊里形态的新解[J].城市规划,2003(1).

[117] 刘春迎. 论北宋东京城对金上京, 燕京, 汴京城的影响[J]. 河南大学学报（社会科学版）, 2005(1).

[118] 窦今翔. 中国古代城市的规划设计[J]. 中国房地产, 2000(4).

[119] 贺树德. 明代北京的街道, 胡同和四合院[J]. 城市问题, 1998(4).

[120] 邓可因, 赵亚莉. 对首都古典园林要进一步加以保护和利用[J]. 城市问题, 1998(5).

[121] 于云汉. 近代城市发展的中国模式及其与美国城市化的比较[J]. 学术研究, 1997(8).

[122] 汪德华. 中国城市规划史纲[M]. 南京：东南大学出版社, 2005.

[123] 翟志宏. 论近代中国城市化进程中的文化冲突与价值演变[J]. 求索, 2005(9).

[124] 鲍世行. 钱学森与山水城市[J]. 城市发展研究, 2000(6).

[125] 王亚军, 等. 重塑北方山水园林城市的绿地景观要素[J]. 西北林学院学报, 2007, 22(3).

[126] 王亚军, 等. 生态园林城市规划理论研究[J]. 城市问题, 2007(7).

[127] 黄光宇. 山地城市[M]. 北京：中国建筑工业出版社, 2002.

[128] 仇保兴. 紧凑度和多样性——我国城市可持续发展的核心理念[J]. 城市规划, 2006(11).

[129] 张鸿雁. 循环型城市社会发展模式[J]. 社会科学, 2006(11).

[130] 鞠美庭, 王勇, 等. 生态城市建设的理论与实践[M]. 北京：化学工业出版社, 2007.

[131] 陈彦光. 自组织与自组织城市[J]. 城市规划, 2003(10).

[132] 顾孟潮. 21 世纪的中国建筑史学[J]. 建筑学报, 2000(3).

[133] 哈肯. 信息与自组织[M]. 成都：四川教育出版社, 1988.

[134] 顾朝林, 等. 中国城市地理[M]. 北京：商务印书馆, 2004.

[135] 欧文·拉兹洛. 进化——广义综合理论[M]. 北京：社会科学文献出版社, 1988.

[136] 贝纳沃罗. 世界城市史[M]. 北京：科学出版社, 2000.

[137] 杨宽. 中国古代都城制度史研究[M]. 上海：上海古籍出版社, 1993.

[138] 亨利·皮雷纳. 中世纪的城市[M]. 陈国栋, 译. 北京：商务印书馆, 2006.

[139] 庄林德, 张京祥. 中国城市发展与建设史[M]. 南京：东南大学出版社, 2002.

[140] 夏林根. 中国古建筑旅游[M]. 太原：山西教育出版社, 2004.

[141] 刘士林. 芒福德的城市功能理论及其当代启示[J]. 河北学刊，2008，28（2）.

[142] 凯文·林奇. 城市形态[M]. 林庆怡，等，译. 北京：华夏出版社，2001.

[143] 原广司. 世界聚落的教示[M]. 于天祎，等，译. 北京：中国建筑工业出版社，2003.

[144] 洪亮平. 城市设计历程[M]. 北京：中国建筑工业出版社，2002.

[145] 李津逵. 中国：加速城市化的考验[M]. 北京：中国建筑工业出版社，2008.

[146] 伊利尔·沙里宁. 城市：它的发展，衰败与未来[M]. 颐启源，译. 北京：中国建筑工业出版社，1980.

[147] 乔尔·科特金. 全球城市史[M]. 王旭，等，译. 北京：社会科学文献出版社，2006.

[148] 安东尼·奥罗姆，陈向明. 城市的世界——对地点的比较分析和历史分析[M]. 曾茂娟，任远，译. 上海：上海人民出版社，2005.

[149] 柴彦威. 城市空间[M]. 北京：科学出版社，2001.

[150] 张庭伟. 1990 年代中国城市空间结构的变化及其动力机制[J]. 城市规划，2001(7).

[151] 凯文·林奇. 城市形态[M]. 林庆怡，陈朝晖，邓华，译. 北京：华夏出版社，2001.

[152] 罗跃. 城市规划与城市空间系统自组织的认识论耦合[J]. 室内设计，2010（2）.

[153] 斯皮罗·科斯托夫. 城市的形成——历史进程中的城市模式和城市定义[M]. 北京：中国建筑工业出版社，2005.

[154] 綦伟琦. 城市设计与自组织的契合[D]. 上海：同济大学，2006.

[155] 斯塔夫里阿诺斯. 全球通史——1500 年以前的世界[M]. 吴象婴，等，译. 上海：上海社会科学出版社，2002.

[156] 马克思. 德意志意识形态[M] // 马克思恩格斯全集：第 3 卷. 北京：人民出版社，1960.

[157] 金经元. 近现代西方人本主义城市规划思想家[M]. 北京：中国城市出版社，1998.

[158] 张勇强. 城市空间发展自组织与城市规划[M]. 南京：东南大学出版社，2006.

[159] 张润君. 我国城市可持续发展的动力研究[D]. 南京：南京航空航天大学，2005.

[160] 马克思恩格斯全集: 第 2 卷[M]. 北京: 人民出版社, 1979.

[161] 黄楠森, 等. 人学理论与历史[M]. 北京: 北京出版社, 2004.

[162] 杜云波. 从社会系统看自组织[J]. 江汉论坛, 1988(8).

[163] 李怀. 从创造与创新的理论分野谈起[N]. 人民日报, 2000-8-11.

[164] 张跃庆, 吴庆玲. 城市基础设施经营与管理[M]. 北京: 经济科学出版社, 2005.

[165] 徐康宁. 文明与繁荣——中外城市经济发展环境比较研究[M]. 南京: 东南大学出版社, 2002.

[166] 董鉴泓. 中国城市建设史[M]. 北京: 中国建筑工业出版社, 1989.

[167] 郭功全, 华奎元. 中国城市基础设施的建设与发展[M]. 北京: 中国建筑工业出版社, 1990.

[168] 李旭宏. 道路交通规划[M]. 南京: 东南大学出版社, 1997.

[169] 毛亮. 城市道路交通系统发展自组织研究[J]. 交通与安全. 2002(138).

[170] 廖婴露, 焦翔. 四川省城市体系空间布局的演变探析[J]. 天府新论, 2005(11).

[171] 仇保兴. 中国城市化进程中的城市规划变革[M]. 上海: 同济大学出版社, 2005.

[172] 王放. 中国城市化与可持续发展[M]. 北京: 科学出版社, 2000.

[173] 段汉明. 城市学基础[M]. 西安: 陕西科学技术出版社, 2000.

[174] 刘传江. 中国城市化的制度选择与创新[M]. 武汉: 武汉大学出版社, 1999.

[175] 程开明. 长三角城市体系分布结构及演化机制探析[J]. 商业经济与管理, 2007(8).

[176] 牛凤瑞, 盛光耀. 三大都市密集区: 中国现代化的引擎[M]. 北京: 社会科学文献出版社, 2006.

[177] 吕彩云. 论军事城市的政治功能叠加[J]. 求索, 2008(3).

[178] 丝奇雅·沙森. 全球城市——纽约·伦敦·东京[M]. 上海: 上海社会科学学院出版社, 2001.

[179] 徐康宁. 文明与繁荣——中外城市经济发展环境比较研究[M]. 南京: 东南大学出版社, 2002.

[180] 仇保兴. 复杂科学与城市的生态化、人性化改造[J]. 城市规划学刊, 2010(1).

[181] 师汉民. 从"他组织"走向自组织——关于制造哲理的沉思[J]. 中国机械工程. 2000(Z1).

[182] 大卫·鲍德温. 新现实主义和新自由主义[M]. 杭州：浙江人民出版社，2001.

[183] 范为. 古阆中城堪舆探析[J]. 城市规划，1991(3).

[184] 王富强. 形态完整——城市设计的意义[M]. 北京：中国建筑工业出版社，2005.

[185] 李小波，文绍琼. 四川阆中堪舆意象解构及其规划意义[J]. 规划师，2005(8).

[186] 黎明. 论自组织理论审视下的城市规划与管理[J]. 系统科学学报，2009(3).

[187] 刘先澄，毛明文，等. 古城阆中[M]. 北京：中国旅游出版社，2003.

[188] 张晓夏，王静. 阆中城市形象演变分析[J]. 山西建筑，2007(28).

[189] 周干峙. 城市及其区域——一个典型的开放的复杂巨系统[J]. 城市规划，2002(2).

[190] 吴彤. 自组织方法论研究[M]. 北京：清华大学出版社，2001.

[191] Aldo Rossi. 城市建筑[M]. 施植明，译. 台湾：尚林出版社，1996.

[192] 帕克，等. 城市社会学——芝加哥学派城市研究文集[M]. 宋峻岭，译. 北京：华夏出版社，1987.

[193] 斯皮罗·科斯托夫. 城市的形成——历史进程中的城市模式和城市意义[M]. 单皓，译. 北京：中国建筑工业出版社，2005.

[194] 罗兰·巴尔特. 符号帝国[M]. 孙乃修，译. 北京：商务印书馆，1999.

[195] 马世骏，王如松. 社会—经济—自然复合生态系统[J]. 生态学报，1984(1).

[196] 颜京松，王如松. 生态市及城市生态建设内涵、目的和目标[J]. 现代城市研究，2004(3).

[197] 黄光宇，何跃. 论城市系统的可持续发展[J]. 重庆建筑大学学报(社科版)，2000(9).

[198] 宋俊岭. 城市的定义和本质[J]. 北京社会科学，1994(2).

[199] 单文慧. 城市发展的内涵与内驱力[J]. 城市发展研究，1998(2).

[200] 纪晓岚. 论城市本质[M]. 北京：中国社会科学出版社，2002.

[201] 伍江. 中国特色城市化发展模式的问题与思考[J]. 中国科学院院刊，2010(1).

[202] 王富臣. 论城市结构的复杂性[J]. 城市规划汇刊，2002(4).

[203] 曹伟，李晓伟. 城市空间发展自组织研究及案例分析[J]. 规划师，2010

(8).

[204] 昊郝,梅陈. 城市管理概论[M]. 北京：中国建筑工业出版社, 1989.

[205] 王建民. 城市管理学[M]. 上海：上海人民出版社, 1987.

[206] 葛海鹰,丁永健,兆文军. 产业集群培育与城市功能优化[J]. 大连理工大学学报(社会科学版). 2004(12).

[207] 冯刚. 城市聚散功能与城市发展[J]. 城市问题, 2004(4).

[208] 李梦白. 信息社会城市功能的特征[J]. 城乡建设, 2000(2).

[209] 俞孔坚. 信息时代城市功能及其空间结构的变迁[J]. 地理与地理信息科学, 2004,20(2).

[210] 龙绍双. 论城市功能与结构的关系[J]. 南方经济, 2001(11).

[211] 李怀. 城市的结构、功能与作用——也谈西部大开发中应注意的问题[J]. 哈尔滨学院学报, 2001(2).

[212] 罗跃,段炼. 城市规划语境下城市自组织及其系统探讨[J]. 现代城市研究, 2010(8).

[213] 张英. 城市空间组织与城市规划[J]. 城乡规划, 2011(5).

[214] 鱼晓惠. 城市空间的自组织发展与规划干预[J]. 城乡规划, 2011(8).

[215] 何跃,苗英振. 走进人类中心主义还是走出人类中心主义——基于对生态学马克思主义与建设性后现代主义自然观的比较分析[J].自然辩证法研究, 2011(6).

[216] 范洪,何跃,马素伟. 3G时代青年自组织网络化社会动员研究[J].中国青年研究, 2011(10).

[217] 何跃,高策. 创造性活动与城市自组织发展关系研究[J].科学技术哲学研究,2011(5).

[218] 刘海猛,方创琳,毛汉英,等. 基于复杂性科学的绿洲城镇化演进理论探讨[J]. 地理研究, 2016, 35(2)：242-255.

[219] 杨新华. 新型城镇化的本质及其动力机制研究——基于市场自组织与政府他组织的视角[J]. 中国软科学, 2015(4)：183-192.

[220] 杨亮洁,杨永春,王录仓. 城市系统中的竞争与协同机制研究[J]. 人文地理, 2014, 29(6)：104-108.

[221] 杨新华,陈小丽. 城镇生长的自组织微观动力分析——基于行为自主体自适应的视角[J]. 人文地理, 2012, 27(4)：73-77.

[222] 程开明. 城市自组织理论与模型研究新进展[J]. 经济地理, 2009, 29(4)：540-544.

[223] 孙彤宇,李彬,张蕾,等. 基于自组织理论的中国传统城市空间结构拓扑关系研究[J]. 城市规划学刊, 2019(1): 33-39.

[224] 雒占福,何昕,王福红,等. 白银市城市空间组织演化过程及其合理性分析[J]. 干旱区地理, 2018, 41(2): 393-400.

[225] 邓羽. 城市空间扩展的自组织特征与规划管控效应评估——以北京市为例[J]. 地理研究, 2016, 35(2): 353-362.

[226] 孙贺,夏灵安,李洋. 基于自组织分析的鞍山城市空间发展战略研究[J]. 东北大学学报(社会科学版), 2013, 15(6): 595-600, 612.

[227] 魏春雨,许昊皓,黄子云,等. 古城留真——湖南洪江古商城的聚落自组织机制研究与保护[J]. 建筑学报, 2012(6): 32-35.

[228] 刘晓芳. 基于自组织理论的福州城市形态发展研究[J]. 福州大学学报(自然科学版), 2010, 38(4): 568-573.

[229] 张延吉,张磊. 城镇非正规就业与城市人口增长的自组织规律[J]. 城市规划, 2016, 40(10): 9-16.

[230] 赵亮,张贞冰. 基于人口规模分布的武汉城市圈空间自组织演化评价[J]. 经济地理, 2015, 35(10): 82-87.

[231] 陈月. 复杂系统自组织视角下的县域人口城镇化研究——以县级城市常熟为例[J]. 现代城市研究, 2015(12): 30-35, 47.

[232] 赵衡宇,过伟敏. 移民非正规人居演进及其社会空间绩效的启示——基于系统自组织的视角[J]. 现代城市研究, 2015(6): 120-126.

[233] 王印传,王海乾,闫巧娜. 自组织与他组织对城镇发展的作用——基于三层分析的城镇发展研究[J]. 城市发展研究, 2013, 20(4): 66-70.

[234] 吴杨,李学伟. 基于自组织产业网络的生态城产业结构演化研究[J]. 北京联合大学学报(人文社会科学版), 2019, 17(1): 85-94.

[235] 段杰. 论创新型城市的演化路径及动力机制——基于自组织视角的探析[J]. 甘肃社会科学, 2017(5): 221-227.

[236] 张璐,文宗川,丁红玲. 基于自组织理论的城市创新体系"四元主体模型"研究[J]. 大连理工大学学报(社会科学版), 2011, 32(3): 39-43.

[237] 黄溶冰. 资源型城市如何摆脱"资源诅咒"[J]. 自然辩证法研究, 2009, 25(3): 92-96.

[238] 杨卡. 基于自组织系统论的"城市病"本质、根源及其治理路径分析[J]. 暨南学报(哲学社会科学版), 2013, 35(10): 132-139.

[239] 段德忠,刘承良. 国内外城乡空间复杂性研究进展及其启示[J]. 世界地理

研究, 2014, 23(1): 55-64.

[240] 周静,倪碧野. 西方特色小镇自组织机制解读[J]. 规划师, 2018, 34(1): 132-138.

[241] 鱼晓惠. 城市空间的自组织发展与规划干预[J]. 城市问题, 2011(8): 42-45.

[242] 赵晔,姚萍. 从自组织角度重新定位城市规划[J]. 现代城市研究, 2008(6): 25-28.

[243] 王江,郭道夷,赵继龙. 双重组织驱动的住区开放设计模式研究——以印度阿兰若住区为例[J]. 城市发展研究, 2018, 25(9): 117-124, 132.

[244] 颜姜慧,刘金平. 基于自组织系统的智慧城市评价体系框架构建[J]. 宏观经济研究, 2018(1): 121-128.

[245] 邓元媛,常江,杨帆. 自组织视角下老工业区土地利用潜力评价研究——以徐州市鼓楼区为例[J]. 现代城市研究, 2017(4): 59-67.

[246] 丁亮,屈雯. 自组织视角下的土地开发强度探讨——以平凉市城区控制性详细规划为例[J]. 规划师, 2011, 27(12): 12-17, 23.

[247] 许凯,孙彤宇. 城市创意社区空间形态的自组织特征研究——以国内四个创意社区为例[J]. 城市规划学刊, 2018(6): 84-93.

[248] 赵衡宇. 混杂型历史街区自组织更新现象及其启示——以武昌旧城昙华林街区为例[J]. 装饰, 2015(7): 104-107.

[249] 郝海亭. 共生、自组织、互动、协同——论体育中心与城市关系的发展演进[J]. 体育文化导刊, 2018(1): 16-21.

[250] 李玉刚. 自组织系统理论视角下的小城镇产业发展思路探索[J]. 商业经济研究, 2017(6): 196-197.

[251] 姜克锦,张殿业,刘帆浛. 城市交通系统自组织与他组织复合演化过程[J]. 西南交通大学学报, 2008(5): 605-609.

[252] 姜克锦,张殿业. 城市道路交通系统自组织建模与仿真研究[J]. 人类工效学, 2008(2): 37-40.

[253] 曹玉姣,汤中明. 基于自组织的城市群物流共生系统演化动因分析[J]. 商业经济研究, 2018(2): 73-76.

[254] 贠兆恒,潘锡杨,夏保华. 创新型都市圈协同创新体系理论框架研究[J]. 城市发展研究, 2016, 23(1): 34-39.

[255] 张贞冰,陈银蓉,赵亮,等. 基于中心地理论的中国城市群空间自组织演化解析[J]. 经济地理, 2014, 34(7): 44-51.

［256］徐德忠. 事件经济：城市转型的发动机［J］. 城市发展研究，2012，19(1)：130-133.

［257］张元好，曾珍香. 城市信息化文献综述——从信息港、数字城市到智慧城市［J］. 情报科学，2015，33(6)：131-137.

［258］王广斌，张雷，刘洪磊. 国内外智慧城市理论研究与实践思考［J］. 科技进步与对策，2013，30(19)：153-160.

［259］董宏伟，寇永霞. 智慧城市的批判与实践——国外文献综述［J］. 城市规划，2014，38(11)：52-58.

［260］张少彤，王芳，王理达. 智慧城市的发展特点与趋势［J］. 电子政务，2013(4)：2-9.

［261］尹丽英，张超. 中国智慧城市理论研究综述与实践进展［J］. 电子政务，2019(1)：111-121.

英文部分

［1］Juval Portugali. Self-organization and the City［M］. Berlin：Springer-Verlag，2000.

［2］Steven Weinberg. The Quantum Theory of Fields（Volume III）［M］. Cambridge：Cambridge University，2000.

［3］Betalanffy von. General System Theory［M］. New York：GeorgeBreziller. Inc，1973.

［4］Haken H. Information and Self-organization［M］. Berlin：Springer-Verlag，1988.

［5］Gary William Flake. The Computational Beaty of Nature［M］. Cambridge：The MIT Press，2004.

［6］F Heylighen，The Science of Self-organization and Adaptivity［J］. The Encyclopedia of Life Support Systems，1970.

［7］J Monod. Chance and Necessity：An Essay on the Natural Philosophy of Modern Biology［M］. Vancouver：Vintage Books，1971.

［8］Portugali J. Self-Organization and the City［M］. Berlin：Springer-Verlag，2000.

［9］R E Wycherley. How the Greeks Built Cities［M］. New York，1962：20-21.

［10］L S Mazzolini. The Idea of the City in Roman Thought：From Walled City to Spiritual Commonwealth［J］. New Blackfriars，1971(52)：96.

［11］Le. Corbusier. The City of Tomorrow［M］. London：The Architectural Press，1971.

［12］Eliel Saarinen. The City：Its Growth，Its Death，Its Future［M］. Cambridge：The MIT Press，1965.

[13] Peter Hall. The world cities[M]. London: Weidenfeld and Nicolson Ltd, 1984.

[14] Cohen R J. The new international division of labor, multinational corporations and urban hierarchy[M] // Dear M and Scott A J. Urbanisation and urban planning in capitalist society. London: Methuen, 1981.

[15] Sassen S. The global city: New York, London, Tokyo[M]. Princeton: Princeton University Press, 1991.

[16] Friedmann J, G Wolf. World city formation: an agenda for research and action [J]. International Journal of Urban and Regional Research 1982, 6(3).

[17] Yanitsky. Social Problems of Man's Environment[J]. The city and ecology, 1987 (1):174.

[18] Garreau Joel. Edge City: Life on the New Frontier[M]. New York: Doubledy, A Division of Bantam Doubledy Dell Publishing Group Inc, 1991.

[19] Allen P M. Cities and Regions as Self-organizing Systems: Models of Complexity [M]. Amsterdam: Gordon and Breach Science Pub, 1997.

[20] Portugali J. Self-Organization and the City[M]. Berlin: Springer-Verlag, 2000.

[21] Porter M E. Clusters and New Economics of Completion[J], Harvard Business Review, 1998, 76(11).

[22] Max Weber. The City[M]. New York: The Free Press, 1958.

[23] K Lynch. Good City Form[M]. Cambridge: Harvard University Press, 1980.

[24] J Huizinga. The Waning of the Middle Ages[M]. London. The whitefriars Press Ltd,1955:152.

[25] V Gordon Childe. The urban revolution[J]. The Town Planning Review, 1950,21 (1).

后　记

　　本书是在2012年完成的山西大学科学技术哲学专业博士学位论文《自组织城市新论》基础上经部分修改、补充而成的。在撰写本书的过程中参阅引用了国内外许多学者专家的研究成果,有的未能注明出处,敬请原谅。在撰写本书的过程中,我的导师山西大学的高策老师、重庆大学的黄光宇老师给予我许多指导,我的研究生们帮助查阅整理了许多文献,并协助我校对文稿。在整理出版本书的过程中,重庆大学、重庆大学出版社给予了大力支持。在此一并对给予本书指导的高策老师和已故的黄光宇老师、给予本书许多启示的众多的国内外的学者专家们、协助我完成本书的袁楠、瞿超凡、马素伟、李晓萌、徐顺娟、王爽等研究生们,以及编辑出版本书的重庆大学出版社的尚东亮等同事们表示最诚挚的谢意!